南海区海洋站海洋水文志
（1980—2018年）

王　平　黄财京　聂宇华　等著

海洋出版社

图书在版编目（CIP）数据

南海区海洋站海洋水文志：1980—2018年/王平等著．—北京：海洋出版社，2021.12

ISBN 978-7-5210-0872-2

Ⅰ.①南…　Ⅱ.①王…　Ⅲ.①南海-海洋水文-概况-1980-2018　Ⅳ.①P714

中国版本图书馆CIP数据核字（2021）第261998号

审图号：GS京（2023）1058号

责任编辑：鹿　源　林峰竹
责任印制：安　森

海洋出版社　出版发行

http://www.oceanpress.com.cn
北京市海淀区大慧寺路8号　邮编：100081
鸿博昊天科技有限公司印刷　新华书店北京发行所经销
2021年12月第1版　2023年1月第1次印刷
开本：889mm×1194mm　1/16　印张：10.5
字数：320千字　定价：160.00元
发行部：010-62100090　总编室：010-62100034

前　言

南海是北太平洋西部的边缘海，位于亚欧大陆东南缘，是中国面积最大、水深最深的海区。南海有丰富的海洋油气和矿产、滨海和海岛旅游、海洋能、港口航运以及各类生物资源等。同时，南海还是国际斗争的热点区域之一，其水文气候特征一直备受全球各国政治、军事和科研工作者的关注。

为深入了解和掌握南海的水文气候状况，国家自20世纪50年代末、60年代初，相继在南海三省（区）沿岸及主要岛屿建立了50多个海洋水文气象观测站。这些站点东起广东东部的饶平，西至广西西部的白龙尾，南到海南省三沙市永暑礁。各站经过长期、连续、系统的海洋水文气象观测，积累了大量的宝贵资料，取得了明显的社会效益和经济效益。

为适应海洋工作发展的新形势、新需求，履行自然资源部南海局（原国家海洋局南海分局）海洋自然资源监督管理、海洋预警监测与防灾减灾、海洋生态保护修复、海洋督察等职能，服务于国家海洋经济高质量发展，我们在《南海区海洋站海洋水文气候志》（海洋出版社，1995）的基础上，编纂《南海区海洋站海洋水文志》（以下简称本志），通过对1980—2018年间29个海洋站（≥10年）的观测资料进行整理订正及统计分析，总结了潮汐、波浪、表层海水温度和表层海水盐度等要素的基本特征和一般变化规律。

从2018年开始，编写组多次组织人员进行资料收集整理、数据质控处理、资料审核考证、图件绘制等，在此基础上完成本志编纂工作。在编写过程中，得到了雷波、谢健的指导和帮助；征求了陈特固、邓松、何乐生等专家的意见；在资料审核考证和观测场照片方面，各海洋站给予了很大帮助。参与撰写工作的主要人员有：王平、黄财京、聂宇华、张文静、唐灵、程泽梅、吴润生、林纪江。

由于编写时间有限，加之某些站点布局不尽合理、观测代表性不足、环境变迁等因素，本志中不当之处在所难免，恳请读者给予批评指正。

作者

2020年5月

目 录

广东海区

广西海区

海南海区

广东海区

广东海区海洋站分布东起潮州市饶平，西至湛江市雷州，现有 22 个站（点），本书涉及其中的 16 个站（点），详见广东海区主要海洋站分布示意图。除大万山海洋站外，其余站均设在沿岸和邻近岛屿。

水文观测项目包括潮汐、海浪、表层海水温度和表层海水盐度等。按照《海滨观测规范》进行观测，当发生海洋灾害时，启动应急预案加密观测。记录数据通过卫星和光纤等通信手段向上级部门实时传输。

半个多世纪以来，广东省积累了丰富的历史观测资料，为 2020 年首次开展全国自然灾害综合风险普查提供了数据支撑。1957 年建立的闸坡海洋站，是广东省唯一的联合国海平面监测站。利用遮浪海洋站观测数据，南海局承担了 2010 年广州亚运会帆船、帆板比赛水质监测和赛场水文气象预报等工作。

观测资料显示：除惠来至汕尾和琼州海峡，广东沿岸其他海域潮汐均为不正规半日潮。惠来至汕尾海域潮汐为不正规全日潮，琼州海峡中部、西部及雷州半岛西岸为正规全日潮。月平均潮位、最高潮位和最低潮位存在明显的季节变化。9—11 月各站处于高水位，月平均潮位最高值出现在 10 月；3—7 月各站处于低水位，最低值多出现在 7 月；广州、赤湾和珠海沿岸海域因受珠江径流影响，月平均潮位最低值出现在 3—4 月。受热带气旋的影响，最高潮位多出现在 8—9 月；受热带气旋和寒潮的影响，最低潮位多出现在 5—8 月，12 月至翌年 2 月。月平均潮差和年最大潮差从东至西呈波动上升趋势；平均潮差年变化大部分呈现双峰型。

受局地地形影响，汕尾和盐田的波高相对较小，其余地区沿岸波高从粤东到粤西呈逐渐减小的趋势，平均波高为 0.2~1.3 m。各站风浪频率都在 99% 以上；从云澳到深圳，全年风浪向由 ENE 向和 NE 向逐渐变为 SE 向和 ESE 向，珠江口的风浪为 N 向，粤西的风浪为 NE 向和 ENE 向。受地形影响，涌浪频率差异大，涌浪向以 SE 向和 ESE 向为主。各站极端最大波高和海况都出现在 5—10 月，这是由台风引起的。

广东沿岸属热带和亚热带海洋性气候，光照充足，日照时间长，多年平均海水温度为 21.5~25.5℃。月平均海温、最高海温和最低海温存在明显的季节变化。月平均海温最高值为 26.6~30.8℃，出现在夏季（7—9 月）；月平均海温最低值为 14.6~18.0℃，出现在冬季（1—2 月）。最高海温为 31.0~34.5℃，出现在夏季（6—9 月）；最低海温为 8.7~14.5℃，多出现在冬季（1—3 月）。受珠江径流的影响，珠江口多年平均盐度比粤东和粤西两翼低。最高值出现在粤东的云澳站，最低值出现在广州站。受雨季和台风的影响，各站极端最低盐度均出现在 5—8 月。

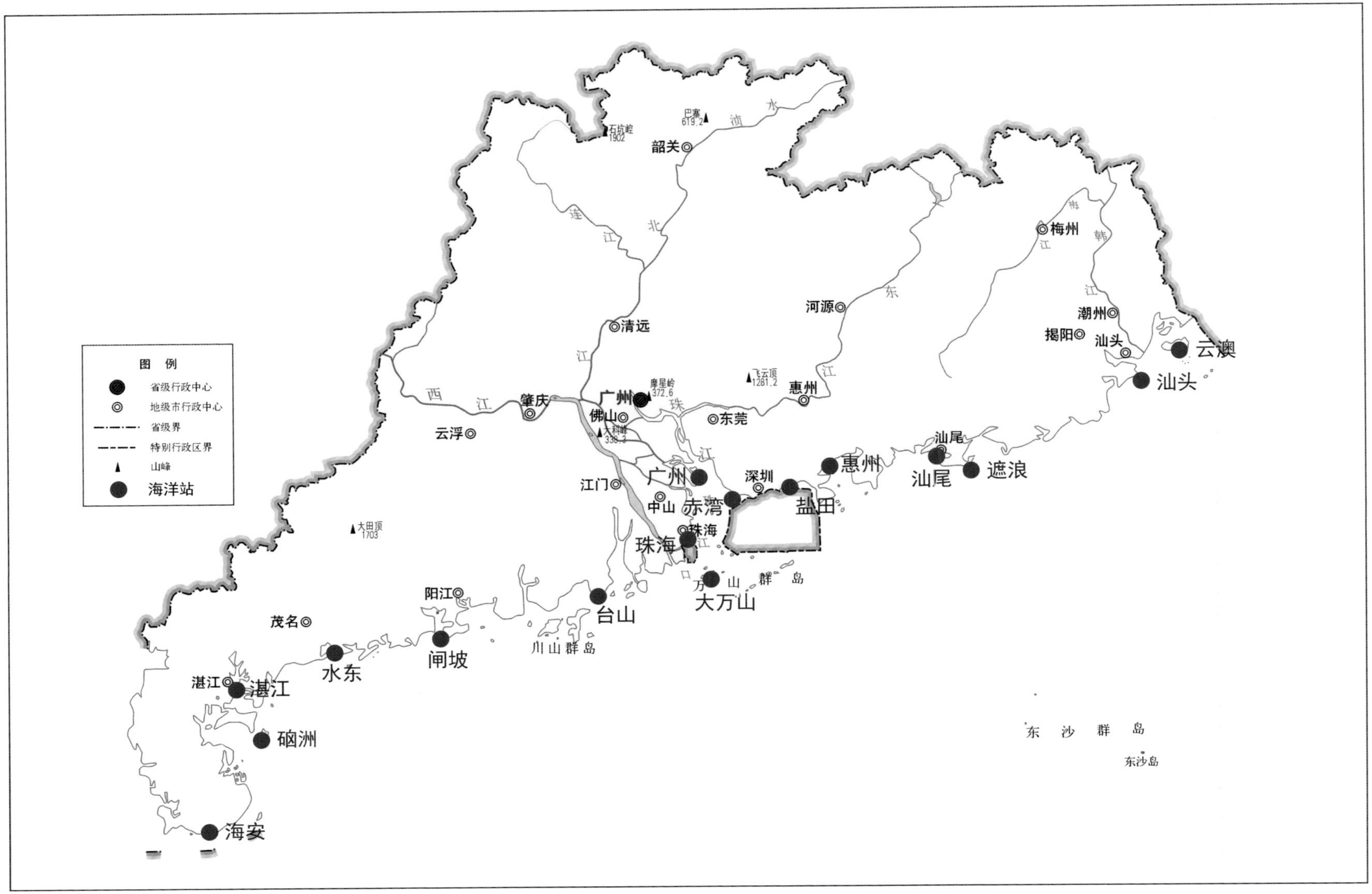

广东海区主要海洋站分布示意图

第一章　云澳站

第一节　概　况

云澳海洋环境监测站（简称云澳站）位于广东省汕头市南澳县南澳岛云澳镇澳前村。南澳岛地理位置独特，处于闽、粤、台三省交界海面，距西太平洋国际主航线仅 13 km，素有“粤东屏障、闽粤咽喉”之称。南澳岛东到破涌礁，南到南大礁，西距澄海莱芜约 8 km，北距饶平县海山岛约5 km。岛的西面是潮汕平原，距岸 8~10 km 处为韩江和榕江的入海口，离汕头市仅 44 km。岛的东南面 15~30 km 之间，有勒门列岛和南澎列岛。地处亚热带，北回归线贯穿主岛。

南澳岛因受构造的影响呈东北或西北向排列，主岛形似卧葫芦形，海岸多为岩石陡岸。地貌以高低丘陵为主，东西部为宽而突起的丘陵，东部最宽 10.5 km，西部最宽 5 km，东西长 21.5 km。中部为狭小的冲积平原，岛的最狭长处仅 2.1 km。西部的高嶂崠海拔 587 m，是全岛最高峰；东部果老山海拔576 m，白牛大尖山海拔 524 m，其余的为低山、丘陵。由于海湾的冲积及山洪的冲击，形成隆澳、深澳、青澳、云澳 4 个平坦地带。

云澳站始建于 1959 年 10 月，曾隶属于中国人民海军、中央气象局等，1964 年后归属国家海洋局南海分局，2019 年 7 月后隶属于自然资源部南海局。云澳站负责南澳岛海域的海洋水文气象观测，设有气象观测场、验潮井、温盐井、测波室等观测设施，观测项目包括表层海水温度、表层海水盐度、潮汐、海浪、海发光、风、气压、降水量、海面有效能见度、气温和相对湿度①。

图 1-1-1　云澳站潮汐观测场

云澳站位于南澳岛的东南端，站的东南西三面临海，水文气象测点位于云澳湾和烟墩湾之间，底质为泥沙。近岸水深较浅，多在 5 m 以内。验潮井位于云澳湾中部，水流通畅，无淤积。温盐测点处在云澳镇澳前村东南面半岛左侧的海湾内，测温核心区域离岸 20 m，水深 2~3 m，与外海畅通。波浪测点（浮标投放点）位于测站东南偏南向，属于自然岸段，该海域离岸 1 km 处水深 9~12 m，离岸2 km处水深 14~18 m。

云澳站有关测点见图 1-1-1。

第二节　潮　汐

（一）潮高基准面和潮汐类型

云澳站潮位从井内水尺零点起算，井内水尺零点为本站的潮高基准面。本站全日分潮与半日分潮振幅之比 $(H_{K_1}+H_{O_1})/H_{M_2}=1.0$，属于不正规半日潮。在一个太阳日内出现两次高潮和两次低潮，但相邻的高潮或低潮潮高不等，涨潮时和落潮时也不等。

（二）潮位

云澳站多年平均潮位为 222.7 cm。平均潮位的年变化呈单峰型，峰值出现在 10 月，为 241.6 cm；谷

① 自然资源部南海局：云澳站业务工作档案，2018 年。

值出现在7月，为212.5 cm（图1-2-1）。平均潮位的年变幅为29.1 cm。1月和9—12月平均潮位高于年平均潮位，月变幅较大；2—8月平均潮位低于年平均潮位，月变幅较小。各月最高潮位均在338 cm以上，其中5—12月最高潮位较大，均在360 cm以上，9月最大，为453 cm；1—4月最高潮位较小，均在355 cm以下，4月最小，为339 cm。各月最低潮位均在85 cm以下，最低潮位38~84 cm，7月最低，为38 cm。详见表1-2-1。

平均潮位的多年变化不规则，历年平均潮位均大于214.0 cm，最高值为229.1 cm（2012年），最低值为215.0 cm（1993年），多年变幅为14.1 cm。历年最高潮位均大于349 cm，最高值为453 cm（2013年9月22日15时36分），受1319号台风“天兔”影响所致。年最高潮位多出现在9—11月，个别年份出现在7—8月和12月。历年最低潮位均低于76 cm，最低值为38 cm（2004年7月3日19时20分）。年最低潮位多出现在5—7月，个别年份出现于1月、8月和12月。详见图1-2-2。

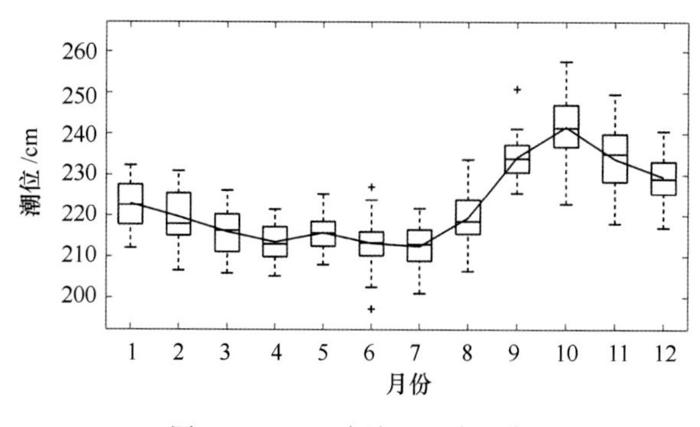

图1-2-1　云澳站月平均潮位

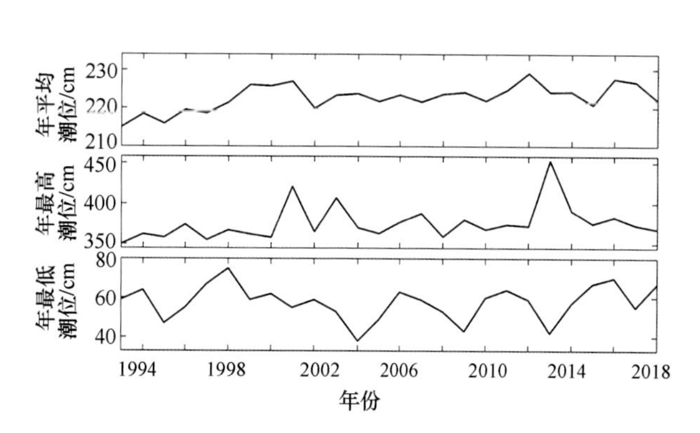

图1-2-2　云澳站年平均、年最高和年最低潮位

表1-2-1　云澳站潮位年变化

单位：cm

	1月	2月	3月	4月	5月	6月	7月	8月	9月	10月	11月	12月	全年
平均潮位	223.0	219.7	216.0	213.5	215.8	213.2	212.5	219.4	234.2	241.6	233.8	229.5	222.7
最高潮位	351	346	350	339	365	366	421	374	453	391	388	363	453
最低潮位	57	62	64	64	57	42	38	56	74	84	68	53	38

（三）潮差

云澳站多年平均潮差为127.2 cm，潮差的年变幅较小，年较差为8.5 cm。平均潮差的年变化呈单峰型，9月出现月平均潮差的峰值，为132.9 cm；2月出现谷值，为124.4 cm（图1-2-3）。1月、5—9月和11—12月最大潮差在213 cm以上，1月最大，为223 cm；其他月份均小于209 cm，3月最小，为192 cm。详见表1-2-2。

历年平均潮差最大为133.9 cm（2016年），最小为121.9 cm（2005年），多年变幅为12 cm。年平均潮差1993—2004年变化不大，2005—2018年呈增大趋势。历年最大潮差均在193 cm以上，其中最大值为223 cm（2009年1月）。除2—4月外，年最大潮差在其他月份均有出现，其中以1月、6月和12月居多。详见图1-2-4。

表1-2-2　云澳站潮差年变化

单位：cm

	1月	2月	3月	4月	5月	6月	7月	8月	9月	10月	11月	12月	全年
平均潮差	125.6	124.4	124.9	124.6	124.6	126.5	127.8	131.4	132.9	129.5	127.2	126.3	127.2
最大潮差	223	203	192	203	215	222	217	216	215	208	213	221	223

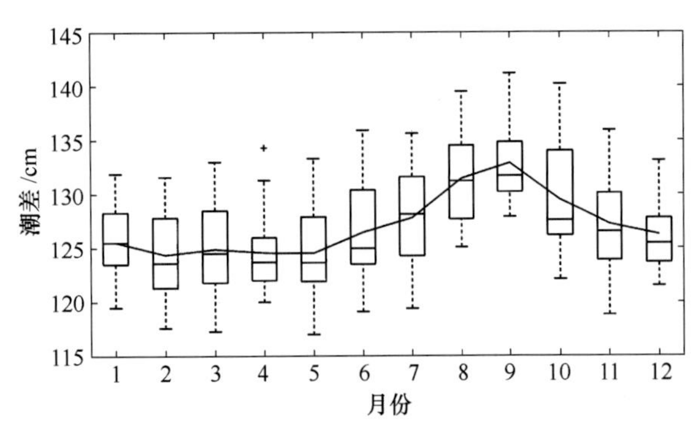

图 1-2-3　云澳站月平均潮差

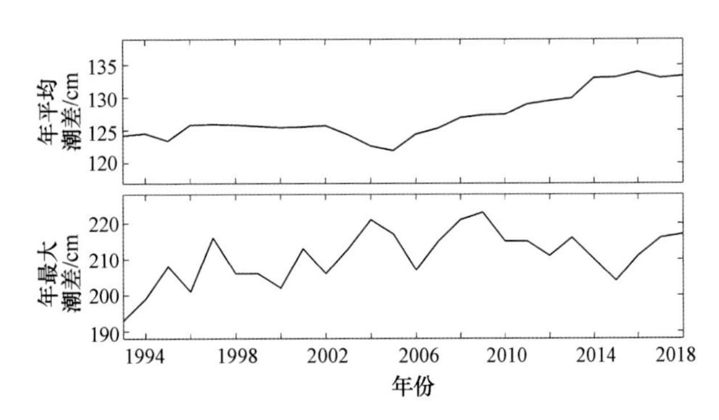

图 1-2-4　云澳站年平均和年最大潮差

第三节　海　浪

（一）海况

云澳站附近海区的海况，一般为 4 级以下，年频率高达 99.62%，其中，0～2 级海况最多，占 59.83%，其次是 3 级，为 29.62%，5 级及以上海况频率仅占 0.37%，没有出现过 7 级海况。一年中，0～2 级海况在夏季出现最多，春季次之。3 级和 4 级海况冬季出现最多，夏季最少，这与南海冬季盛行的东北季风有关。5 级海况在夏季和秋季的出现频率比春季和冬季高，这是由热带气旋伴随狂风大浪引起的。详见表 1-3-1。

最大海况 6 级出现过两次，分别在 2006 年 5 月 17 日 17 时和 2010 年 10 月 23 日 14 时，分别由 0601 号台风“珍珠”和 1013 号台风“鲇鱼”引起。

表 1-3-1　云澳站四季及全年各级海况频率

	0～2 级	3 级	4 级	5 级	6 级	≥7 级
春季	64.67%	24.74%	10.27%	0.29%	0.03%	—
夏季	75.11%	20.04%	4.54%	0.31%	—	—
秋季	52.16%	35.27%	11.90%	0.65%	0.02%	—
冬季	46.56%	39.06%	14.20%	0.17%	—	—
全年	59.83%	29.62%	10.17%	0.36%	0.01%	—

“—” 表示未出现。

（二）风浪

多年平均风浪频率为 99.99%。从季节上看，春季、夏季和秋季的风浪出现频率均为 100%，冬季的风浪出现频率为 99.98%，详见表 1-3-2。

全年风浪多出现在 NE—E 向，其中 ENE 向风浪频率最大（59.82%），其次是 NE 向（16.54%）。春季风浪多出现在 NE—E 向，其中 ENE 向频率最大（64.46%），其次是 NE 向（15.62%）；夏季风浪多出现在 ENE—ESE 向和 S—WSW 向，其中 SSW 向风浪频率最大（17.17%），其次是 ENE 向（16.29%）和 SW 向（14.63%）；秋季风浪多出现在 NE—E 向，其中 ENE 向频率最大（69.47%），其次是 NE 向（15.09%）；冬季风浪多出现在 NE—E 向，其中 ENE 向频率最大（66.28%），其次是 NE 向（24.43%）。详见图 1-3-1。

表 1-3-2　云澳站风浪频率年变化

	1 月	2 月	3 月	4 月	5 月	6 月	7 月	8 月	9 月	10 月	11 月	12 月	春季	夏季	秋季	冬季	全年
频率/%	100	99.93	100	100	100	100	100	100	100	100	100	100	100	100	100	99.98	99.99

（三）涌浪

全年涌浪出现频率为 90.91%。从季节上看，夏季出现涌浪较多，春季次之，再次为秋季，冬季最少。详见表 1-3-3。

全年涌浪多出现在 ESE—SSW 向，其中 SSE 向涌浪频率最大（37.77%），其次为 S 向（22.60%）和 SE 向（22.06%）。春季涌浪多出现在 ESE—SSW 向，其中 SSE 向涌浪频率最大（37.33%），其次是 S 向（24.30%）和 SE 向（22.89%）；夏季涌浪多出现在 SE—SW 向，其中 S 向涌浪频率最大（37.62%），其次是 SSE 向（25.74%）和 SSW 向（22.95%）；秋季涌浪多出现在 ESE—SSW 向，其中 SSE 向涌浪频率最大（49.45%），其次是 SE 向（24.10%）和 S 向（12.39%）；冬季涌浪多出现在 ESE—S 向，其中 SSE 向涌浪频率最大（46.24%），其次是 SE 向（34.05%）和 ESE 向（13.05%）。详见图 1-3-2。

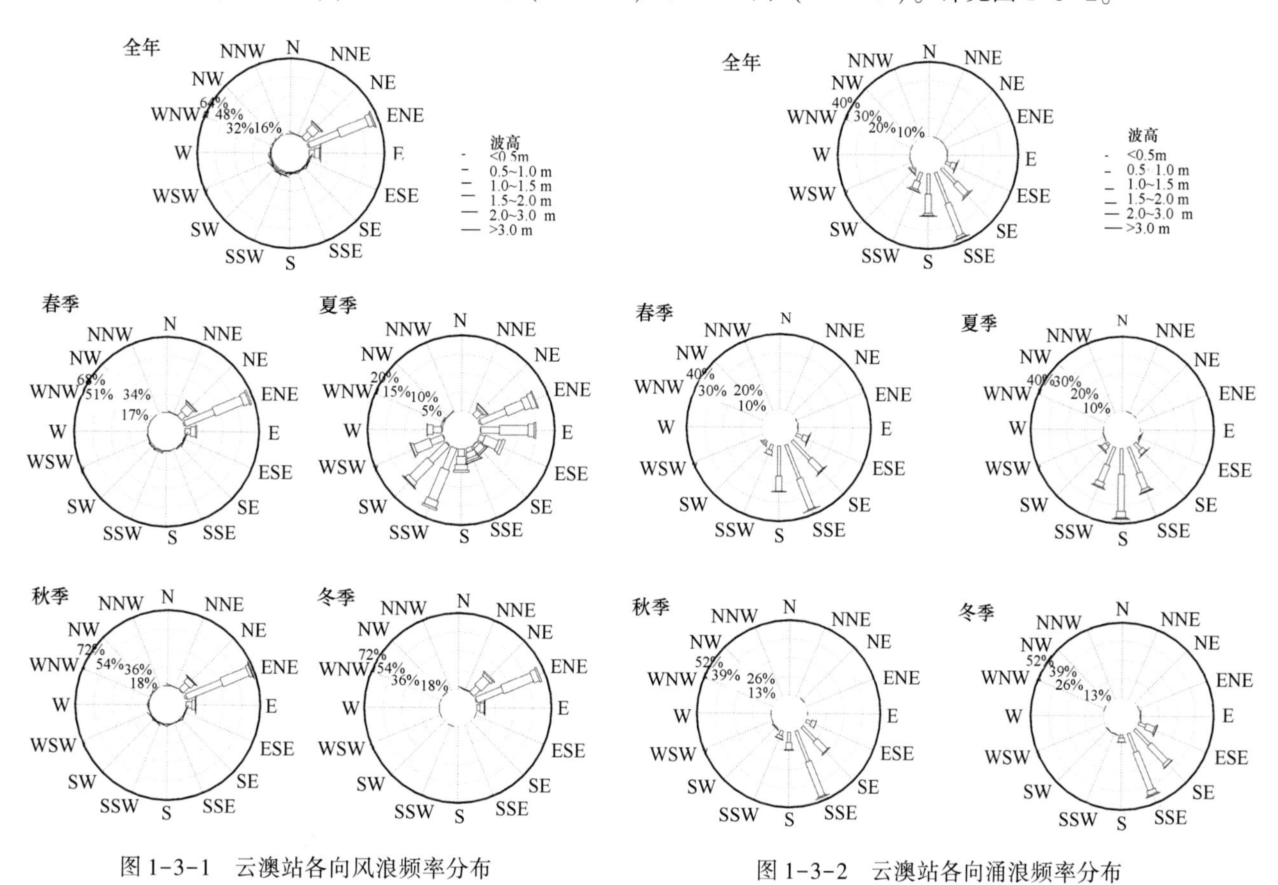

图 1-3-1　云澳站各向风浪频率分布　　图 1-3-2　云澳站各向涌浪频率分布

表 1-3-3　云澳站涌浪频率年变化

	1月	2月	3月	4月	5月	6月	7月	8月	9月	10月	11月	12月	春季	夏季	秋季	冬季	全年
频率/%	85.58	87.57	86.78	91.28	95.69	93.92	97.64	96.77	93.65	86.85	86.60	85.79	91.59	96.11	89.03	86.71	90.91

（四）波高

1. 平均波高和最大波高

多年平均波高为 0.8 m。月平均波高变化较小，在 0.7~1.0 m 之间，其中 10 月和 12 月至翌年 3 月月平均波高较大，4—9 月较小；最大月平均波高出现在 1 月和 2 月，为 1.0 m。各月最大波高，2 月、5—6 月和 8—10 月均在 4.5 m 以上，9 月最大波高为 6.1 m；1 月、3—4 月、7 月和 11—12 月最大波高为2.6~

4.3 m。详见表 1-3-4 和图 1-3-3。

历年平均波高在 0.7~1.0 m 之间，历年最大波高差异较大，在 2.9~6.1 m 之间，多出现在 6—10 月。云澳站近岸观测到的最大波高为 6.1 m，出现在 2013 年 9 月 22 日 14 时，是受 1319 号超强台风“天兔”的影响。详见图 1-3-4。

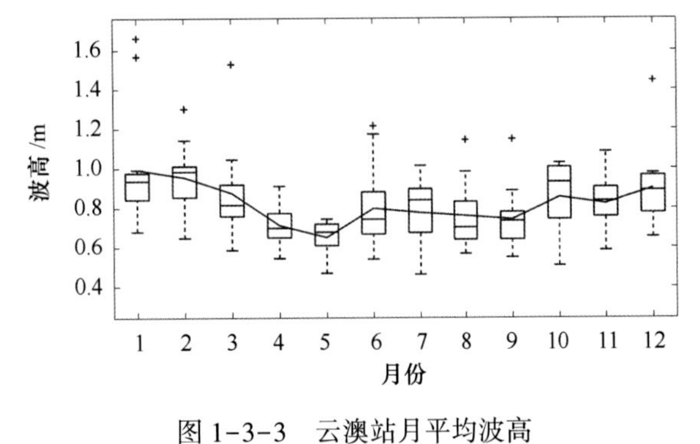

图 1-3-3　云澳站月平均波高

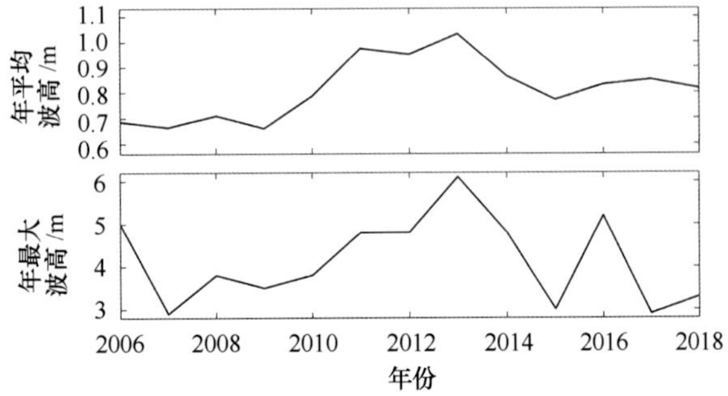

图 1-3-4　云澳站年平均和年最大波高

表 1-3-4　云澳站平均波高和最大波高年变化　　单位：m

	1月	2月	3月	4月	5月	6月	7月	8月	9月	10月	11月	12月	全年
平均波高	1.0	1.0	0.9	0.7	0.7	0.8	0.8	0.8	0.7	0.9	0.8	0.9	0.8
最大波高	4.3	4.8	4.2	3.0	5.0	4.8	3.5	4.8	6.1	5.2	2.6	3.7	6.1

2. 各向平均波高和最大波高

全年各向平均波高在 0.6~1.3 m 之间，其中 WSW—NW 向和 NNE—E 向较大，均在 1.0 m 以上，其余各向多年平均波高相对较小。春季 NNE—E 向和 NW 向多年平均波高明显大于其余各向，为 1.1~1.2 m。夏季 NE—ESE 向和 WSW—NW 向多年平均波高较大，在 1.1 m 以上，其余各向多年平均波高相对较小，均不超过 1.0 m。秋季 N—E 向和 SW—NW 向多年平均波高较大，在 0.9 m 以上，其中 NNE 向最大，为 1.7 m，其余各向多年平均波高较小，均不超过 0.6 m。冬季 NNE—E 向和 W 向多年平均波高较大，均不超过 1.1 m，其中 NNE 向最大，为 1.3 m，其余各向多年平均波高较小，均不超过 0.9 m。详见表 1-3-5。

全年各向最大波高相差较大，在 1.6~6.1 m 之间，NNE—E 向、SSE 向和 SSW—SW 向全年最大波高均在 4.8 m 以上，其中以 NNE 向最大，为 6.1 m。春季，NE—S 向最大波高都在 2.6 m 以上，其中 SSE 向最大，为 5.0 m，其余各向均不超过 2.0 m。夏季，NE—SW 向最大波高均在 3.0 m 以上，其中 ENE 向和 SSW—SW 向最大，为 4.8 m，其余各向为 1.5~2.9 m。秋季，NNE—E 向、SSE 向、SW 向和 WNW 向最大波高均在 3.5 m 以上，其中 NNE 向最大，为 6.1 m，其余各向为 1.5~2.8 m。冬季，NNE—E 向和 SE—SSE 向最大波高在 3.0 m 以上，其中 NE 向最大，为 4.8 m，其余各向相对较小，均不超过 2.4 m。详见表 1-3-6。

表 1-3-5　云澳站全年及四季各向平均波高　　单位：m

	N	NNE	NE	ENE	E	ESE	SE	SSE	S	SSW	SW	WSW	W	WNW	NW	NNW
全年	0.9	1.2	1.2	1.1	1.1	0.7	0.6	0.6	0.6	0.7	0.9	1.1	1.0	1.3	1.2	—
春季	0.8	1.2	1.2	1.1	1.1	0.6	0.5	0.6	0.5	0.6	0.7	1.0	0.9	0.8	1.2	—
夏季	1.0	0.8	1.1	1.3	1.2	1.1	0.6	0.6	0.7	0.8	0.9	1.1	1.1	1.2	2.2	—
秋季	1.0	1.7	1.0	1.1	1.1	0.6	0.6	0.6	0.5	0.6	1.1	1.0	0.9	1.6	1.2	—
冬季	—	1.3	1.2	1.2	1.2	0.7	0.6	0.7	0.6	0.7	0.5	0.7	1.1	0.7	0.9	—

“—”表示未出现。

表 1-3-6　云澳站全年及四季各向最大波高　　单位：m

	N	NNE	NE	ENE	E	ESE	SE	SSE	S	SSW	SW	WSW	W	WNW	NW	NNW
全年	1.6	6.1	4.8	4.8	5.3	3.4	3.7	5.2	3.9	4.8	4.8	2.9	2.2	3.8	2.9	—
春季	1.6	2.0	2.8	4.2	3.0	2.6	3.1	5.0	3.0	1.8	1.8	1.7	1.9	1.0	1.4	—
夏季	1.5	1.9	3.0	4.8	3.2	3.4	3.7	4.1	3.9	4.8	4.8	2.9	2.2	1.6	2.9	—
秋季	1.5	6.1	3.5	4.6	5.3	2.8	2.4	5.2	2.0	2.8	4.8	2.5	1.7	3.8	2.3	—
冬季	—	3.3	4.8	4.3	3.7	2.4	3.0	4.0	2.0	1.8	1.1	1.0	1.4	1.1	1.3	—

“—”表示未出现。

第四节　表层海水温度和盐度

（一）表层海水温度

云澳站近岸多年平均表层海水温度为21.5℃，平均海温的年较差为12℃，夏季最高，其次是秋季和春季，冬季最低。平均海温的年变化在太阳辐射和气象因素作用下呈较规则的一峰一谷型，其峰值出现在9月，为26.6℃，谷值出现在2月，为14.6℃。2—6月平均海温逐月迅速升高，6—10月平均海温都在25℃以上，9月至翌年2月平均海温逐月迅速下降。最高海温年变化与平均海温年变化趋势大致相当，5—10月最高海温均在29.2℃以上，为29.3~31.0℃，7月最高，为31.0℃；其他月份最高海温在19.7~27.5℃之间。12月至翌年4月最低海温都在13.4℃以下，2月最低，为10.9℃；5—11月最低海温为15.5~21.8℃。详见表1-4-1和图1-4-1。

历年平均海温最高为22.6℃（2002年），最低为20.5℃（1984年）。历年最高海温均大于28.8℃，最高值为31.0℃（2006年7月3日20时）。年最高海温多出现在6—9月。历年最低海温均小于14.5℃，最低值为10.9℃（1984年2月8日8时）。年最低海温多出现于1—3月，个别年份出现在12月。详见图1-4-2。

表 1-4-1　云澳站表层海水温度年变化　　单位：℃

	1月	2月	3月	4月	5月	6月	7月	8月	9月	10月	11月	12月	全年
平均温度	15.5	14.6	15.9	19.6	23.8	25.9	25.8	25.9	26.6	25.1	21.7	17.9	21.5
最高温度	19.7	19.8	22.9	26.8	29.3	30.5	31.0	30.8	30.8	30.1	26.1	27.5	31.0
最低温度	11.2	10.9	11.2	12.7	18.8	21.7	21.6	21.8	21.8	20.0	15.5	13.3	10.9

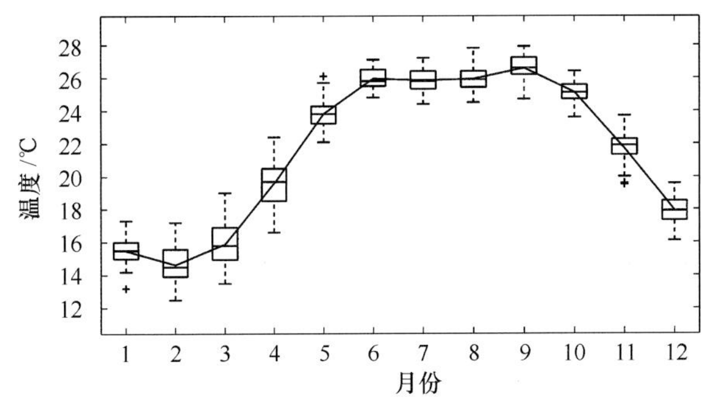

图 1-4-1　云澳站月平均海温

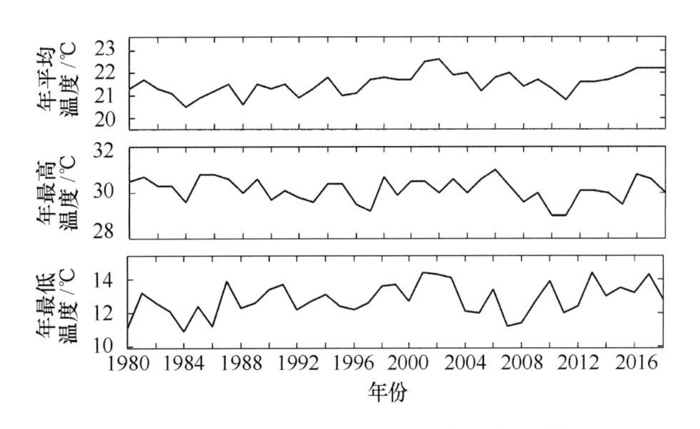

图 1-4-2　云澳站年平均、年最高和年最低海温

（二）表层海水盐度

云澳站近岸平均表层海水盐度较高，多年平均盐度为 32.09。月平均盐度最大值出现在 10 月，为 32.73，2 月平均盐度最低，为 31.35。各月最高盐度以 3 月最大，为 34.999；2 月最小，为 34.43。各月最低盐度，3—9 月低于 17.00，10 月至翌年 2 月为 24.88~28.05。详见表 1-4-2 和图 1-4-3。

历年平均盐度均超过 30.5，最高为 33.19（2002 年），最低为 30.85（1983 年）。历年最高盐度均超过 33.6。年最高盐度多出现在 5—9 月，个别年份出现在 1 月、3 月、4 月和 10—11 月。历年最低盐度均小于 30.8，最低值为 6.26（1986 年 7 月 16 日 14 时）。年最低盐度多出现在 4—9 月，个别年份出现在 10 月和 12 月。详见图 1-4-4。

表 1-4-2　云澳站表层海水盐度年变化

	1 月	2 月	3 月	4 月	5 月	6 月	7 月	8 月	9 月	10 月	11 月	12 月	全年
平均盐度	31.51	31.35	31.86	32.17	32.41	32.01	32.27	32.61	32.62	32.73	32.07	31.47	32.09
最高盐度	34.99	34.43	34.999	34.97	34.96	34.97	34.98	34.96	34.96	34.95	34.91	34.93	34.999
最低盐度	27.29	24.88	12.83	9.63	13.65	11.04	6.26	11.98	16.235	27.63	27.61	28.05	6.26

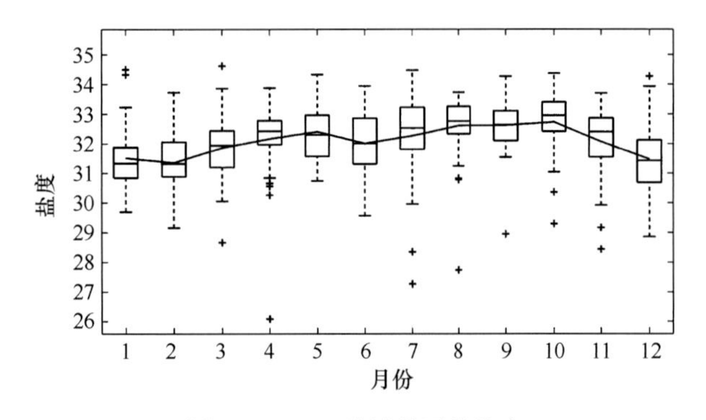

图 1-4-3　云澳站月平均盐度

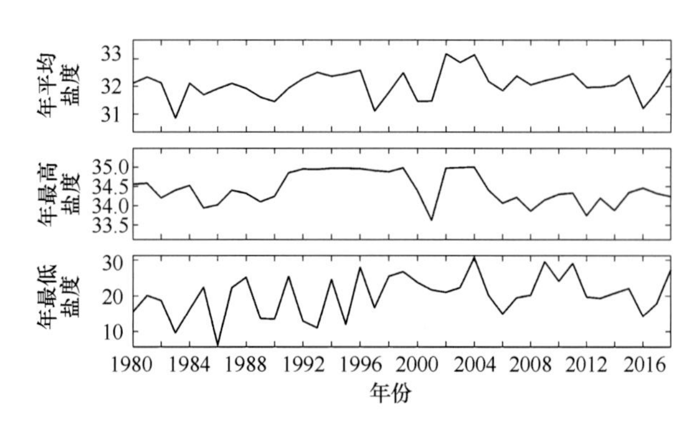

图 1-4-4　云澳站年平均、年最高和年最低盐度

第二章　汕头站

第一节　概　况

汕头海洋环境监测站（简称汕头站）位于广东省汕头市广澳湾。汕头市位于广东省东部，韩江三角洲南段，北接潮州，西邻揭阳，东南濒临南海。广澳湾位于汕头市濠江区南部达濠岛南端，呈弓形，湾口朝南，东起达濠岛马耳角，南至潮阳区海门角，濠江由湾顶注入。湾口宽 15.5 km，纵深 5.6 km，弧长 24.5 km，面积 55.9 km^2，水深 4~12 m，沙底以有滩沙岸为主，间有岩石滩。湾内 10 m等深线距岸 1~1.5 km，湾外南牙角 20 m 自然水深距岸约 3 km。

汕头站建成于 2003 年 10 月，隶属于国家海洋局南海分局，2019 年 7 月后隶属于自然资源部南海局。汕头站设有验潮井、温盐井、气象观测场、X 波段雷达、GNSS 测点等观测设施，观测项目主要有潮位、表层海水温度、表层海水盐度、风、气压、气温、相对湿度和降水量等。

图 2-1-1　汕头站验潮室和温盐观测场

汕头站验潮室位于广澳深水码头防波堤内侧的码头边沿处，验潮井采用岸式构造，底质为堆石；地理位置较好，与外海水交换畅通，受外界影响较小。温盐测点设于防波堤外侧码头边上，与外海畅通，由于井筒直径较小，又处于码头边，受海浪影响较大。验潮室顶部布设气象观测平台和 GNSS 测点、X 波段测波雷达①。

汕头站有关测点见图 2-1-1。

第二节　潮　汐

（一）潮高基准面和潮汐类型

汕头站潮位从井内水尺零点起算，井内水尺零点为本站的潮高基准面。本站全日分潮与半日分潮振幅之比 $(H_{K_1}+H_{O_1})/H_{M_2}=1.6$，属于不正规半日潮。在一个太阳日内出现两次高潮和两次低潮，但相邻的高潮或低潮潮高不等，涨潮时和落潮时也不等。

（二）潮位

汕头站多年平均潮位为 294.2 cm。平均潮位的年变化呈单峰型，峰值出现在 10 月，为 314.9 cm；谷值出现在 7 月，为 282.3 cm（图 2-2-1）。1—7 月平均潮位呈波动下降趋势，7—10 月平均潮位上升最快，10—12 月逐月下降。5—12 月最高潮位较高，均在 400 cm 以上，其中 9 月最大，为 535 cm；1—4 月最高潮位均不超过 400 cm，其中 4 月最小，为 387 cm。月最低潮位 10 月最高，为 190 cm，6 月最低，为

① 自然资源部南海局：汕头站业务工作档案，2018 年。

133 cm，其余月份为 149~181 cm。详见表 2-2-1。

历年平均潮位最高值为 299.4 cm（2016 年），最低值为 289.8 cm（2010 年），多年变幅为 9.6 cm。年最高潮位多出现在 9—10 月；最高值为 535 cm（2013 年 9 月 22 日 16 时 21 分），受 1319 号超强台风“天兔”影响所致。年最低潮位多出现在 5—7 月，仅 2012 年出现在 4 月；潮位最低值为 133 cm（2009 年 6 月 22 日 18 时 16 分）。详见图 2-2-2。

表 2-2-1 汕头站潮位年变化 单位：cm

	1月	2月	3月	4月	5月	6月	7月	8月	9月	10月	11月	12月	全年
平均潮位	295.1	291.1	286.9	285.0	287.4	284.8	282.3	290.4	304.8	314.9	306.0	300.3	294.2
最高潮位	394	389	388	387	404	425	413	425	535	442	431	409	535
最低潮位	161	171	172	159	158	133	149	156	181	190	168	159	133

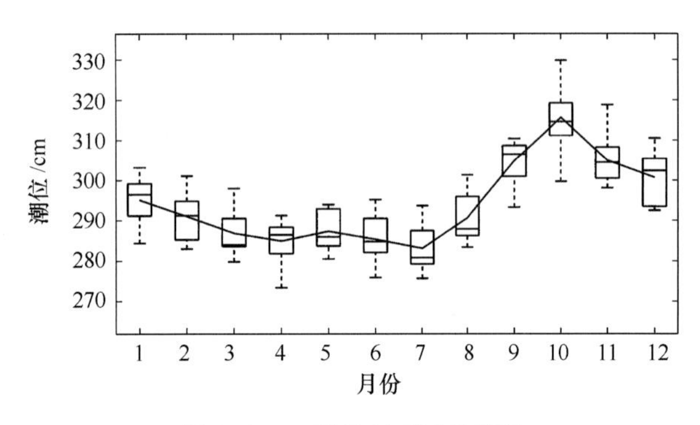

图 2-2-1 汕头站月平均潮位

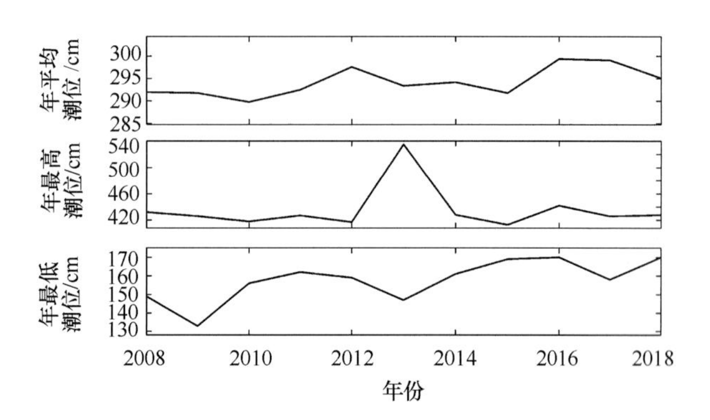

图 2-2-2 汕头站年平均、年最高和年最低潮位

（三）潮差

汕头站潮差较小，潮差年变幅也较小，年平均潮差为 84.1 cm。平均潮差的年变化受太阳赤纬变化的影响呈双峰型，峰值出现在 1 月和 7 月，分别为 87.7 cm 和 89.7 cm；4 月和 9 月出现谷值，分别为 75.3 cm和 82.6 cm（图 2-2-3）。除了 3 月和 10 月最大潮差低于 160 cm，其他月份最大潮差均大于 160 cm，其中 3 月最小，为 155 cm，6 月最大，为 196 cm。详见表 2-2-2。

历年平均潮差最大为 84.8 cm（2011 年、2012 年），最小为 82.8 cm（2015 年），多年变幅较小，仅为 2 cm。历年最大潮差均在 155 cm 以上，最大为 196 cm。年最大潮差多出现在 1 月和 5—7 月。详见图2-2-4。

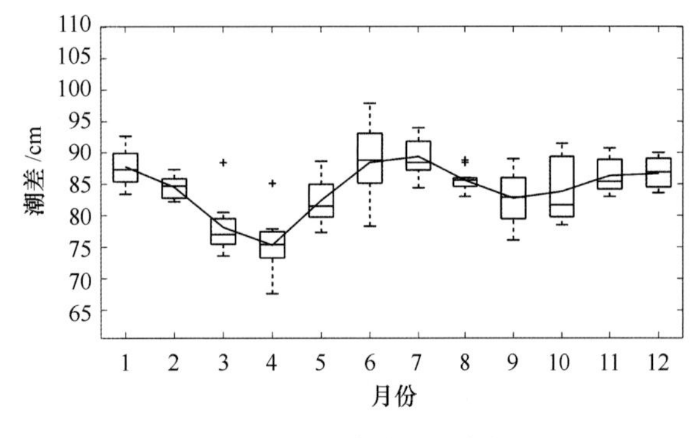

图 2-2-3 汕头站月平均潮差

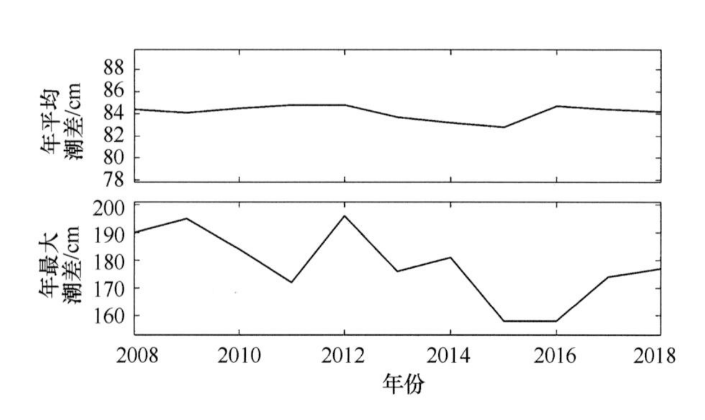

图 2-2-4 汕头站年平均和年最大潮差

表 2-2-2　汕头站潮差年变化　　单位：cm

	1月	2月	3月	4月	5月	6月	7月	8月	9月	10月	11月	12月	全年
平均潮差	87.7	84.5	78.1	75.3	82.4	88.7	89.7	85.4	82.6	83.4	86.0	87.0	84.1
最大潮差	195	167	155	163	176	196	182	170	162	157	180	186	196

第三节　表层海水温度和盐度

（一）表层海水温度

汕头站多年平均表层海水温度为22.2℃，海温四季分明，夏季最高，其次为秋季和春季，冬季最低。2月平均海温最低，为15.2℃，2—9月，平均海温大致呈逐月上升趋势，9月达到最高，为27.5℃，9月至翌年2月平均海温逐月下降。5—9月最高海温均在30℃以上，9月最高，为31.5℃。全年月最低海温相差较大，2月最低，仅有12.0℃；6月最高，为22.4℃。详见表2-3-1和图2-3-1。

表 2-3-1　汕头站表层海水温度年变化　　单位：℃

	1月	2月	3月	4月	5月	6月	7月	8月	9月	10月	11月	12月	全年
平均温度	16.0	15.2	16.8	20.6	24.4	26.4	26.2	26.3	27.5	25.8	22.6	18.8	22.2
最高温度	19.9	19.8	21.1	24.9	30.1	31.4	31.2	31.4	31.5	29.6	26.3	23.0	31.5
最低温度	12.9	12.0	12.9	14.7	20.4	22.4	21.4	22.0	22.3	20.6	17.2	15.3	12.0

历年平均海温最高为22.9℃（2018年），最低为21.5℃（2011年）。历年最高海温均超过29.5℃，最高值为31.5℃（2009年9月18日12时）。年最高海温出现在6—9月。历年最低海温在12.0~15.4℃之间，最低值为12.0℃（2008年2月16日9时）。年最低海温多出现在1—2月。详见图2-3-2。

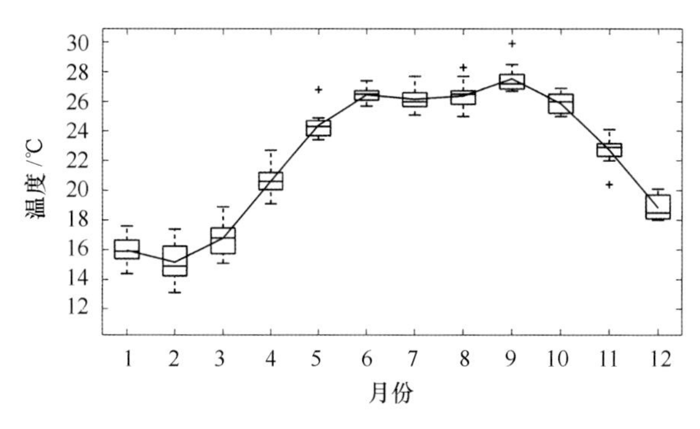

图 2-3-1　汕头站月平均海温

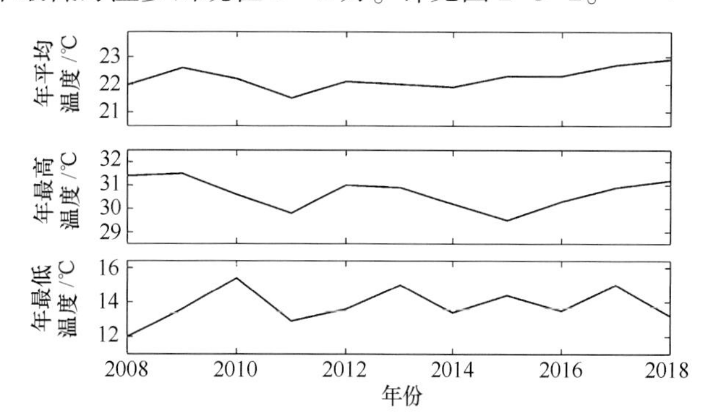

图 2-3-2　汕头站年平均、年最高和年最低海温

（二）表层海水盐度

汕头站多年平均表层海水盐度为30.87。各月平均盐度相差不大，4月平均盐度最高，为31.96，1月平均盐度最低，为29.89。3—9月最高盐度均超过34，10月至翌年2月最高盐度较低，为32.7~33.4。4—10月最低盐度较低，为13.5~19.6，11月至翌年3月最低盐度均大于22。详见表2-3-2和图2-3-3。

表 2-3-2　汕头站表层海水盐度年变化

	1月	2月	3月	4月	5月	6月	7月	8月	9月	10月	11月	12月	全年
平均盐度	29.89	30.40	31.35	31.96	31.24	30.78	30.75	31.16	30.17	31.35	30.97	30.27	30.87
最高盐度	32.7	33.1	34.3	34.9	34.9	34.7	34.5	34.8	34.1	33.4	33.2	32.8	34.9
最低盐度	22.6	23.4	22.4	18.9	16.9	13.5	13.6	14.5	15.3	19.6	24.6	26.6	13.5

历年平均盐度均超过 29. 70，最高值为 31. 98（2018 年），最低值为 29. 75（2016 年）。历年最高盐度均大于 33. 5，多出现在 5 月和 7—8 月，最高值为 34. 9（2010 年 4 月 23 日 17 时、2010 年 5 月 8 日 6 时）。历年最低盐度均小于 25，多出现在 4—9 月，最低值为 13. 5（2007 年 6 月 12 日 22 时）。详见图 2-3-4。

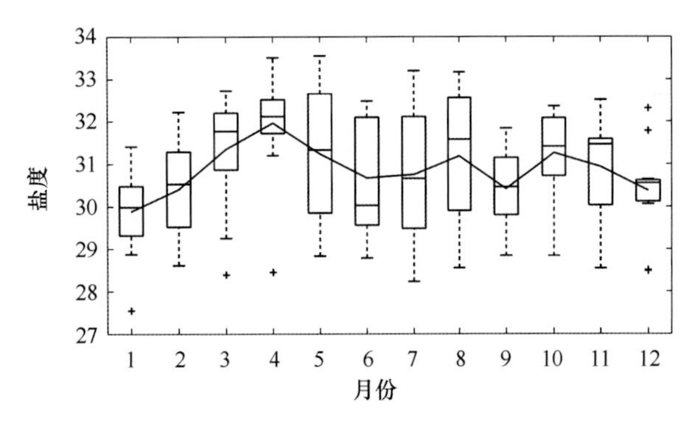

图 2-3-3　汕头站月平均盐度

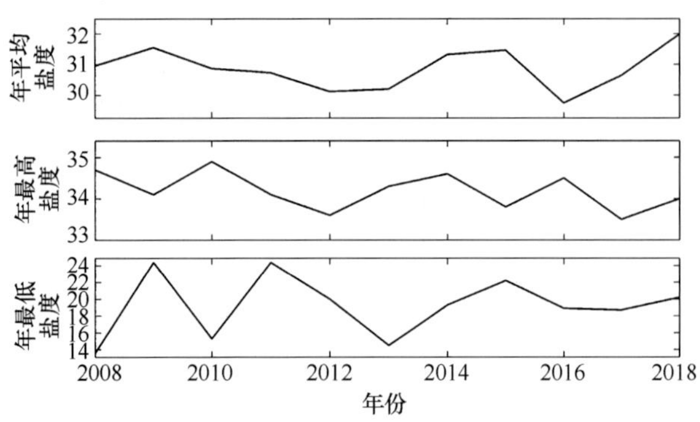

图 2-3-4　汕头站年平均、年最高和年最低盐度

第三章　遮浪站

第一节　概　况

遮浪海洋环境监测站（简称遮浪站）位于广东省汕尾市遮浪镇遮浪角。遮浪角是一个半岛岬角，东北面为碣石湾，有螺河流入湾内，西北面为红海湾，南面为南海。遮浪角正北面是莲花山脉，海拔高度多在 1 000 m 以上。莲花山最高峰距遮浪角西北方约 60 km，海拔 1 338 m。附近为小山丘，海拔约 30 m。南面约 200 m 处为遮浪岩（称灯塔岛），面积 0.1 km^2，岸线 1.5 km，海拔 37.6 m。1906 年，国际万国公司在岛上建设灯塔。遮浪角周围大部分是砂质海岸，少数是礁石岸段，近岸海底多为泥沙。东侧近岸 100 m内水深在 10～12 m，西侧近岸 100 m 内水深在 6～10 m。

遮浪站始建于 1959 年 8 月，位于灯塔岛北岸（旧地址）。1964 年 10 月，站址及所有观测点都搬到遮浪南澳山，位于灯塔岛北面，与其相隔一条海峡，相距约 500 m。遮浪站曾隶属于中国人民海军、中央气象局等，1964 年后归属国家海洋局南海分局，是其管理的示范站，2019 年 7 月后隶属于自然资源部南海局。设有气象观测场、测波室、验潮井、温盐井、海上视频监控系统、X 波段雷达观测、GNSS、海啸地震仪、遥测波浪浮标等设施，观测项目有风、气压、降水量、气温、相对湿度、海面有效能见度、天气现象、潮位、海浪、表层海水温度、表层海水盐度和海发光等①。

由于遮浪站的半岛岬角地形，其风速、海流和海浪都较大。潮汐测点和温盐测点处在西面一小海湾岸边的验潮室上，与外海相通，潮位最低时水深可达 1 m 左右，石头底质，附近无船只停泊，无污水管道、小溪、盐码头等影响，但大雨或暴雨时，雨水会影响温盐的变化。测波室设在小山的最高处，在气象观测场的南面，测点的南面受灯塔岛的阻挡，只能看到 NE—SSE 方向和 SW—W 方向。海岸都是礁石，没有沙滩。从岸边起海水较深，NE—SSE 方向离岸 100 m 内的水深为 10～13 m，100～200 m 内的水深为 13～18 m，在 200 m 以外的海域水深均在 15 m 以上。SW—W 方向近岸的水深较浅，100 m 内为 6～10 m，100～200 m 内为 10～13 m，200 m 以外水深都在 10 m 以上，无暗礁和沙滩的影响，泥质底质。人工观测由岸用测波仪辅助，自动观测采用 SZF 型遥测波浪仪。

图 3-1-1　遮浪站温盐和潮汐测点

遮浪站有关测点详见图 3-1-1。

第二节　潮　汐

（一）潮高基准面和潮汐类型

遮浪站潮位从井内水尺零点起算，井内水尺零点为本站的潮高基准面。本站全日分潮与半日分潮振幅之比 $(H_{K_1}+H_{O_1})/H_{M_2}=2.7$，属于不正规全日潮。在一个朔望月的大多数日子里，一天只出现一次高潮和一次低潮，有少数日子一天出现两次高潮和两次低潮。

---

① 自然资源部南海局：遮浪站业务工作档案，2018 年。

（二）潮位

遮浪站多年平均潮位为 173. 8 cm。平均潮位的年变化呈单峰型，峰值在 10 月，为 193. 2 cm；谷值在 7 月，为 163. 8 cm（图 3-2-1）。5 月和 8—12 月最高潮位均超过 311 cm，9 月最大，为 381 cm；1—4 月和 6—7 月最高潮位均不超过 305 cm，4 月最小，为 263 cm。10 月最低潮位为 101 cm，明显大于其他月份；其他月份最低潮位为 58～87 cm，7 月最低，为 58 cm。详见表 3-2-1。

表 3-2-1　遮浪站潮位年变化　　单位：cm

	1月	2月	3月	4月	5月	6月	7月	8月	9月	10月	11月	12月	全年
平均潮位	173. 4	169. 8	167. 6	164. 9	166. 7	165. 1	163. 8	171. 2	184. 5	193. 2	185. 2	180. 4	173. 8
最高潮位	296	305	281	263	333	292	288	320	381	318	314	311	381
最低潮位	70	68	66	69	65	64	58	69	87	101	84	70	58

历年平均潮位大于 170 cm，最高值为 179. 7 cm（2017 年），最低值为 168. 7 cm（2005 年），多年变幅为 11 cm。历年最高潮位均大于 281 cm，最高值为 381 cm（2013 年 9 月 22 日 19 时 43 分），主要受 1319 号超强台风“天兔”的影响所致。年最高潮位多出现在 5—6 月和 8—11 月，个别年份出现在 1 月。历年最低潮位均低于 89 cm，最低值为 58 cm（2004 年 7 月 4 日 16 时 32 分）。年最低潮位多出现在 5—7 月（夏至前后），其次出现在 1 月和 12 月（冬至前后）。详见图 3-2-2。

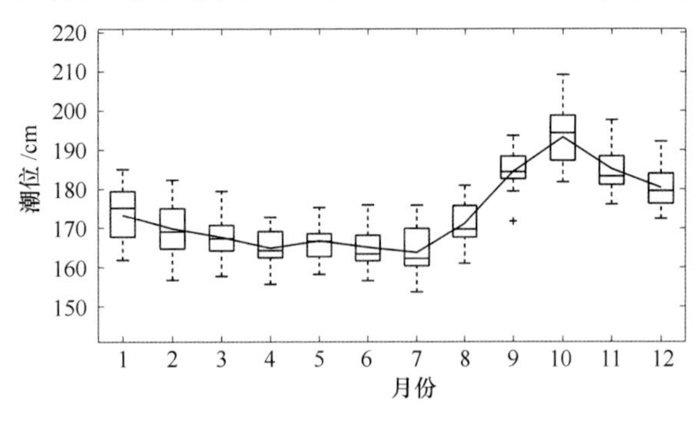

图 3-2-1　遮浪站月平均潮位

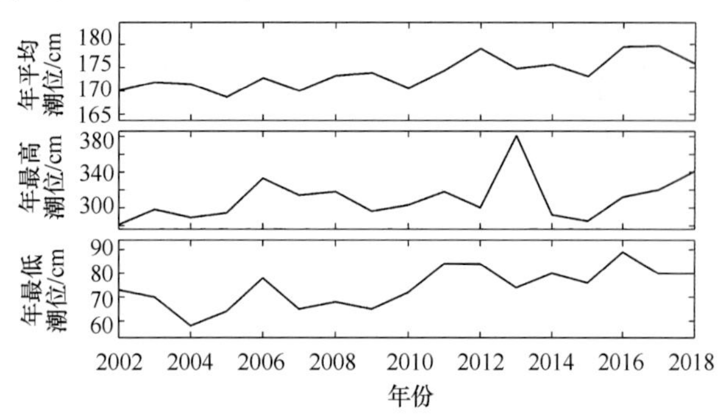

图 3-2-2　遮浪站年平均、年最高和年最低潮位

（三）潮差

遮浪站多年平均潮差为 88. 6 cm。1 月和 5 月出现月平均潮差的峰值，分别为 93. 4 cm 和 93. 2 cm；9 月出现谷值，为 84. 3 cm（图 3-2-3）。1 月、5 月、7 月、9 月和 11—12 月的最大潮差在 200 cm 以上，12 月最大，为 228 cm；其他月份小于 200 cm，4 月最小，为 165 cm。详见表 3-2-2。

表 3-2-2　遮浪站潮差年变化　　单位：cm

	1月	2月	3月	4月	5月	6月	7月	8月	9月	10月	11月	12月	全年
平均潮差	93. 4	87. 3	87. 5	91. 6	93. 2	89. 0	85. 2	84. 8	84. 3	88. 4	89. 2	89. 3	88. 6
最大潮差	216	199	179	165	212	192	207	186	210	184	215	228	228

历年平均潮差最大为 96. 0 cm（2006 年），最小为 81. 7 cm（2016 年），多年变幅为 14. 3 cm。年平均潮差 2002—2006 年逐年增大，2006—2016 年逐年减小，2016—2018 年又逐年增大。历年最大潮差在 162 cm以上，最大为 228 cm（2008 年 12 月）。年最大潮差多出现在 1 月和 12 月（冬至前后），个别年份出现在 5 月、6 月和 8 月。详见图 3-2-4。

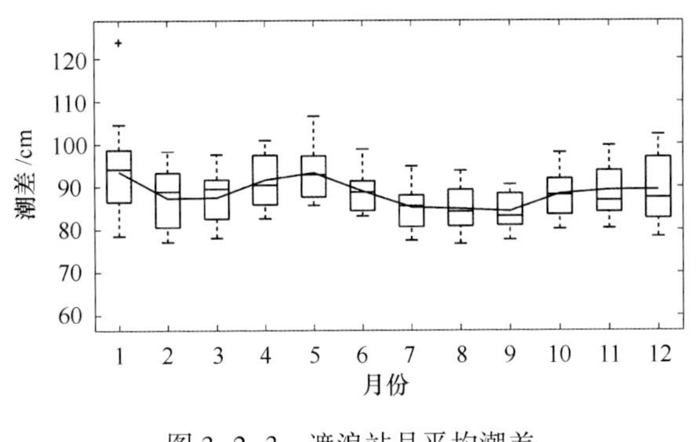

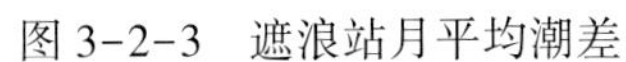
图 3-2-3 遮浪站月平均潮差

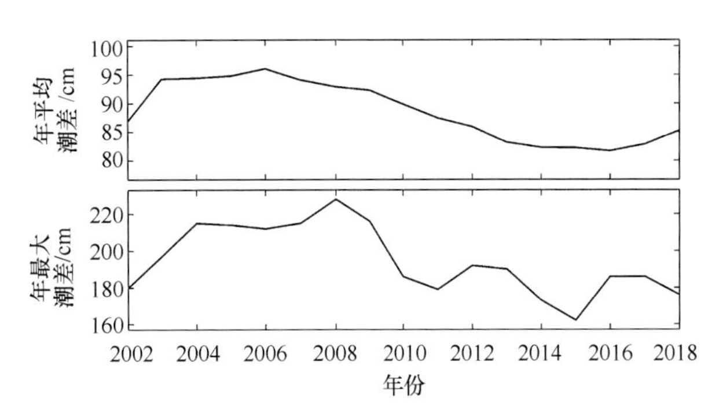

图 3-2-4 遮浪站年平均和年最大潮差

第三节 海 浪

（一）海况

遮浪站全年海况多在4级以下，占90.13%，其中4级海况最多，占35.89%，其次是3级海况，为27.35%，5级海况较少，仅占8.43%，6级及以上海况极少出现，仅占1.44%，7级及以上海况频率占0.16%。从季节上看，夏季7级及以上海况比春季、秋季和冬季多，这是由夏季热带气旋伴随狂风大浪引起的。6级和5级海况在秋季最多，其次是冬季和春季，夏季最少。4级海况在冬季最多，其次是秋季和春季，夏季最少，这与南海秋季和冬季盛行的东北季风有关。3级海况在春季、秋季和冬季频率相当，夏季明显增多，这与南海夏季盛行的西南季风有关。0~2级海况在春季和夏季明显较多。详见表3-3-1。

最大海况9级出现在1990年7月31日8时，这是由于9009号台风“Tasha”正面袭击引起的。

表 3-3-1 遮浪站四季及全年各级海况频率

	0~2级	3级	4级	5级	6级	≥7级
春季	33.65%	25.17%	31.80%	8.11%	1.13%	0.14%
夏季	35.50%	30.32%	28.26%	4.68%	0.97	0.27%
秋季	19.85%	26.55%	40.80%	10.88%	1.77	0.15%
冬季	18.56%	27.37%	42.69%	10.05%	1.24	0.08%
全年	26.89%	27.35%	35.89%	8.43%	1.28	0.16%

（二）风浪

多年平均风浪频率为82.48%。从季节上看，秋季和冬季风浪出现较多，夏季风浪出现最少，为77.98%。

全年风浪多出现在NNE—ESE向，其中E向最多（25.93%），其次是ENE向（18.79%）和NE向（10.25%）。春季风浪多出现在NNE—ESE向，其中E向最多（33.91%），其次是ENE向（23.39%）和ESE向（9.73%）。夏季风浪多出现在SW—WSW向，其中SW向最多（18.49%），其次是WSW向（14.86%）。秋季风浪多出现在NNE—ESE向，其中E向最多（27.66%），其次是ENE向（20.23%）和NE向（13.16%）。冬季风浪多出现在NNE—ESE向，其中E向最多（29.74%），其次是ENE向（22.31%）和NNE向（18.37%）。详见表3-3-2和图3-3-1。

表 3-3-2　遮浪站风浪频率年变化

	1月	2月	3月	4月	5月	6月	7月	8月	9月	10月	11月	12月	春季	夏季	秋季	冬季	全年
频率/%	85.96	84.47	81.55	77.94	80.00	83.09	78.39	72.46	82.46	88.98	88.38	86.08	79.83	77.98	86.60	85.50	82.48

（三）涌浪

多年平均涌浪频率不高，为 18.92%。夏季最大，为 23.39%，其次为春季和冬季，秋季最小，为 14.64%。

全年涌浪多出现在 E—SE 向，其中 ESE 向最多（27.77%），其次是 SE 向（21.67%）和 E 向（16.63%）。春季涌浪多出现在 E—SE 向，其中 ESE 向最多（34.65%），其次是 SE 向（25.18%）。夏季涌浪多出现在 ESE—SW 向，其中 SE 向最多（19.43%），其次是 SW 向（18.18%）和 S 向（18.09%）。秋季涌浪多出现在 E—SE 向，其中 ESE 向最多（29.09%），其次是 SE 向（24.41%）和 E 向（22.53%）。冬季涌浪多出现在 E—SE 向，其中 ESE 向最多（40.28%），其次为 E 向（35.14%）和 SE 向（17.84%）。详见表 3-3-3 和图 3-3-2。

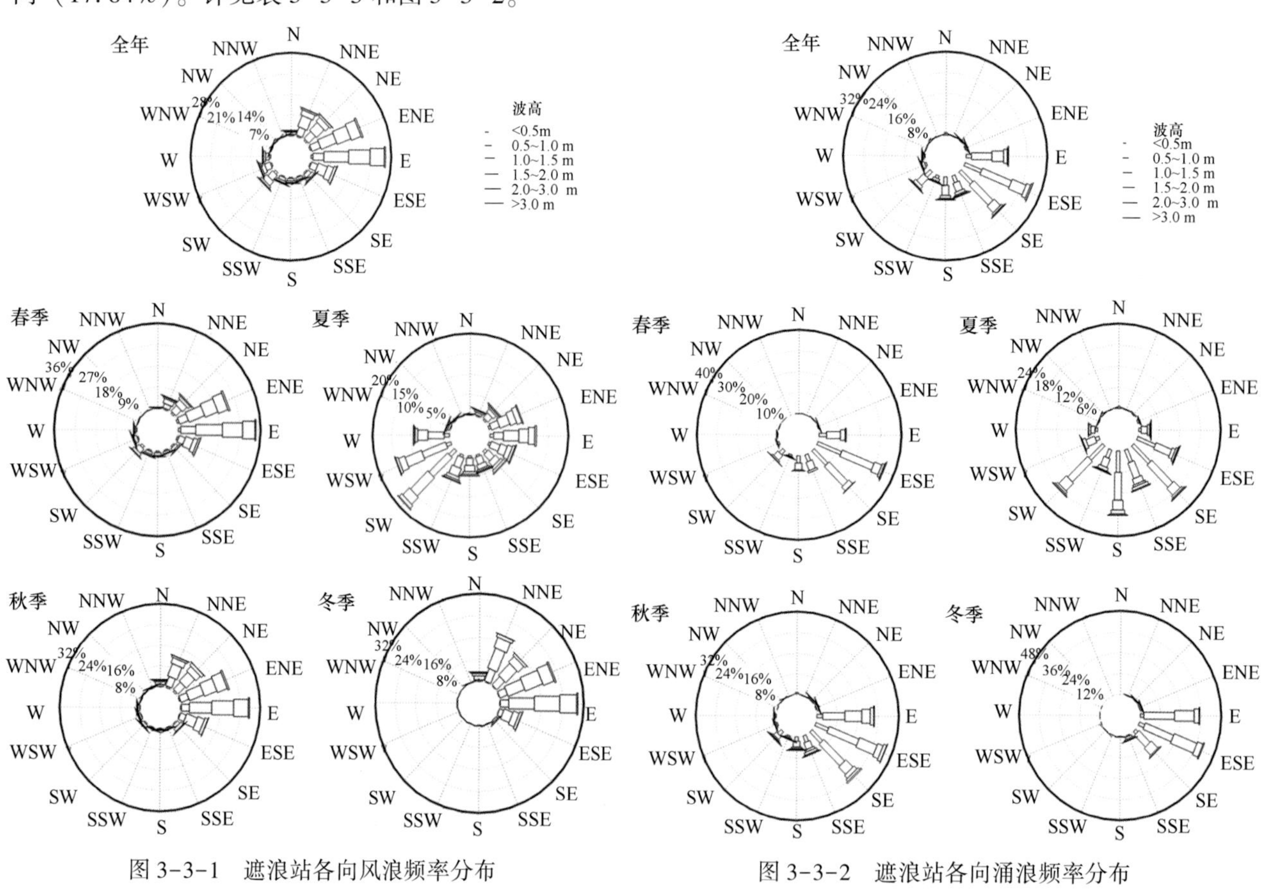

图 3-3-1　遮浪站各向风浪频率分布　　图 3-3-2　遮浪站各向涌浪频率分布

表 3-3-3　遮浪站涌浪频率年变化

	1月	2月	3月	4月	5月	6月	7月	8月	9月	10月	11月	12月	春季	夏季	秋季	冬季	全年
频率/%	15.79	16.83	20.08	23.29	21.11	17.89	23.17	29.12	18.61	12.18	13.14	15.85	21.50	23.39	14.64	16.16	18.92

（四）波高

1. 平均波高和最大波高

遮浪近岸波浪较大，多年平均波高为 1.3 m。10 月至翌年 3 月，月平均波高较大，均大于年平均波高。其余各月平均波高较小，均小于多年平均波高。冬季平均波高最大，其次为秋季和春季，夏季最小。受热带气旋影响，5—11 月最大波高均在 5.5 m 以上。12 月至翌年 4 月，最大波高为 4.4~4.9 m。详见表 3-3-4和图 3-3-3。

表 3-3-4　遮浪站平均波高和最大波高年变化　　单位：m

	1月	2月	3月	4月	5月	6月	7月	8月	9月	10月	11月	12月	全年
平均波高	1.5	1.5	1.4	1.2	1.1	1.2	1.1	1.1	1.2	1.5	1.5	1.5	1.3
最大波高	4.8	4.9	4.5	4.4	7.0	7.3	8.3	8.0	8.6	5.9	5.5	4.8	8.6

历年平均波高为 1.1~1.7 m。历年最大波高差异较大，为 3.3~8.6 m，多出现在 6—11 月。最大波高 8.6 m 出现在 2011 年 9 月 29 日 8 时，是受 1117 号台风“纳沙”的影响。详见图 3-3-4。

2. 各向平均波高和最大波高

全年 NNW—ESE 向波浪较大，各向年平均波高在 1.2 m 以上，ENE 向最大，为 1.6 m，其他向年平均波高较小，为 0.9~1.0 m。春季 ENE 向和 E 向多年平均波高明显比其他方向大，分别为 1.6 m 和 1.5 m，其他方向不超过 1.2 m。夏季 NNE—E 向多年平均波高较大，在 1.2 m 以上，其他方向多年平均波高均较小。秋季 NNW—ESE 向多年平均波高较大，在 1.3 m 以上，其他方向多年平均波高均较小。冬季 NNW—ESE 向多年平均波高较大，在 1.3 m 以上，其他方向多年平均波高均较小。详见表 3-3-5。

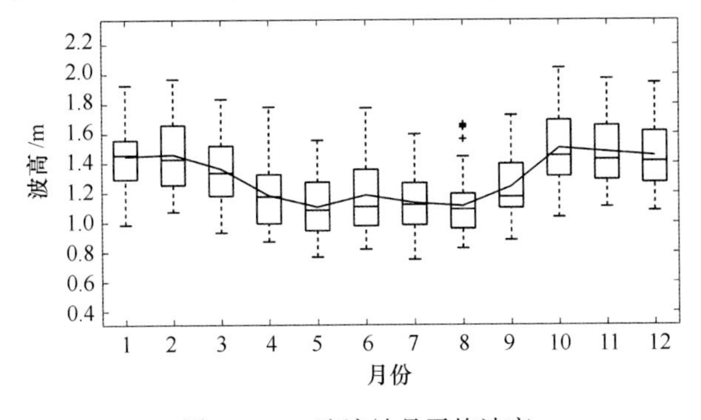

图 3-3-3　遮浪站月平均波高

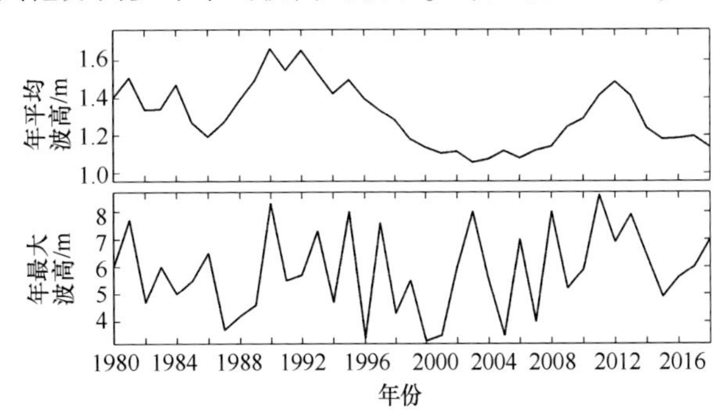

图 3-3-4　遮浪站年平均和年最大波高

全年各向最大波高均在 3.0 m 以上，其中 ESE 向最大，为 8.6 m。春季，NE—ESE 向、SSE 向和 SW 向最大波高都在 4.5 m 以上，其中 SW 向最大，为 7.0 m，其他方向最大波高均小于等于 3.6 m。夏季，NNE—SW 向最大波高均在 5.5 m 以上，其中 SW 向最大，为 8.3 m，其他方向为 3.1~4.8 m。秋季，NNE—SW 向和 NNW 向最大波高在 4.5 m 以上，其中 ESE 向最大，为 8.6 m，其他方向为 2.0~4.3 m。冬季，NNW—SSE 向和 SW 向最大波高在 2.8m 以上，其中 ESE 向最大，为 4.9 m，其他方向不超过 1.8 m。除 N 向最大波高出现在冬季外，其他各向最大波高均出现在夏季和秋季。NNE—SW 向和 NNW 向在 5.5 m 以上，其他方向为 3.1~4.8 m。详见表 3-3-6。

表 3-3-5　遮浪站全年及四季各向平均波高　　单位：m

	N	NNE	NE	ENE	E	ESE	SE	SSE	S	SSW	SW	WSW	W	WNW	NW	NNW
全年	1.4	1.3	1.3	1.6	1.5	1.2	0.9	0.9	0.9	1.1	1.1	1.1	1.1	0.9	1.0	1.3
春季	1.2	1.1	1.2	1.6	1.5	1.0	0.7	0.7	0.7	0.9	0.9	0.8	0.7	0.7	1.0	0.8
夏季	1.0	1.2	1.2	1.5	1.4	1.1	1.0	1.0	1.0	1.2	1.1	1.1	1.1	1.0	1.1	1.1
秋季	1.4	1.3	1.4	1.7	1.6	1.3	1.0	0.9	1.0	1.1	1.0	1.0	1.0	0.8	0.9	1.3
冬季	1.5	1.4	1.3	1.7	1.6	1.3	1.0	0.8	0.7	0.7	0.8	0.6	0.7	0.6	1.1	1.7

表 3-3-6　遮浪站全年及四季各向最大波高　　单位：m

	N	NNE	NE	ENE	E	ESE	SE	SSE	S	SSW	SW	WSW	W	WNW	NW	NNW
全年	4.6	6.5	8.0	7.4	7.6	8.6	7.9	8.0	8.0	5.5	8.3	4.8	4.5	4.0	3.1	5.7
春季	2.5	3.6	6.0	5.5	4.5	6.0	3.4	4.6	2.5	3.4	7.0	3.5	2.8	1.7	2.5	1.2
夏季	4.5	6.5	6.4	7.3	7.6	7.5	7.9	8.0	8.0	5.5	8.3	4.8	4.5	4.0	3.1	3.7
秋季	4.3	4.8	8.0	7.4	7.0	8.6	7.7	4.5	4.5	5.5	7.4	3.6	3.1	2.0	2.9	5.7
冬季	4.6	4.2	4.3	4.7	4.8	4.9	3.0	2.8	1.6	1.6	2.8	1.5	1.8	1.1	1.7	3.0

第四节　表层海水温度和盐度

（一）表层海水温度

遮浪站多年平均表层海水温度为22.8℃，夏季最高，其次是秋季和春季，冬季最低。2—6月，平均海温逐月迅速上升，6—9月平均海温都在27℃以上，且缓慢上升，9月达到最高，为28.0℃，10月至翌年2月平均海温逐月迅速下降，2月降到最低，为15.8℃。5—10月的最高海温均在30℃以上，8月最高，为32.9℃，其他月份最高海温在20.3~27.6℃之间。11月至翌年4月最低海温都在16℃以下，3月最低，为11.5℃；5—10月最低海温超过了19.5℃，为19.6~22.6℃。详见表3-4-1和图3-4-1。

历年平均海温最高为23.8℃（2002年），最低为21.8℃（1984年）。历年最高海温均大于30℃，最高值为32.9℃（2016年8月25日16时）。年最高海温出现在6—9月。历年最低海温均小于15.9℃，最低值为11.5℃（1986年3月3日8时）。年最低海温多出现在1—3月，个别年份出现在12月。详见图3-4-2。

表 3-4-1　遮浪站表层海水温度年变化　　单位：℃

	1月	2月	3月	4月	5月	6月	7月	8月	9月	10月	11月	12月	全年
平均温度	16.5	15.8	17.4	20.8	24.8	27.3	27.7	27.9	28.0	26.0	22.6	18.8	22.8
最高温度	21.2	20.3	27.6	27.5	30.3	32.1	32.6	32.9	32.7	30.9	26.7	23.6	32.9
最低温度	12.9	12.0	11.5	15.0	19.6	22.6	21.8	21.5	22.5	20.0	16.0	13.5	11.5

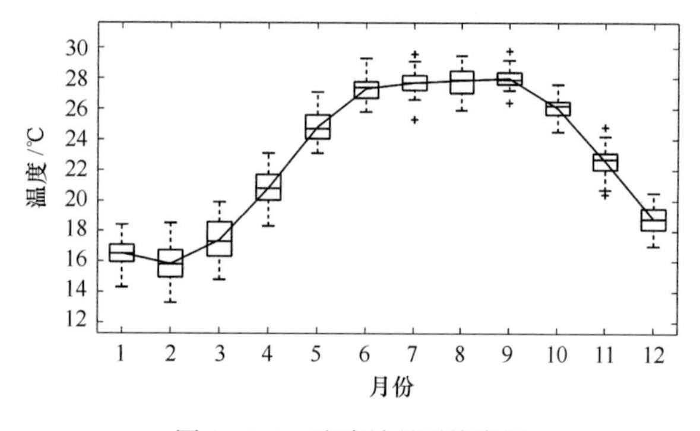

图 3-4-1　遮浪站月平均海温

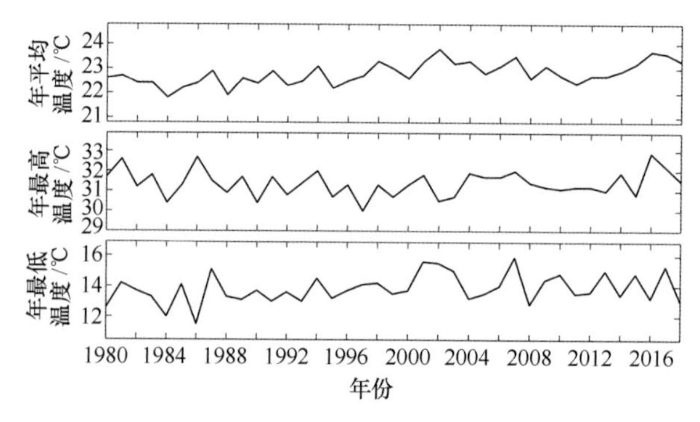

图 3-4-2　遮浪站年平均、年最高和年最低海温

（二）表层海水盐度

遮浪站表层海水盐度的年变化呈双峰型，峰值出现在4月和10月，平均盐度分别为32.96和32.54；谷值出现在7月和12月，分别为31.42和31.85。月最高盐度均大于34。5—9月最低盐度较低，为16.8~22.1；10月至翌年4月最低盐度均大于25。详见表3-4-2和图3-4-3。

表 3-4-2　遮浪站表层海水盐度年变化

	1月	2月	3月	4月	5月	6月	7月	8月	9月	10月	11月	12月	全年
平均盐度	31.90	31.97	32.57	32.96	32.90	31.83	31.42	31.74	32.03	32.54	32.48	31.85	32.18
最高盐度	34.791	34.38	34.99	34.87	34.9	34.96	34.99	34.925	34.984	34.95	34.84	34.53	34.99
最低盐度	27.32	25.7	28.5	25.072	19.18	22.1	16.8	21.08	17.0	25.2	26.5	26.6	16.8

历年平均盐度均超过 30.60，最高值为 32.88（2004 年），最低值为 30.69（2016 年）。历年最高盐度均大于 33.4，最高值为 34.99（1990 年 7 月 18 日 14 时、2000 年 3 月 11 日 14 时）。除了 2 月和 12 月，其他月份均曾出现年最高盐度，多出现在 6—9 月。历年最低盐度均小于 29，最低值为 16.8（2008 年 7 月 11 日 8 时）。年最低盐度多出现在 4—9 月，个别年份出现在 2 月。详见图 3-4-4。

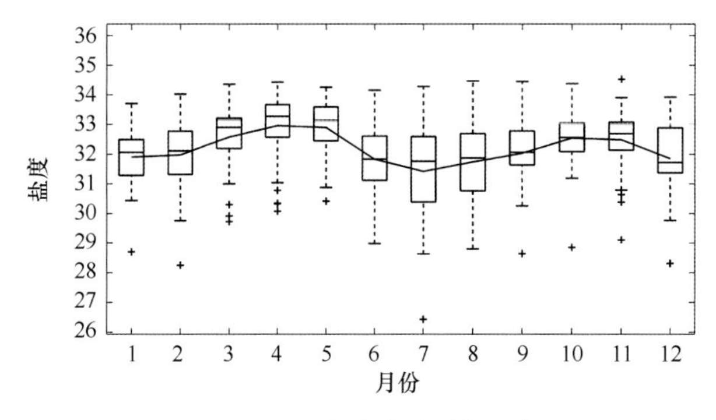

图 3-4-3　遮浪站月平均盐度

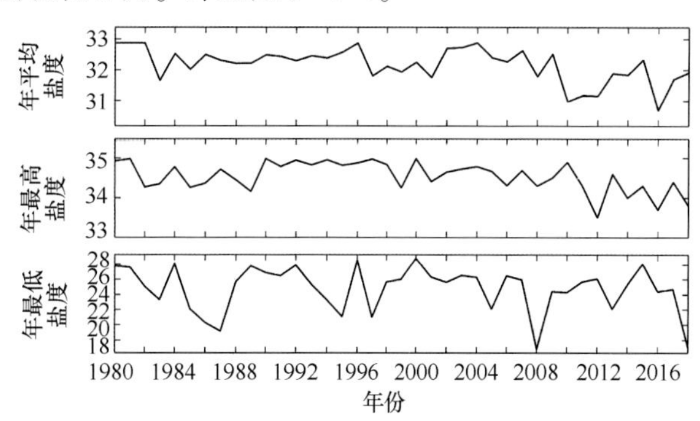

图 3-4-4　遮浪站年平均、年最高和年最低盐度

第四章　汕尾站

第一节　概　况

汕尾海洋环境监测站（简称汕尾站）位于广东省汕尾市汕尾城区。汕尾市的北面是呈东北—西南走向的莲花山脉，山脉海拔高度多在 1 km 以上，最高峰为莲花山峰，海拔 1 338 m。南面隔海相望的有金山、大帽山、马铃山和马龙山等小山，再往南 4 km 左右为南海北岸。东面为品清湖，再往东越过 10 km 丘陵山地是碣石湾。西面濒临红海湾。

品清湖由于受到三面丘陵山地的遮挡，形成了一个较低小盆地。品清湖西口南岸有一呈南北走向的自然防浪沙堤，长约 1 850 m，宽约 85 m，高 4. 11 m；港池内底质主要为砂和泥沙。附近无较大河流，仅有一些山泉小溪流入品清湖。

汕尾站始建于 1955 年 6 月，曾隶属于中国人民海军、中央气象局等，1964 年后归属国家海洋局南海分局，2019 年 7 月后隶属于自然资源部南海局，设有气象观测场、验潮井等观测设施，观测项目有潮位、海浪、风和气压等。汕尾站位于品清湖内红海湾出口处，潮汐测点位于品清湖西面北岸，2001 年后验潮井观测项目全面启动自动化仪器。

验潮井为岛式类型，近岸为细沙，潮间带为泥沙，湖底表层为淤泥，下层为沙砾。井底部最低潮时的水深大于 1. 5 m。验潮井进水顺畅，消波性能较好。波浪测点位于品清湖码头边，水深约 6 m，浪较小①。

图 4-1-1　汕尾站验潮室

汕尾站有关测点见图 4-1-1。

第二节　潮　汐

（一）潮高基准面和潮汐类型

汕尾站潮位从井内水尺零点起算，井内水尺零点为本站的潮高基准面。本站全日分潮与半日分潮振幅之比 $(H_{K_1}+H_{O_1})/H_{M_2}=2.2$，属于不正规全日潮。在一个朔望月的大多数日子里，一天只出现一次高潮和一次低潮，有少数日子一天出现两次高潮和两次低潮。

（二）潮位

汕尾站多年平均潮位为 135. 5 cm。平均潮位的年变化呈单峰型，峰值出现在 10 月，月平均潮位为 153. 8 cm；谷值出现在 7 月，月平均潮位为 126. 5 cm，平均潮位年变幅为 27. 3 cm（图 4-2-1）。1—8 月平均潮位低于年平均潮位；9—12 月平均潮位高于年平均潮位。各月最高潮位 9 月最高，为 350 cm，4 月最低，为 244 cm，其余各月为 260~324 cm。10 月最低潮位为 39 cm，明显大于其余月份；其余月份最低潮位为 3~18 cm，7 月最低，为 3 cm。详见表 4-2-1。

历年平均潮位大于 126 cm，最高值为 144. 8 cm（2017 年），最低值为 128. 0 cm（1987 年），多年变

① 自然资源部南海局：汕尾站业务工作档案，2018 年。

幅为 16.8 cm。历年最高潮位均大于 250 cm，最高值为 350 cm（出现于 2013 年 9 月 22 日 21 时 41 分）。年最高潮位多出现在 8—11 月，个别年份出现在 1—2 月、5—7 月和 12 月。历年最低潮位均低于 35 cm，最低值为 3 cm（2004 年 7 月 4 日 17 时 14 分）。年最低潮位多出现于 1 月和 5—7 月，个别年份出现于 2 月、4 月、8—9 月和 11—12 月。详见图 4-2-2。

表 4-2-1　汕尾站潮位年变化　　单位：cm

	1月	2月	3月	4月	5月	6月	7月	8月	9月	10月	11月	12月	全年
平均潮位	134.3	131.6	129.8	128.1	129.1	127.9	126.5	132.8	145.7	153.8	146.5	140.1	135.5
最高潮位	275	285	260	244	283	272	324	304	350	305	324	288	350
最低潮位	6	6	16	13	16	8	3	12	13	39	18	14	3

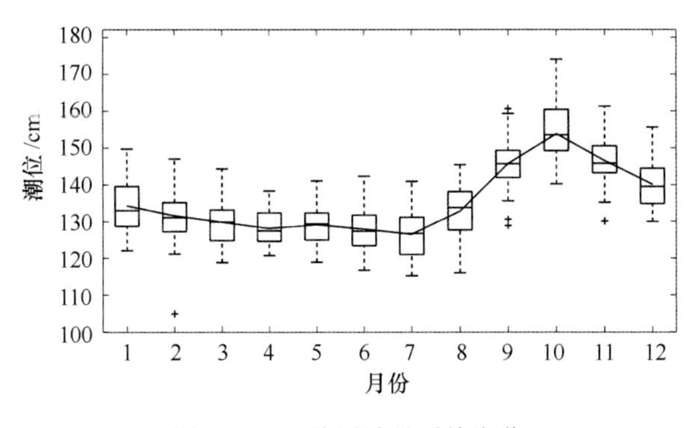

图 4-2-1　汕尾站月平均潮位

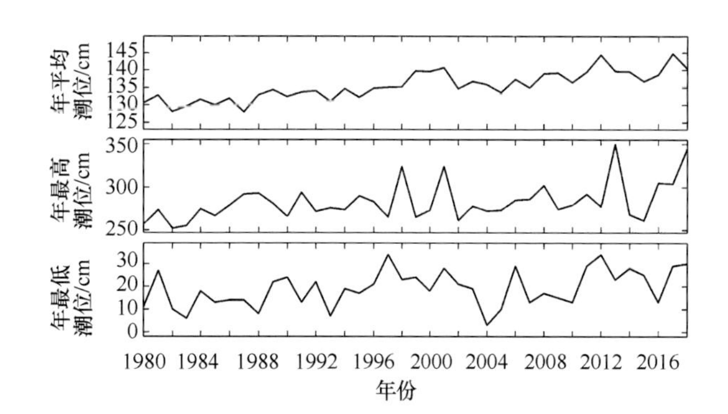

图 4-2-2　汕尾站年平均、年最高和年最低潮位

（三）潮差

汕尾站多年平均潮差为 72.7 cm，平均潮差年较差为 8 cm。平均潮差的年变化基本呈双峰型，高峰值出现于 3 月，为 76.3 cm，次峰值出现在 9 月，为 74.8 cm；谷值出现于 12 月，为 68.3 cm，次谷值出现于 6 月，为 70.8 cm（图 4-2-3）。1 月、2 月、5—8 月和 11—12 月的最大潮差在 200 cm 以上，其他月份小于 195 cm。详见表 4-2-2。

表 4-2-2　汕尾站潮差年变化　　单位：cm

	1月	2月	3月	4月	5月	6月	7月	8月	9月	10月	11月	12月	全年
平均潮差	72.8	76.0	76.3	74.1	72.4	70.8	71.4	71.0	74.8	74.3	69.8	68.3	72.7
最大潮差	220	210	194	187	206	217	212	200	183	187	217	227	227

历年平均潮差最大为 77.2 cm（1983 年），最小为 68.4 cm（2016 年），多年变幅为 8.8 cm。1982—1988 年和 2004—2008 年平均潮差较大，1993—2002 年和 2009—2018 年平均潮差相对较小。历年最大潮差均在 185 cm 以上，其中最大值为 227 cm（2004 年 12 月）。年最大潮差多出现在 1 月和 12 月，个别年份出现在 5—7 月和 11 月。详见图 4-2-4。

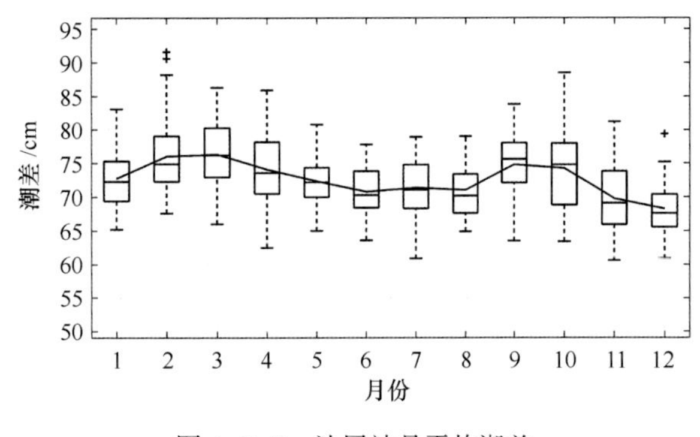

图 4-2-3　汕尾站月平均潮差

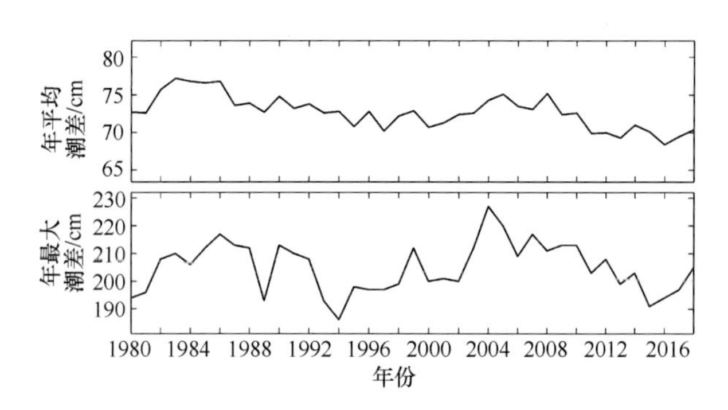

图 4-2-4　汕尾站年平均和年最大潮差

第三节　海　浪

（一）海况

汕尾站全年 0~2 级海况最多，占 83.92%，其次是 3 级海况，为 13.56%，6 级海况最少，仅 0.01%，无 7 级及以上海况。从季节上看，仅秋季出现 6 级海况。5 级海况在秋季最多，其次是夏季和春季。4 级海况在夏季最多，其次是秋季和春季，冬季最少。3 级海况在春季最多，其次是夏季和秋季，冬季最少。0~2 级海况冬季出现最多，其次是秋季和春季，夏季最少。详见表 4-3-1。

最大海况 6 级出现在 2016 年 10 月 21 日 14 时，这是由于 1622 号台风“海马”经过引起的。

表 4-3-1　汕尾站四季及全年各级海况频率

	0~2 级	3 级	4 级	5 级	6 级	≥7 级
春季	82.55%	15.41%	2.03%	0.02%	—	—
夏季	81.66%	14.70%	3.51%	0.12%	—	—
秋季	82.87%	13.89%	3.10%	0.13%	0.02	—
冬季	88.61%	10.20%	1.20%	—	—	—
全年	83.92%	13.56%	2.44%	0.07%	0.01%	—

“—”表示未出现。

（二）风浪

多年平均风浪频率为 99.55%。从季节上看，秋季和冬季风浪出现最多，其次是夏季，春季风浪出现最少，为 98.18%。详见表 4-3-2。

全年风浪多出现在 ENE—ESE 向和 WSW 向，其中 ESE 向最多（21.37%），其次是 E 向（18.02%）。春季风浪多出现在 ENE—ESE 向和 WSW 向，其中 ESE 向最多（26.70%），其次是 E 向（17.51%）。夏季风浪多出现在 E—ESE 向和 SW—W 向，其中 WSW 向最多（23.68%），其次是 SW 向（13.48%）。秋季风浪多出现在 ENE—ESE 向，其中 ESE 向最多（23.50%），其次是 E 向（23.02%）。冬季风浪多出现在 NE—SE 向，其中 ESE 向最多（23.73%），其次是 E 向（20.72%）。详见图 4-3-1。

表 4-3-2　汕尾站风浪频率年变化

	1月	2月	3月	4月	5月	6月	7月	8月	9月	10月	11月	12月	春季	夏季	秋季	冬季	全年
频率/%	100	99.93	99.93	96.41	100	100	99.88	99.69	100	100	99.94	100	98.18	99.86	99.98	99.98	99.55

（三）涌浪

多年平均涌浪频率为 0.05%。从季节上看，夏季涌浪频率最大，春季、秋季和冬季涌浪频率相当，为 0.02%。详见表 4-3-3。

全年涌浪多出现在 NE 向、ESE—SSE 向和 SW 向，其中 SE 向和 SSE 向最多（28.57%），其次是 NE 向、ESE 向和 SW 向（14.29%）（图 4-3-2）。涌浪出现频率太小，故不描述各季节涌浪各向频率分布情况。

表 4-3-3　汕尾站涌浪频率年变化

	1月	2月	3月	4月	5月	6月	7月	8月	9月	10月	11月	12月	春季	夏季	秋季	冬季	全年
频率/%	0.00	0.07	0.07	0.00	0.00	0.00	0.12	0.25	0.00	0.00	0.06	0.00	0.02	0.12	0.02	0.02	0.05

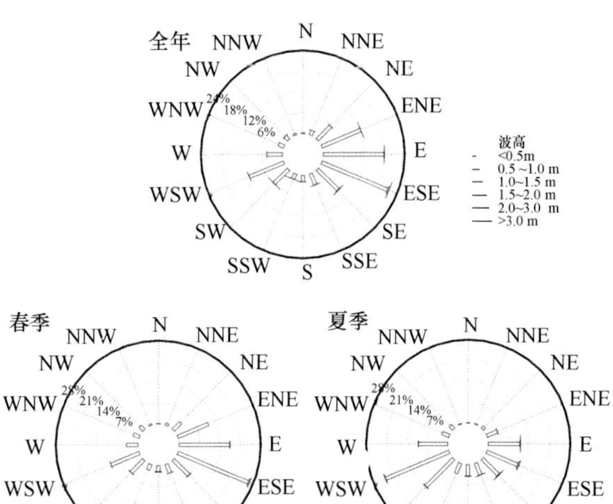

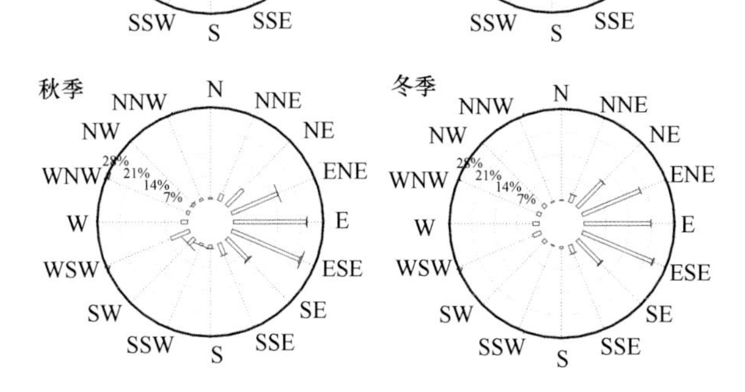

图 4-3-1　汕尾站各向风浪频率分布

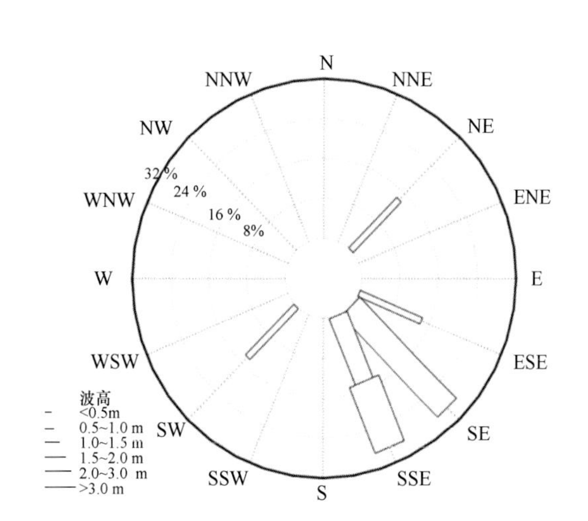

图 4-3-2　汕尾站各向涌浪频率分布

（四）波高

1. 平均波高和最大波高

多年平均波高为 0.2 m。各月平均波高变化不大。8—10 月最大波高均在 3.0 m 及以上，其余各月最大波高均在 1.5 m 及以下。详见表 4-3-4 和图 4-3-3。

表 4-3-4　汕尾站平均波高和最大波高年变化　　单位：m

	1月	2月	3月	4月	5月	6月	7月	8月	9月	10月	11月	12月	全年
平均波高	0.2	0.2	0.2	0.2	0.2	0.2	0.2	0.2	0.2	0.2	0.2	0.2	0.2
最大波高	1.1	1.3	0.9	1.4	0.9	1.5	1.2	3.0	3.0	3.4	1.0	0.9	3.4

历年平均波高变化较小，约为 0.2 m。历年最大波高差异较大，为 0.9~3.4 m，多出现在 8—10 月，个别年份出现在 1 月和 4—6 月。最大波高 3.4 m，出现在 2016 年 10 月 21 日 14 时，是受 1622 号台风“海马”的影响。详见图 4-3-4。

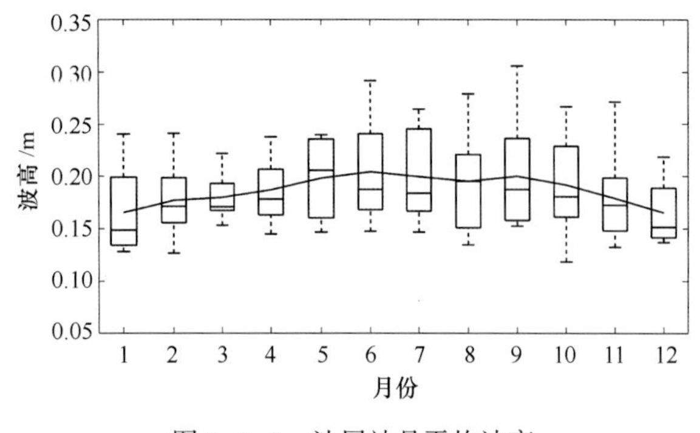

图 4-3-3　汕尾站月平均波高

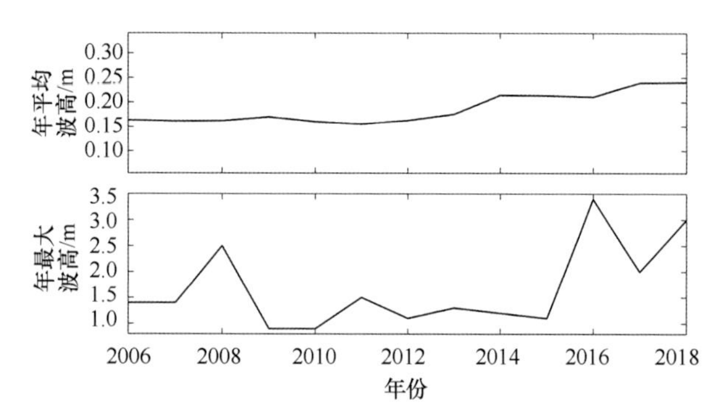

图 4-3-4　汕尾站年平均和年最大波高

2. 各向平均波高和最大波高

全年和四季各向平均波高为 0.1~0.2 m。详见表 4-3-5。

全年 ENE—SSE 向和 SSW—SW 向最大波高较大，均大于 2.0 m，其中 SW 向最大，为 3.4 m。春季 E—ESE 向最大波高较大，均大于 1.0 m，其中 ESE 向最大，为 1.4 m。夏季 ENE—S 向和 SW—W 向最大波高均在 1.0 m 及以上，其中 SSE 向最大，为 3.0 m。秋季 ENE—ESE 向和 SSW—SW 向最大波高在 2.0 m 及以上，其中 SW 向最大，为 3.4 m。冬季 ESE—SE 向在 1.0 m 以上，其中 SE 向最大，为 1.3 m。详见表 4-3-6。

表 4-3-5　汕尾站全年及四季各向平均波高　单位：m

	N	NNE	NE	ENE	E	ESE	SE	SSE	S	SSW	SW	WSW	W	WNW	NW	NNW
全年	0.2	0.1	0.1	0.1	0.2	0.2	0.2	0.2	0.2	0.2	0.2	0.2	0.2	0.1	0.1	0.1
春季	0.2	0.2	0.1	0.1	0.2	0.2	0.2	0.2	0.2	0.2	0.2	0.2	0.2	0.1	0.1	0.1
夏季	0.1	0.1	0.1	0.1	0.2	0.2	0.2	0.2	0.2	0.2	0.2	0.2	0.2	0.1	0.2	0.1
秋季	0.2	0.1	0.1	0.1	0.2	0.2	0.2	0.2	0.2	0.2	0.2	0.2	0.1	0.1	0.2	0.1
冬季	0.2	0.2	0.1	0.1	0.2	0.2	0.2	0.2	0.1	0.1	0.1	0.2	0.1	0.1	0.1	0.1

表 4-3-6　汕尾站全年及四季各向最大波高　单位：m

	N	NNE	NE	ENE	E	ESE	SE	SSE	S	SSW	SW	WSW	W	WNW	NW	NNW
全年	0.7	0.7	0.7	2.6	2.5	3.0	2.1	3.0	1.0	3.2	3.4	1.4	1.0	0.6	1.3	0.6
春季	0.7	0.7	0.7	0.7	1.2	1.4	0.9	0.8	0.8	0.7	0.8	0.8	0.7	0.5	0.5	0.6
夏季	0.3	0.4	0.4	1.2	2.5	1.5	2.1	3.0	1.0	0.6	1.2	1.4	1.0	0.6	0.8	0.4
秋季	0.6	0.5	0.6	2.6	2.0	3.0	1.3	0.7	0.8	3.2	3.4	0.7	0.5	0.4	1.3	0.5
冬季	0.4	0.7	0.7	0.8	0.8	1.1	1.3	0.9	0.5	0.4	0.5	0.6	0.4	0.4	0.3	0.5

第五章　惠州站

第一节　概　况

惠州海洋环境监测站（简称惠州站）位于广东省惠州市大亚湾西区。惠州市位于广东省东南部、珠江三角洲东北端，西临大鹏湾，西南临香港，东与红海湾相接，南连广阔的南海。惠州市海域面积 4 519 km^2，海岸线曲折，全长 281.4 km，属山地海岸类型，岬角与海湾相间排列，良港较多，岛屿罗列。

惠州站建成于 2003 年，隶属于国家海洋局南海分局，2019 年 7 月后隶属于自然资源部南海局，其前身是 1991 年成立的国家海洋局惠州海洋办事处。该站设有验潮井、温盐井、简易气象观测场、GNSS 等设施，观测项目有潮位、表层海水温度、表层海水盐度、风、气压、气温、相对湿度和降水量等。

潮汐和温盐测点位于大亚湾区澳头惠州港集装箱码头，所在码头为填海码头，测点周边无浅滩，无污水管道，海岸无侵蚀状况，泥质底，水深为 7.2 m，淤积情况不明显，有船只（主要是消防拖船、引航船）停泊①。

图 5-1-1　惠州站潮汐和温盐观测场

惠州站有关测点见图 5-1-1。

第二节　潮　汐

（一）潮高基准面和潮汐类型

惠州站潮位从井内水尺零点起算，井内水尺零点为本站的潮高基准面。本站全日分潮与半日分潮振幅之比 $(H_{K_1}+H_{O_1})/H_{M_2}=1.8$，属于不正规半日潮。在一个太阳日内出现两次高潮和两次低潮，但相邻的高潮或低潮潮高不等，涨潮时和落潮时也不等。

（二）潮位

惠州站多年平均潮位为 225.5 cm。平均潮位的年变化呈单峰型，月平均潮位峰值出现在 10 月，为 246.0 cm；谷值出现在 7 月，为 216.3 cm（图 5-2-1）。平均潮位的年变幅为 29.7 cm。各月最高潮位 7—12 月较大，均在 400 cm 以上，9 月最大，为 511 cm；1—6 月最高潮位较小，均在 390 cm 以下，4 月最小，为 358 cm。各月最低潮位 9 月最高，为 98 cm，2 月、5 月和 7 月最低，为 71 cm，其余月份为 74~93 cm。详见表 5-2-1。

历年平均潮位均大于 221 cm，最高值为 229.7 cm（2017 年），最低值为 221.2 cm（2010 年），多年变幅为 8.5 cm。历年最高潮位均大于 375 cm，最高值为 511 cm（2018 年 9 月 16 日 13 时 24 分）。年最高

---

①　自然资源部南海局：惠州站业务工作档案，2018 年。

潮位多出现在9—11月，个别年份出现在7—8月和12月。历年最低潮位均低于90 cm，最低值为71 cm（2007年5月18日16时29分、2008年7月3日15时35分和2010年2月1日4时35分）。年最低潮位多出现在12月和5—6月，个别年份出现在1—2月和7月。详见图5-2-2。

表5-2-1　惠州站潮位年变化　　单位：cm

	1月	2月	3月	4月	5月	6月	7月	8月	9月	10月	11月	12月	全年
平均潮位	224.3	220.7	220.4	218.1	218.8	217.5	216.3	221.6	235.3	246.0	236.7	229.5	225.5
最高潮位	378	380	366	358	371	389	405	445	511	406	401	405	511
最低潮位	77	71	92	87	71	74	71	87	98	93	93	80	71

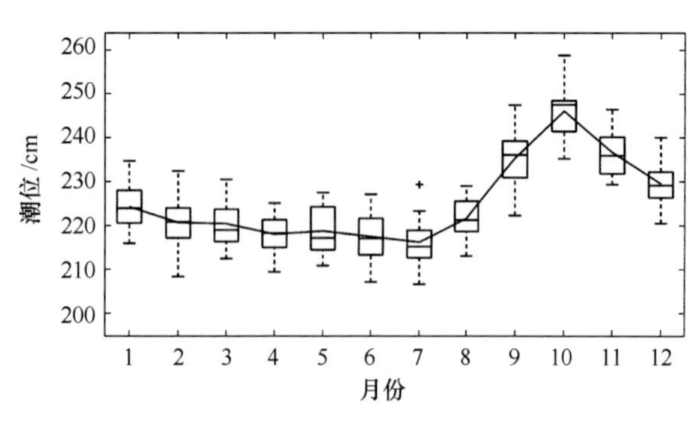

图5-2-1　惠州站月平均潮位

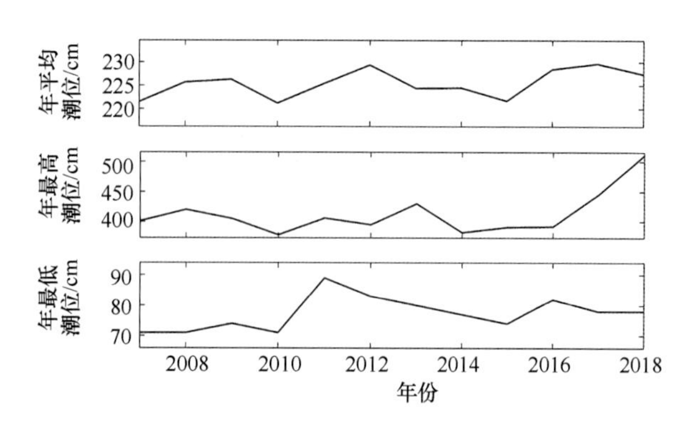

图5-2-2　惠州站年平均、年最高和年最低潮位

（三）潮差

惠州站多年平均潮差为79.0 cm。各月平均潮差变化不大，2月最大，为82.0 cm，7月最小，为75.3 cm，变幅仅6.7 cm（图5-2-3）。各月最大潮差1—2月、5—6月和10—12月均在250 cm以上，1月最大，为268 cm；其他月份小于250 cm，3月最小，为219 cm。详见表5-2-2。

历年平均潮差最大为81.2 cm（2008年），最小为77.9 cm（2011年），多年变幅为3.3 cm。历年最大潮差均在219 cm以上，最大值为268 cm（2009年1月）。年最大潮差多出现在1月和11—12月，个别年份出现在5—6月。详见图5-2-4。

表5-2-2　惠州站潮差年变化　　单位：cm

	1月	2月	3月	4月	5月	6月	7月	8月	9月	10月	11月	12月	全年
平均潮差	81.5	82.0	79.5	78.9	77.3	77.3	75.3	77.9	80.8	81.5	78.3	78.6	79.0
最大潮差	268	250	219	228	260	261	247	238	224	252	267	263	268

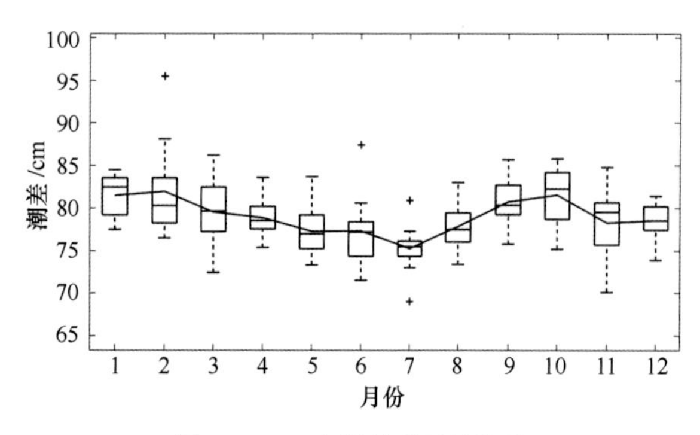

图5-2-3　惠州站月平均潮差

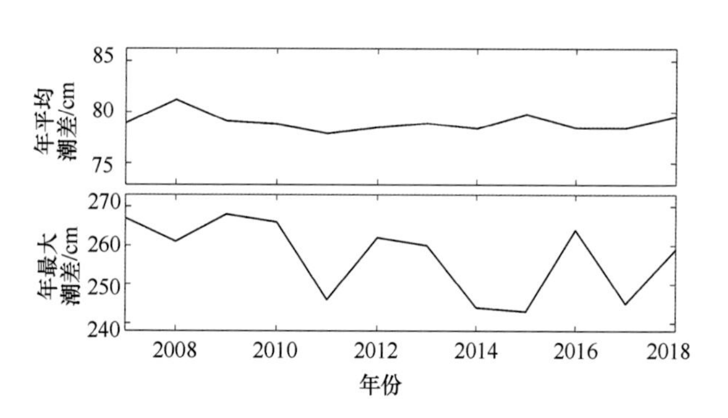

图5-2-4　惠州站年平均和年最大潮差

第三节　表层海水温度和盐度

（一）表层海水温度

惠州站多年平均表层海水温度为24.7℃，夏季最高，其次是秋季和春季，冬季最低。2—7月，平均海温逐月迅速上升，6—9月平均海温都在29℃以上，7月平均海温最高，为30.3℃，10月至翌年2月平均海温逐月迅速下降，2月海温最低，为17.1℃。各月最高海温5—10月均在31℃以上，8月最高，为34.5℃，其他月份为21.3~30.8℃。11月至翌年4月最低海温都在19℃以下，2月最低，为12.4℃；5—10月为21.7~26.0℃。详见表5-3-1和图5-3-1。

历年平均海温最高为25.2℃（2017年），最低为23.9℃（2008年）。历年最高海温均大于31.5℃，最高值为34.5℃（2013年8月12日18时）。年最高海温多出现在7—8月。历年最低海温均小于18℃，最低值为12.4℃（2008年2月7日18时）。年最低海温多出现在1—2月，个别年份出现在3月和12月。详见图5-3-2。

表5-3-1　惠州站表层海水温度年变化　　单位:℃

	1月	2月	3月	4月	5月	6月	7月	8月	9月	10月	11月	12月	全年
平均温度	17.5	17.1	19.3	22.8	26.6	29.1	30.3	30.1	29.8	28.2	24.9	20.5	24.7
最高温度	21.3	22.1	23.7	30.8	31.7	32.9	33.9	34.5	32.5	31.8	28.4	25.1	34.5
最低温度	13.9	12.4	14.7	16.7	21.7	25.3	25.9	26.0	25.6	24.9	18.7	15.2	12.4

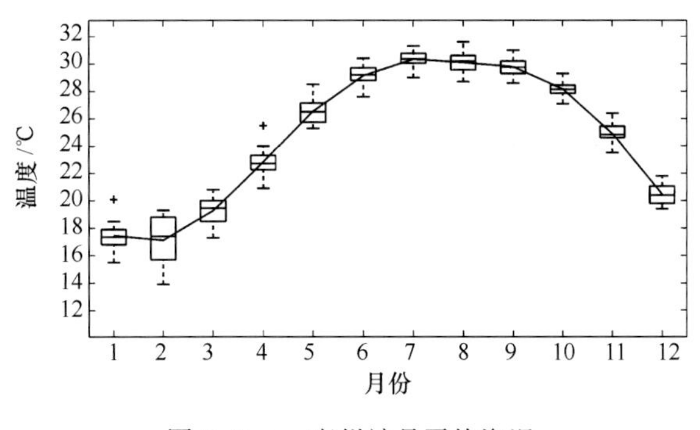

图5-3-1　惠州站月平均海温

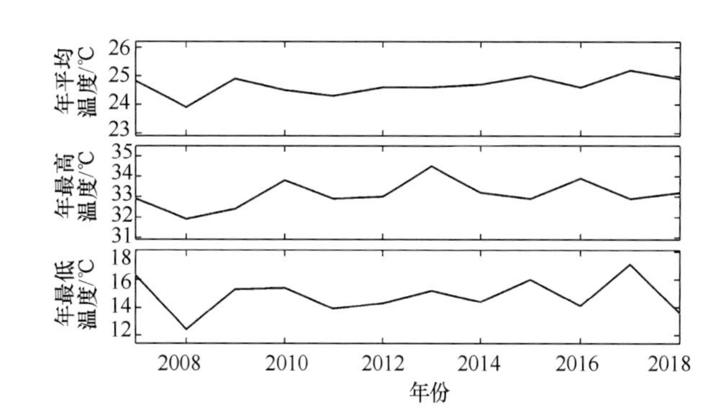

图5-3-2　惠州站年平均、年最高和年最低海温

（二）表层海水盐度

惠州站多年平均表层海水盐度为30.80。11月至翌年3月平均盐度较高，各月平均盐度都在32以上，最大值出现在12月，为32.42。6—7月平均盐度较低，7月平均盐度为27.89。4月最高盐度最大，为34.9，7月最小，为32.9。4—9月最低盐度均小于13.3，10月至翌年3月均大于21。详见表5-3-2和图5-3-3。

表5-3-2　惠州站表层海水盐度年变化

	1月	2月	3月	4月	5月	6月	7月	8月	9月	10月	11月	12月	全年
平均盐度	32.33	32.16	32.01	31.48	29.86	28.46	27.89	29.67	30.05	31.18	32.11	32.42	30.80
最高盐度	33.8	34.0	34.7	34.9	33.8	33.8	32.9	34.1	33.8	33.0	34.4	34.5	34.9
最低盐度	27.1	29.2	25.4	13.2	8.0	9.9	12.8	11.4	8.3	21.4	23.6	29.0	8.0

历年平均盐度均超过29.65，最高为32.23（2009年），最低为29.69（2008年）。历年最高盐度均大

于 32.5，2009 年、2010 年和 2016 年均大于 34，最高值为 34.9（2010 年 4 月 28 日 6 时）。年最高盐度多出现在 8 月、11—12 月，个别年份出现在 1 月、4 月、5 月和 9 月。历年最低盐度均小于 25，最低值为 8.0（2014 年 5 月 16 日 17 时）。年最低盐度出现在 4—9 月。详见图 5-3-4。

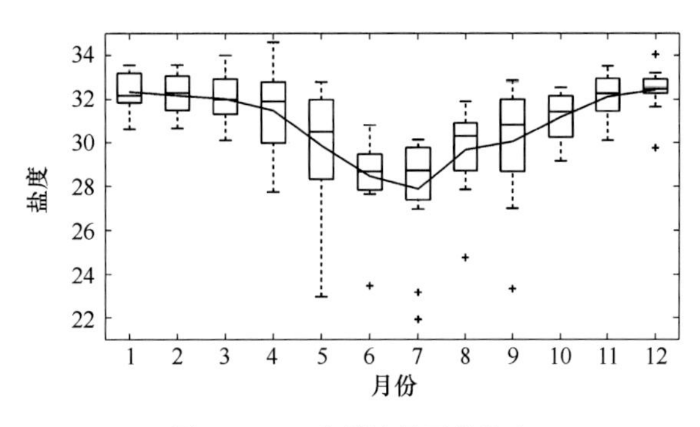

图 5-3-3　惠州站月平均盐度

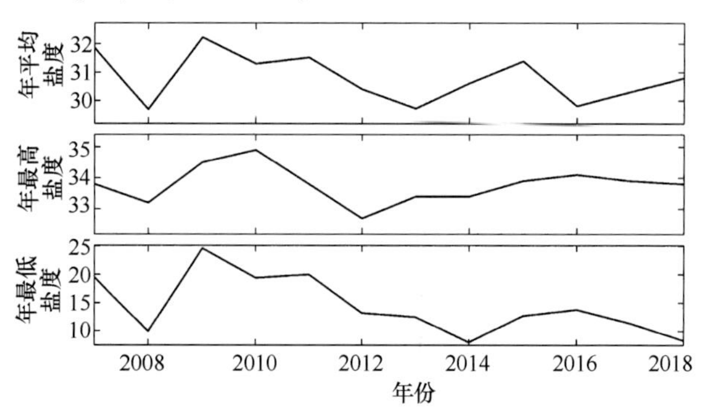

图 5-3-4　惠州站年平均、年最高和年最低盐度

第六章　盐田站

第一节　概　况

盐田海洋环境监测站（简称盐田站）位于深圳市盐田区盐田港。盐田港位于深圳市南大鹏湾西侧岸边，西临沙头角，西北距深圳市约 24 km，东至惠州市 72 km。盐田站位于盐田港盐田水产码头旁，东面为大、小梅沙海水浴场，东南到东面是香港的一些岛屿，西到西北面为盐田港后方陆域和梧桐山等山脉，北面为北山，西南面为盐田港集装箱码头，对出海域为大鹏湾。

盐田站始建于 2001 年 11 月，隶属于国家海洋局南海分局，2019 年 7 月后隶属于自然资源部南海局。盐田站设有验潮井、温盐井、气象观测站、GNSS 测点等设施，观测项目有表层海水温度和盐度、潮位、海浪、海发光、海面有效能见度、风、气压、降水量、气温和相对湿度等。

图 6-1-1　盐田站温盐和潮汐测点

验潮室与盐田渔政大楼相连，西南方约 400 m 处为盐田河入海口，底质为沙石，水深 3 m 左右，不直接受风浪影响，无泥沙淤积现象。温盐测点位于验潮室温盐井内，与验潮井相连，旁边为盐田水产码头。水深 3 m 左右，沙石底质，在温盐井北面有两个雨水排洪口，在测站西面大约 300 m 处的盐田河，大雨时有大量淡水排出，会影响温盐测值。海浪测点位于测站三楼楼顶气象观测场，海面开阔度 120°左右，水深 5~20 m。由于盐田站位于大鹏湾西侧的一个港湾内，海浪目测，观测范围小，海浪资料有一定的局限性①。

盐田站有关测点见图 6-1-1。

第二节　潮　汐

（一）潮高基准面和潮汐类型

盐田站潮位从井内水尺零点起算，井内水尺零点为本站的潮高基准面。本站全日分潮与半日分潮振幅之比 $(H_{K_1}+H_{O_1})/H_{M_2}=1.8$，属于不正规半日潮。在一个太阳日内出现两次高潮和两次低潮，但相邻的高潮或低潮潮高不等，涨潮时和落潮时也不等。

（二）潮位

盐田站多年平均潮位为 198.1 cm。平均潮位的年变化呈单峰型，峰值在 10 月，为 217.5 cm；谷值在 7 月，为 187.8 m。7—10 月，平均潮位逐月上升，10 月至翌年 7 月，平均潮位逐月下降（图 6-2-1）。各月最高潮位除了 8 月和 9 月超过 420 cm，其余月份为 319~378 cm。9 月最高潮位最大，为 470 cm，4 月最高潮位最小，为319 cm。各月最低潮位 38~78 cm，9 月最高，为 78 cm，7 月最低，为 38 cm。详见表 6-2-1。

---

① 自然资源部南海局：盐田站业务工作档案，2018 年。

表 6-2-1　盐田站潮位年变化　　单位：cm

	1月	2月	3月	4月	5月	6月	7月	8月	9月	10月	11月	12月	全年
平均潮位	196.5	193.1	192.3	189.4	190.3	188.8	187.8	194.5	207.3	217.5	208.6	202.6	198.1
最高潮位	350	369	325	319	349	343	352	421	470	378	361	366	470
最低潮位	50	53	56	61	49	40	38	50	78	74	72	49	38

历年平均潮位最高值为 204.0 cm（2012 年），最低值为 192.3 cm（2015 年），多年变幅为 11.7 cm。年最高潮位多出现在秋季和冬季，以 9 月和 10 月居多；最高值为 470 cm，出现在 2018 年 9 月 16 日 14 时 56 分，是由 1822 号台风“山竹”引起的。年最低潮位多出现在 5—7 月，个别年份出现在 1 月和 12 月；最低值为 38 cm（2004 年 7 月 4 日 17 时 47 分）。详见图 6-2-2。

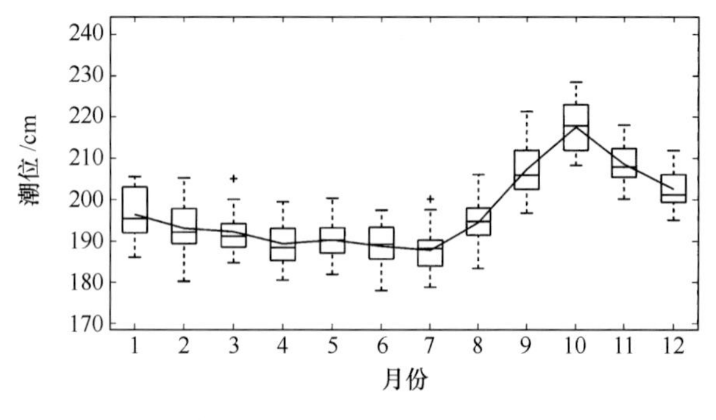

图 6-2-1　盐田站月平均潮位

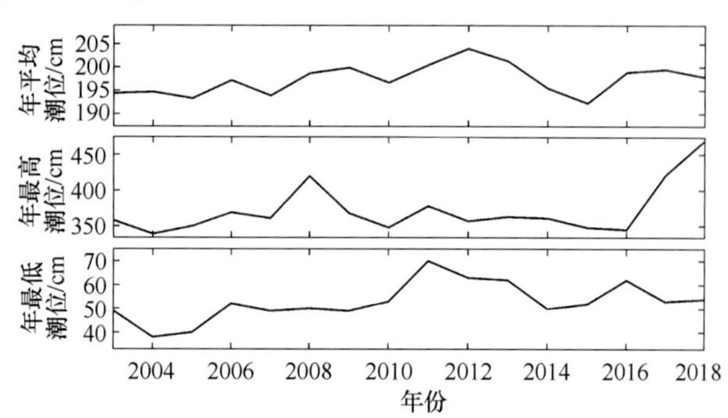

图 6-2-2　盐田站年平均、年最高和年最低潮位

（三）潮差

盐田站多年平均潮差为 85.5 cm。各月平均潮差变化幅度较小，峰值出现在 3 月和 10 月，分别为 88.7 cm 和 87.8 cm；7 月和 12 月出现谷值，分别为 80.3 cm 和 84.2 cm（图 6-2-3）。各月最大潮差均在 200 cm 以上，1 月最大，为258 cm；3 月最小，为 206 cm。详见表 6-2-2。

历年平均潮差最大为 88.7 cm（2005 年），最小为 82.6 cm（2017 年），多年变幅较小，仅为6.1 cm。年平均潮差 2003—2004 年无变化，2005—2017 年呈波动下降趋势，2017—2018 年呈缓慢上升趋势。历年最大潮差均在 230 cm 以上，最大为 258 cm。年最大潮差多出现在 1 月和 11—12 月，个别年份出现在 5—6 月。详见图 6-2-4。

表 6-2-2　盐田站潮差年变化　　单位：cm

	1月	2月	3月	4月	5月	6月	7月	8月	9月	10月	11月	12月	全年
平均潮差	84.9	86.7	88.7	87.8	87.2	83.6	80.3	80.9	86.3	87.8	87.4	84.2	85.5
最大潮差	258	251	206	211	236	255	250	237	210	229	246	253	258

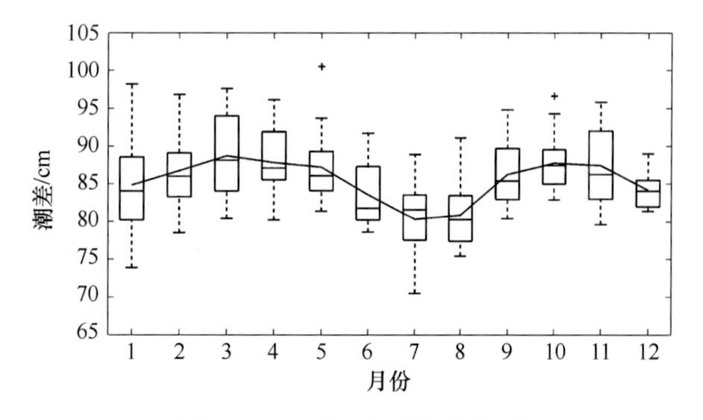

图 6-2-3　盐田站月平均潮差

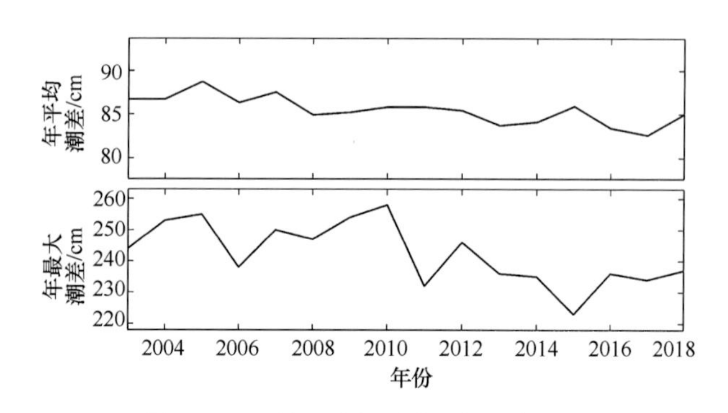

图 6-2-4　盐田站年平均和年最大潮差

第三节　海　浪

（一）海况

盐田站近岸全年2级及以下海况出现最多，频率达94.62%，其次是3级海况，频率为4.96%，4级及以上海况出现较少，为0.43%。6级海况仅出现在夏季，且频率很小。5级海况仅出现在秋季和夏季，频率也较小。4级海况夏季出现最多，其次是秋季和冬季，春季最少。3级海况夏季出现最多，冬季出现最少。2级及以下海况在四季出现较多，其中冬季最多（97.24%），其次是春季和秋季，夏季最少。详见表6-3-1。

最大海况6级出现在2017年8月27日8时，这是由于1714号台风“帕卡”正面袭击引起的。

表6-3-1　盐田站四季及全年各级海况频率

	0~2级	3级	4级	5级	6级	≥7级
春季	95.58%	4.27%	0.15%	—	—	—
夏季	92.57%	6.72%	0.63%	0.06%	0.02%	—
秋季	93.52%	6.01%	0.43%	0.04%	—	—
冬季	97.24%	2.47%	0.29%	—	—	—
全年	94.62%	4.96%	0.39%	0.03%	0.01%	—

“—”表示未出现。

（二）风浪

盐田站多年平均风浪频率为99.19%。从季节上看，春季、夏季、秋季和冬季风浪频率相差不多，分别为98.89%、99.43%、99.61%和98.82%。详见表6-3-2。

全年风浪多出现在E—SSE向，其中SE向最多（33.09%），其次是ESE向（23.66%）。春季风浪多出现在E—SSE向，其中SE向最多（30.89%），其次是ESE向（29.52%）。夏季风浪多出现在E—SSE向，其中SE向最多（41.25%），其次是ESE向（24.07%）。秋季风浪多出现在NNE—SSE向，其中SE向最多（31.70%），其次是ESE向（20.49%）。冬季风浪多出现在NNE—SSE向，其中SE向最多（25.02%），其次是ESE向（19.32%）。详见图6-3-1。

表6-3-2　盐田站风浪频率年变化

	1月	2月	3月	4月	5月	6月	7月	8月	9月	10月	11月	12月	春季	夏季	秋季	冬季	全年
频率/%	98.52	98.38	98.25	98.85	99.44	99.23	99.63	99.44	99.42	99.88	99.55	99.32	98.89	99.43	99.61	98.82	99.19

（三）涌浪

盐田站近岸多年平均涌浪出现频率为98.32%。春季出现频率最小，为93.50%，其余3个季节涌浪频率相当，均在99%以上（分别为99.96%、99.79%和99.34%）。详见表6-3-3。

全年涌浪多出现在ESE—SE向，其中SE向最多（70.10%），其次是ESE向（25.80%）。从季节上看，各季节涌浪出现频率最大的方向与全年平均统计情况一致，均多出现在ESE—SE向。其中，春季SE向最多（75.43%），其次是ESE向（21.52%）；夏季SE向最多（69.94%），其次是ESE向（26.13%）；秋季SE向最多（61.69%），其次是ESE向（33.74%）；冬季SE向最多（73.00%），其次是ESE向（22.24%）。详见图6-3-2。

表6-3-3　盐田站涌浪频率年变化

	1月	2月	3月	4月	5月	6月	7月	8月	9月	10月	11月	12月	春季	夏季	秋季	冬季	全年
频率/%	100	100	99.92	92.31	94.75	99.87	100	100	100	100	99.36	98.01	93.50	99.96	99.79	99.34	98.32

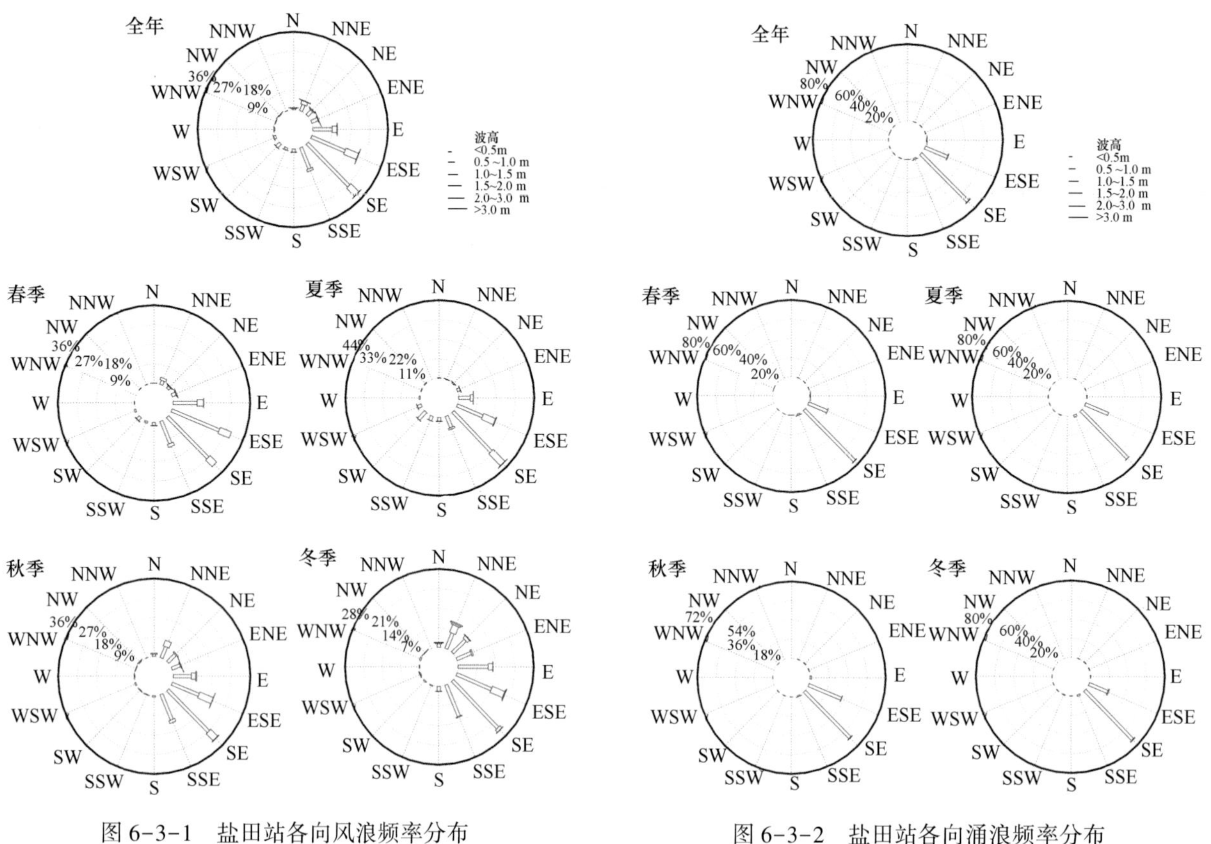

图 6-3-1　盐田站各向风浪频率分布　　　　图 6-3-2　盐田站各向涌浪频率分布

（四）波高

1. 平均波高和最大波高

多年平均波高为 0.4 m。全年各月平均波高变化很小。详见表 6-3-4 和图 6-3-3。

表 6-3-4　盐田站平均波高和最大波高年变化　　单位：m

	1 月	2 月	3 月	4 月	5 月	6 月	7 月	8 月	9 月	10 月	11 月	12 月	全年
平均波高	0.4	0.4	0.4	0.4	0.4	0.4	0.4	0.4	0.4	0.4	0.4	0.4	0.4
最大波高	2.2	1.5	1.6	1.5	1.5	1.4	1.5	2.0	2.8	1.4	1.7	1.5	2.8

历年平均波高变化小，为 0.3~0.4 m。历年最大波高相差较小，为 1.1~2.8 m。除了 2 月和 12 月，其他月份均出现过年最大波高。盐田站观测到最大波高为 2.8 m，出现在 2018 年 9 月 16 日 14 时，是受 1822 号台风“山竹”的影响所致。详见图 6-3-4。

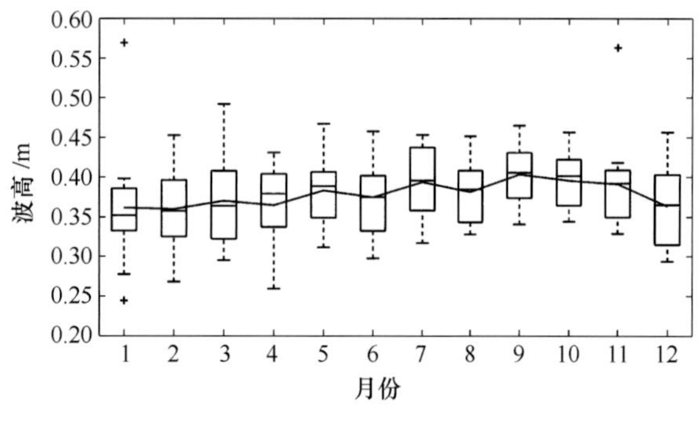

图 6-3-3　盐田站月平均波高

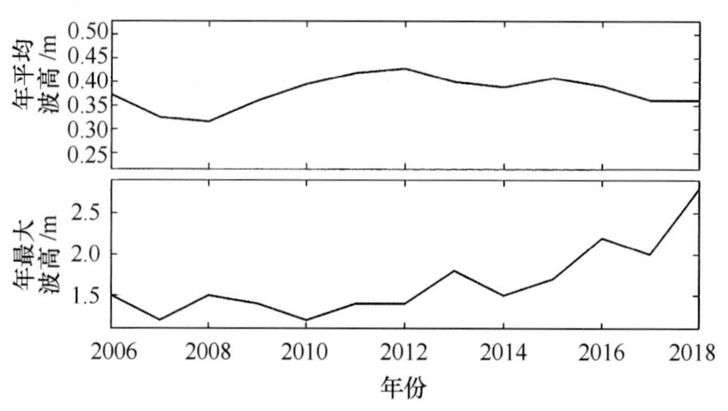

图 6-3-4　盐田站年平均和年最大波高

2. 各向平均波高和最大波高

各向的多年平均波高为0.3~0.6 m，其中NNE向最大，为0.6 m。春季WNW向多年平均波高最大，为0.8 m，NNW向最小，为0.2 m，其他方向为0.3~0.6 m。夏季各向多年平均波高为0.3~0.5 m，相差较小。秋季情况与夏季相当，各向多年平均波高值相差较小，为0.4~0.5 m。冬季NW向多年平均波高最大，为0.8 m，其他方向为0.3~0.6 m。详见表6-3-5。

全年各向最大波高在0.6~2.8 m之间，其中ESE向最大，为2.8 m。春季各向最大波高为0.4~1.6 m，其中NE向最大，为1.6 m。夏季只有E—SSE向最大波高在1.0 m以上，其中E向最大，为2.0 m，其他向波高都较小，N向和W—NW向最小，为0.7 m。秋季各向最大波高为0.6~2.8 m，其中ESE向最大，为2.8 m，其次是ENE向，为2.5 m，其余各向最大波高均小于2 m，NNW向最小，为0.6 m。冬季各向最大波高为0.7~2.2 m，其中NNE向最大，为2.2 m，SSW—SW向和WNW向最小，为0.7 m。详见表6-3-6。

表6-3-5　盐田站全年及四季各向平均波高　　单位：m

	N	NNE	NE	ENE	E	ESE	SE	SSE	S	SSW	SW	WSW	W	WNW	NW	NNW
全年	0.5	0.6	0.5	0.4	0.5	0.4	0.3	0.4	0.4	0.4	0.4	0.4	0.4	0.4	0.5	0.3
春季	0.6	0.6	0.5	0.5	0.5	0.4	0.3	0.4	0.4	0.4	0.4	0.4	0.3	0.8	0.4	0.2
夏季	0.3	0.4	0.5	0.4	0.5	0.4	0.4	0.4	0.5	0.4	0.4	0.4	0.4	0.4	0.4	—
秋季	0.5	0.5	0.4	0.5	0.5	0.4	0.4	0.4	0.4	0.4	0.4	0.4	0.4	0.5	0.5	0.4
冬季	0.5	0.6	0.5	0.4	0.5	0.4	0.3	0.4	0.4	0.3	0.4	0.5	0.3	0.4	0.8	—

“—”表示未出现。

表6-3-6　盐田站全年及四季各向最大波高　　单位：m

	N	NNE	NE	ENE	E	ESE	SE	SSE	S	SSW	SW	WSW	W	WNW	NW	NNW
全年	1.5	2.2	1.6	2.5	2.0	2.8	1.8	1.2	0.9	0.8	1.0	1.3	0.8	1.0	1.4	0.6
春季	0.8	1.2	1.6	1.4	1.5	1.0	1.1	1.1	0.8	0.7	1.0	0.7	0.5	1.0	0.6	0.4
夏季	0.7	0.8	0.8	0.9	2.0	1.6	1.8	1.1	0.9	0.8	0.9	0.8	0.7	0.7	0.7	—
秋季	1.0	1.1	1.0	2.5	1.7	2.8	1.6	1.1	0.7	0.8	0.8	0.7	0.8	1.0	0.9	0.6
冬季	1.5	2.2	1.5	1.2	1.5	1.9	1.5	1.2	0.8	0.7	0.7	1.3	0.6	0.7	1.4	—

“—”表示未出现。

第四节　表层海水温度和盐度

（一）表层海水温度

盐田站多年平均表层海水温度为24.2℃，海温变化四季分明。2月平均海温最低，为17.6℃，2—7月，平均海温逐月迅速上升，7月达到最高，为29.4℃，8月至翌年2月平均海温逐月下降。月最高海温5—10月均超过31.5℃，其中8月最高，为34.5℃。月最低海温为12.2~23.0℃，2月最低，为12.2℃。详见表6-4-1和图6-4-1。

表6-4-1　盐田站表层海水温度年变化　　单位：℃

	1月	2月	3月	4月	5月	6月	7月	8月	9月	10月	11月	12月	全年
平均温度	17.8	17.6	19.0	22.4	26.3	28.5	29.4	29.3	28.9	27.4	24.4	20.2	24.2
最高温度	22.2	23.2	23.7	28.1	31.8	32.9	33.1	34.5	34.2	32.1	28.4	25.0	34.5
最低温度	13.0	12.2	14.6	17.6	21.0	21.1	23.0	23.0	22.9	22.6	19.2	15.3	12.2

历年平均海温最高为24.7℃（2009年和2015年），最低为23.7℃（2008年）。历年最高海温均超过31℃，最高值为34.5℃（2010年8月14日14时）。年最高海温出现在6—9月。历年最低海温均不超过17℃，最低值为12.2℃（2008年2月13日8时）。年最低海温多出现在1—2月和12月，仅2005年出现在3月。详见图6-4-2。

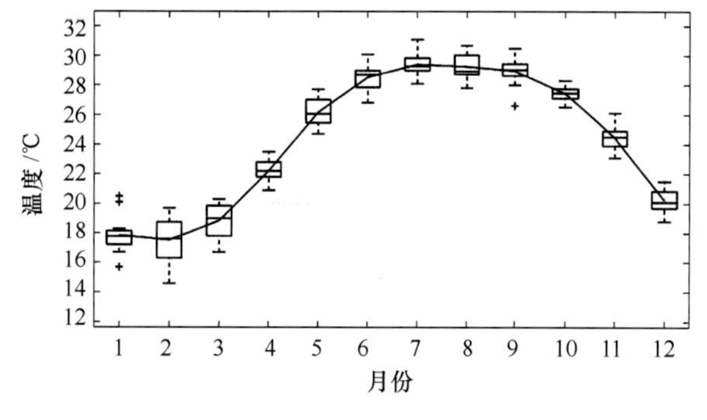

图6-4-1　盐田站月平均海温

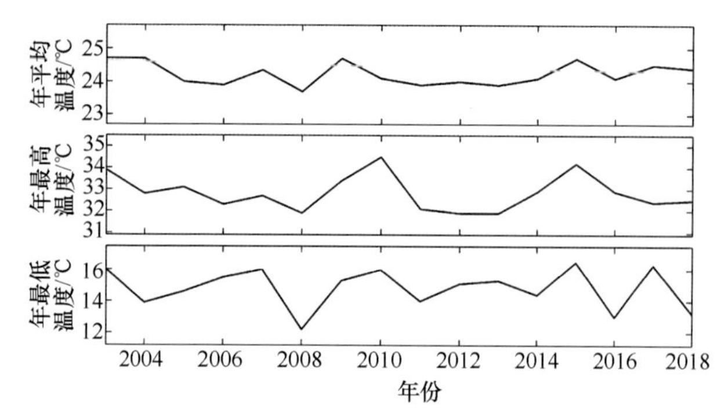

图6-4-2　盐田站年平均、年最高和年最低海温

（二）表层海水盐度

盐田站多年平均表层海水盐度为29.73。1—4月和11—12月的月平均盐度均超过31。峰值出现在12月，为32.26，谷值出现在7月，为25.07。4—11月最高盐度均超过34.7，12月至翌年3月最高盐度均小于34.5。4—10月最低盐度较低，为6.96～8.67，11月至翌年3月均大于17。详见表6-4-2和图6-4-3。

历年平均盐度均超过28.00，最高为31.96（2015年），最低为28.04（2013年）。历年最高盐度均大于33.3，出现在1月、4月、6—9月和11—12月，最高值为34.9。历年最低盐度均小于15，出现在5—10月，最低值为6.96（2006年8月4日14时）。详见图6-4-4。

表6-4-2　盐田站表层海水盐度年变化

	1月	2月	3月	4月	5月	6月	7月	8月	9月	10月	11月	12月	全年
平均盐度	32.11	31.81	31.81	31.04	28.92	26.15	25.07	26.59	28.38	30.86	31.81	32.26	29.73
最高盐度	33.91	33.89	34.43	34.9	34.8	34.8	34.9	34.9	34.9	34.8	34.9	34.2	34.9
最低盐度	17.8	28.2	20.4	8.67	7.3	8.12	7.11	6.96	7.0	7.8	22.3	26.55	6.96

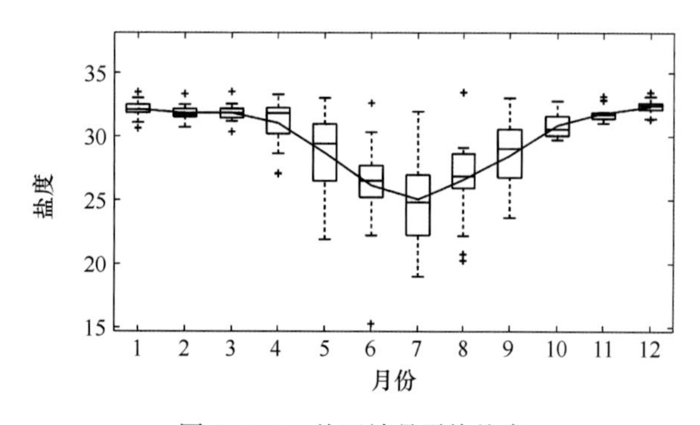

图6-4-3　盐田站月平均盐度

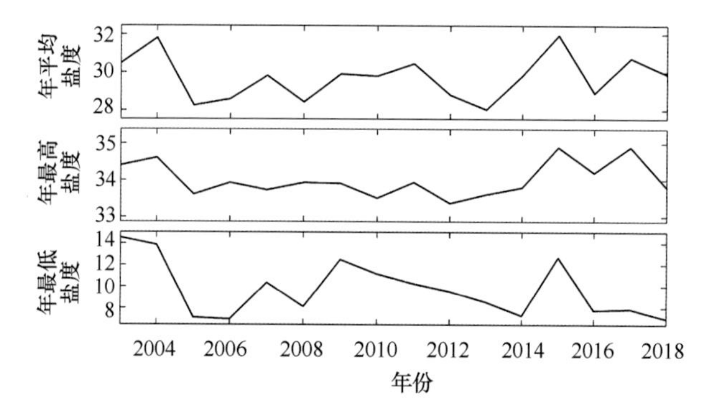

图6-4-4　盐田站年平均、年最高和年最低盐度

第七章　赤湾站

第一节　概　况

赤湾海洋环境监测站（简称赤湾站）建于1985年10月11日，因验潮室所在的赤湾壳牌油码头拆除，在赤湾突堤多用途码头处另建新站，旧站从2012年10月1日起停止观测。2012年10月1日起启用新站点进行表层海水温度和表层海水盐度、潮汐、气温、相对湿度、气压、风和降水量的观测。因站点曾经搬迁，所以本章节仅采用旧站的观测数据。以下是旧站测点的概况。

赤湾站（旧站）位于珠江口东侧的蛇口赤湾港左炮台山上。该站距离深圳市人民政府35 km，距离蛇口工业区5 km，距离宝安区人民政府10 km。赤湾站东面是香港元朗，南面是香港新界东涌岛，北面是赤湾小南山，西面是内伶仃岛、珠海市和中山市。站北面是距离3 km的小南山，东北面是距离5 km的蛇口南山，东至南面是深圳湾海面，南至西北面是珠江口海面。海岸为小陡坡沙岸，底质为泥沙，水深在8~12 m之间。

旧站北面是地面气象观测场，距离旧站约50 m，即左炮台半山坡的北面斜坡上，测风仪在山顶微波楼平台上。验潮井及温盐测点在壳牌油码头北端，距离旧站约600 m。

旧赤湾站验潮井为岛式验潮井，位于赤湾壳牌油码头北端水泥桩支架引桥混泥土码头上，无船只和其他工程影响。旧赤湾站表层海水温度、盐度测点位于赤湾壳牌油码头北端，验潮室门前横桥下，井外水尺近处。测点海水畅通，水深8 m左右，泥沙底质。东北面30 m处有一淡水排洪沟，当地下大雨时有淡水冲入海中会影响海水温度和盐度①。

图7-1-1　赤湾旧站潮汐和温盐观测场

赤湾旧站有关测点见图7-1-1。

第二节　潮　汐

（一）潮高基准面和潮汐类型

赤湾站潮位从井内水尺零点起算，井内水尺零点为本站的潮高基准面。本站全日分潮与半日分潮振幅之比$(H_{K_1}+H_{O_1})/H_{M_2}=1.2$，属于不正规半日潮。在一个太阳日内出现两次高潮和两次低潮，但相邻的高潮或低潮潮高不等，涨潮时和落潮时也不等。

（二）潮位

赤湾站多年平均潮位为241.5 cm。平均潮位的年变化呈单峰型，峰值在10月，为259.0 cm；谷值在3月，为233.2 cm（图7-2-1）。1—2月和5—12月最高潮位均大于400 cm，9月最大，为483 cm；3—4月最高潮位均小于400 cm，4月最小，为386 cm。10月最低潮位为94 cm，其他月份为52~79 cm，7月最低，为52 cm。详见表7-2-1。

① 自然资源部南海局：赤湾站业务工作档案，2018年。

表 7-2-1 赤湾站潮位年变化 单位：cm

	1 月	2 月	3 月	4 月	5 月	6 月	7 月	8 月	9 月	10 月	11 月	12 月	全年
平均潮位	237.0	234.5	233.2	233.5	237.1	238.4	238.2	241.8	251.5	259.0	250.8	243.0	241.5
最高潮位	412	424	388	386	403	413	469	419	483	419	418	409	483
最低潮位	55	56	73	67	63	64	52	66	79	94	75	66	52

历年平均潮位大于 236 cm，最高值为 248.7 cm（2001 年），最低值为 236.2 cm（1993 年），多年变幅为 12.5 cm。历年最高潮位均大于 390 cm，最高值为 483 cm（1993 年 9 月 17 日 11 时 7 分）。年最高潮位多出现在 6—9 月，个别年份出现在 10—11 月和 1 月。历年最低潮位均低于 90 cm，最低值为 52 cm（2004 年 7 月 4 日 18 时 54 分）。年最低潮位多出现在 4—7 月，其次多出现在 12 月至翌年 2 月。详见图 7-2-2。

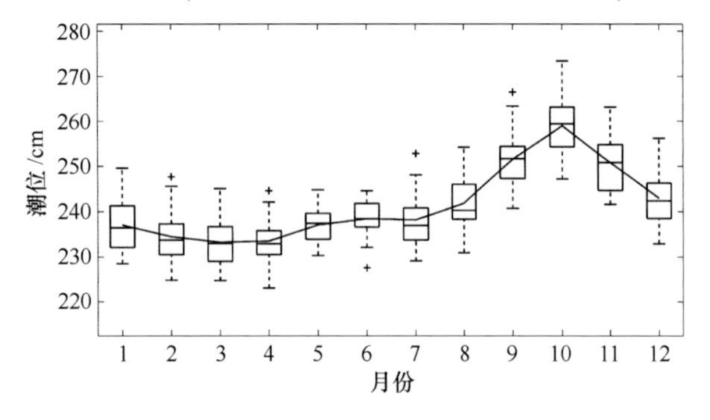

图 7-2-1 赤湾站月平均潮位

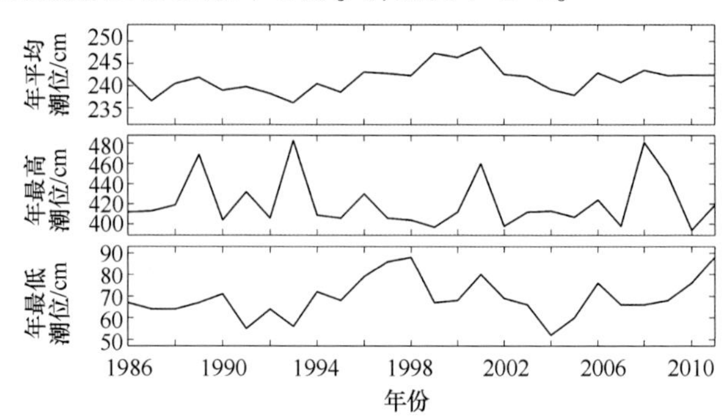

图 7-2-2 赤湾站年平均、年最高和年最低潮位

（三）潮差

赤湾站多年平均潮差为 136.7 cm。平均潮差的年变化呈双峰型，峰值出现在 4 月和 9 月，分别为 144.5 cm和 145.2 cm；谷值出现在 6 月和 12 月，分别为 133.7 cm 和 123.6 cm（图 7-2-3）。1 月和 6—8 月的最大潮差在 320 cm 以上，7 月最大，为 332 cm；其他月份小于 320 cm，3 月最小，为 267 cm。详见表 7-2-2。

历年平均潮差最大为 141.6 cm（1987 年），最小为 130.8 cm（2007 年），多年变幅为 10.8 cm。年平均潮差 1987—2011 年呈下降趋势。历年最大潮差均在 290 cm 以上，最大值为 332 cm（1986 年 7 月）。年最大潮差多出现在 5—8 月，个别年份出现在 12 月和 1 月。详见图 7-2-4。

表 7-2-2 赤湾站潮差年变化 单位：cm

	1 月	2 月	3 月	4 月	5 月	6 月	7 月	8 月	9 月	10 月	11 月	12 月	全年
平均潮差	125.5	133.0	141.4	144.5	138.8	133.7	133.8	142.8	145.2	141.7	133.6	123.6	136.7
最大潮差	325	302	267	305	318	331	332	321	307	280	311	319	332

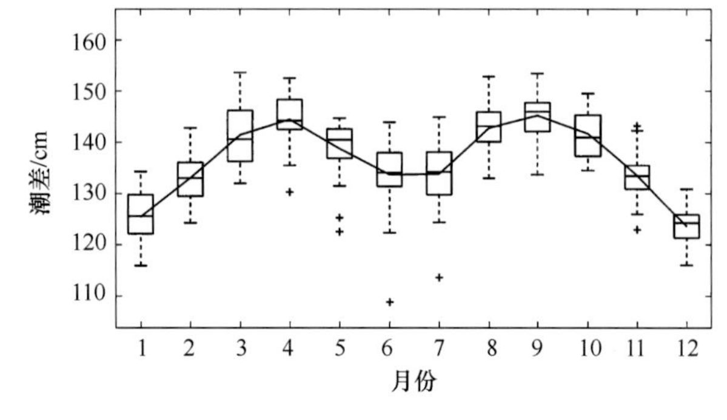

图 7-2-3 赤湾站月平均潮差

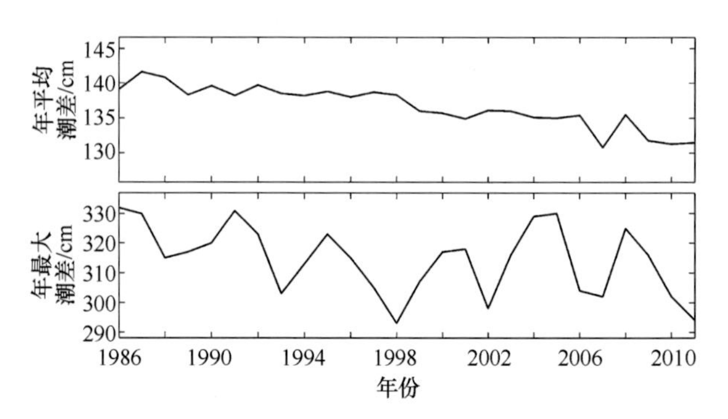

图 7-2-4 赤湾站年平均和年最大潮差

第三节　表层海水温度和盐度

（一）表层海水温度

赤湾站多年平均表层海水温度为24.1℃，夏季最高，其次是秋季和春季，冬季最低。2—7月，平均海温逐月迅速上升，7月达到最高，为29.0℃，8月至翌年2月逐月迅速下降，2月降到最低，为17.6℃。6—9月的最高海温均在32℃以上，9月最高，为32.3℃，其他月份为21.6~30.7℃。11月至翌年4月最低海温都在20℃以下，3月最低，为14.0℃；5—10月超过了22℃，为22.4~25.8℃。详见表7-3-1和图7-3-1。

表7-3-1　赤湾站表层海水温度年变化　　单位：℃

	1月	2月	3月	4月	5月	6月	7月	8月	9月	10月	11月	12月	全年
平均温度	18.0	17.6	19.3	22.6	26.4	28.5	29.0	28.9	28.5	27.0	23.4	19.8	24.1
最高温度	21.6	22.0	24.5	28.7	30.7	32.1	32.2	32.0	32.3	30.5	27.4	24.2	32.3
最低温度	14.2	14.3	14.0	17.1	22.4	25.2	25.8	25.3	25.2	22.2	19.0	14.5	14.0

历年平均海温最高为24.8℃（2001年），最低为23.2℃（1992年）。历年最高海温均超过30℃，最高值为32.3℃（1986年9月1日14时）。年最高海温出现在6—9月。历年最低海温均低于18℃，最低值为14.0℃（1986年3月3日8时）。年最低海温多出现在1—3月和12月。详见图7-3-2。

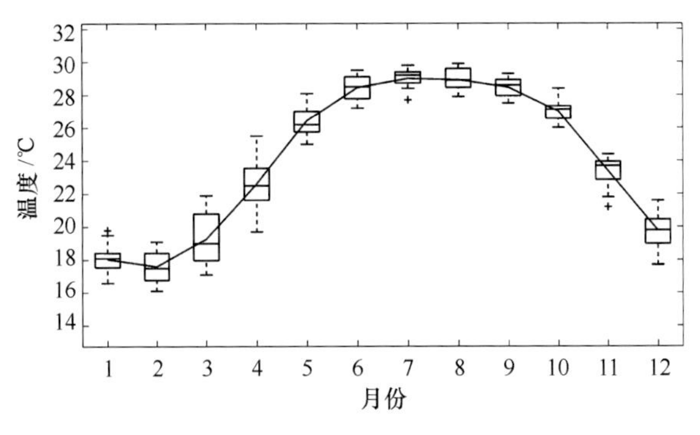

图7-3-1　赤湾站月平均海温

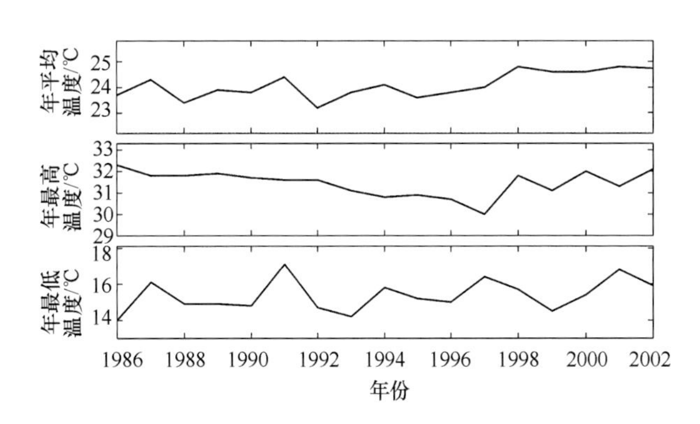

图7-3-2　赤湾站年平均、年最高和年最低海温

（二）表层海水盐度

赤湾站多年平均表层海水盐度为22.45。盐度年变化呈漏斗型，4—10月受珠江汛期影响，平均盐度较小，在27以下，谷值出现在7月，为9.37，7—12月平均盐度逐月变大，12月最大，为30.01，12月至翌年2月盐度变化很小，2—7月平均盐度逐月变小。11月至翌年3月最高盐度都大于33，2月最高，为34.99，其余月份最高盐度低于33。3—12月最低盐度均小于19，7月最低盐度最小，为1.31，1—2月最低盐度大于20。详见表7-3-2和图7-3-3。

历年平均盐度均超过20.00，最高为24.09（1989年），最低为20.04（1997年）。历年最高盐度均高于31，最高值为34.99（1996年2月19日14时）。年最高盐度多出现在10—12月和2—3月。历年最低盐度均低于5，最低值为1.31（1997年7月15日14时）。年最低盐度多出现在6—9月。详见图7-3-4。

表 7-3-2　赤湾站表层海水盐度年变化

	1月	2月	3月	4月	5月	6月	7月	8月	9月	10月	11月	12月	全年
平均盐度	29.77	29.82	27.93	21.93	18.36	11.24	9.37	14.58	21.25	26.23	28.95	30.01	22.45
最高盐度	33.56	34.99	34.16	31.37	31.94	27.18	28.01	31.76	31.25	32.75	33.57	33.99	34.99
最低盐度	23.95	20.84	9.54	5.16	2.96	1.99	1.31	1.95	2.36	7.82	18.79	15.06	1.31

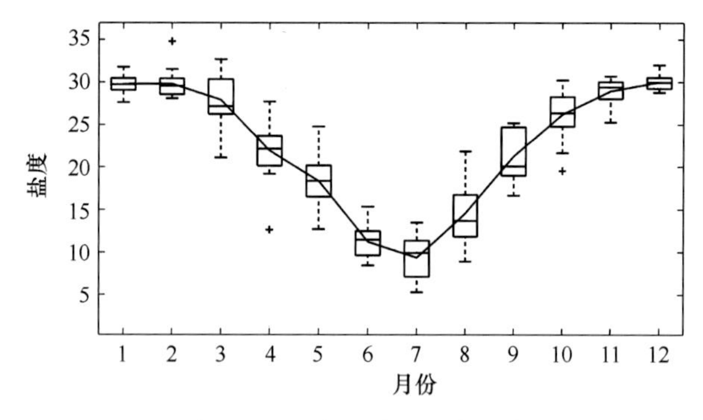

图 7-3-3　赤湾站月平均盐度

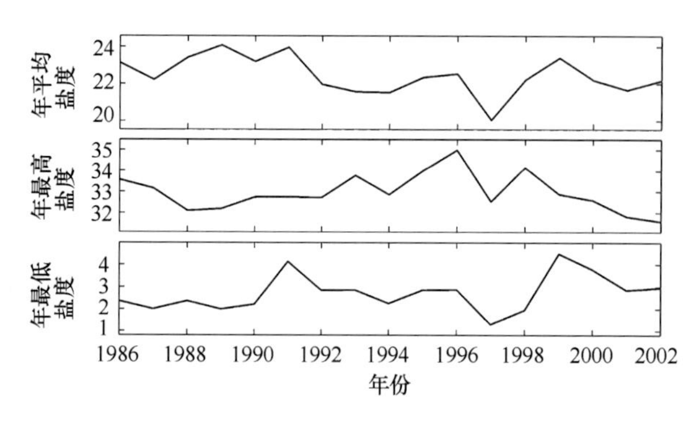

图 7-3-4　赤湾站年平均、年最高和年最低盐度

第八章　广州站

第一节　概　况

广州海洋环境监测站（简称广州站）位于广州市南沙区龙穴岛的南沙新港一期港区内驳船码头。南沙区位于广州市最南端、珠江虎门水道西岸，是西江、北江、东江三江汇集之处，地处珠江出海口和珠江三角洲地理几何中心，是珠江流域通向海洋的通道。龙穴岛位于伶仃洋的西北一侧，经焦门、虎门的珠江水从它的两侧注入大海，它西临万顷沙半岛，向北可遥望南沙区，东面是虎门太平，南面是伶仃洋。

广州站建成于2007年4月，由国家海洋局南海分局（2019年7月后隶属于自然资源部南海局）与广州港南沙港务集团有限公司共建，属于无人值守的自动观测站。广州站建在南沙港区一期驳船码头边上，设有验潮井、温盐井、简易气象观测场、GNSS等设施，观测项目有潮汐、表层海水温度、表层海水盐度、风、气温、气压、相对湿度、海面有效能见度、降水量和GNSS观测等。由于广州站位于珠江入海口，潮位、表层海水温度和盐度均受珠江径流的影响。

图 8-1-1　广州站潮汐和温盐观测场

验潮井和温盐井均位于码头边，底质为河沙与淤泥混合，与外海水交换情况良好，2012年以前无泥沙淤积现象，2012年因扩建码头，现测站泥沙淤积现象严重。无污水管、溪流等影响，但船舶进出停泊对观测有一定影响①。

广州站有关测点见图 8-1-1。

第二节　潮　汐

（一）潮高基准面和潮汐类型

广州站潮位从井内水尺零点起算，井内水尺零点为本站的潮高基准面。本站全日分潮与半日分潮振幅之比 $(H_{K_1}+H_{O_1})/H_{M_2}=1.1$，属于不正规半日潮。在一个太阳日内出现两次高潮和两次低潮，但相邻的高潮或低潮潮高不等，涨潮时和落潮时也不等。

（二）潮位

广州站多年平均潮位为188.9 cm。平均潮位的年变化呈单峰型，峰值出现在10月，为205.3 cm；谷值出现在3月，为180.7 cm。3—6月平均潮位逐月上升，7月稍有回落，8—10月逐月上升，10月至翌年3月逐月下降（图8-2-1）。各月最高潮位仅有8月和9月超过450 cm，其中8月最高（486 cm）；其余月份最高潮位均不超过400 cm，1月最低，为347 cm。月最低潮位为14~36 cm，12月、1月和3月最低潮位在20 cm以下，其中12月最低（14 cm）。详见表8-2-1。

历年平均潮位最高值为192.7 cm（2008年），最低值为184.9 cm（2010年），多年变幅为7.8 cm。历年最高潮位均在350 cm以上，最高值为486 cm，出现在2017年8月23日14时17分，是由1713号超强台风“天鸽”引起的。年最高潮位多出现在7—9月。历年最低潮位均在32 cm以下，最低值为14 cm（2015年12

① 自然资源部南海局：广州站业务工作档案，2018年。

月25日6时5分)。年最低潮位多出现在1—3月和12月，个别年份出现在5—6月。详见图8-2-2。

表8-2-1　广州站潮位年变化　　单位：cm

	1月	2月	3月	4月	5月	6月	7月	8月	9月	10月	11月	12月	全年
平均潮位	184.6	180.9	180.7	182.3	186.7	189.4	186.5	189.0	198.1	205.3	195.7	188.0	188.9
最高潮位	347	372	372	366	362	376	389	486	455	365	365	364	486
最低潮位	19	23	18	30	23	22	24	29	33	36	30	14	14

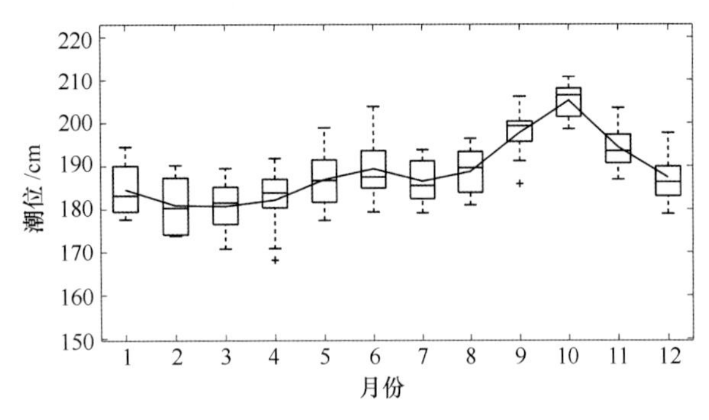

图8-2-1　广州站月平均潮位

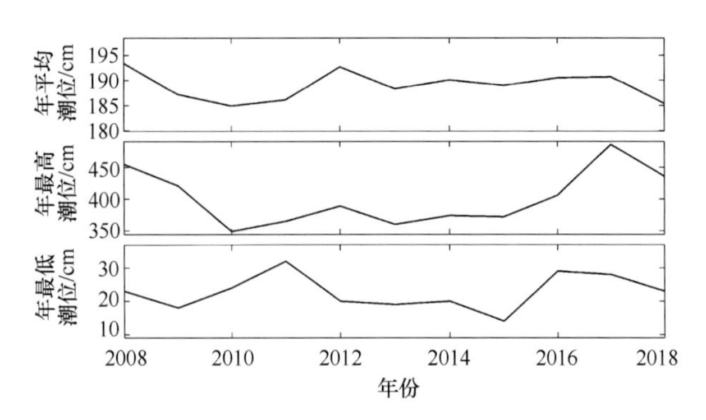

图8-2-2　广州站年平均、年最高和年最低潮位

（三）潮差

广州站多年平均潮差为149.4 cm。平均潮差的年变化呈双峰型，峰值出现在4月和9月，分别为154.5 cm和158.8 cm；谷值出现在6月和12月，分别为147.4 cm和136.7 cm（图8-2-3）。5—8月、11月至翌年1月最大潮差均在300 cm以上，其中12月最大，为324 cm；其他月份均小于300 cm，3月最小(270 cm)。详见表8-2-2。

历年平均潮差最大为153.7 cm（2015年和2016年），最小为145.7 cm（2009年），多年变幅为8 cm。平均潮差年际变化在2008—2010年呈上升趋势，2010—2011年明显下降，2011—2016年略有上升，2016—2017年呈下降趋势，2017—2018年变化不大。历年最大潮差均在295 cm以上，最大潮差最大值为324 cm。年最大潮差多出现在5—7月，个别年份出现在1月和11—12月。详见图8-2-4。

表8-2-2　广州站潮差年变化　　单位：cm

	1月	2月	3月	4月	5月	6月	7月	8月	9月	10月	11月	12月	全年
平均潮差	139.6	144.0	151.3	154.5	150.7	147.4	148.3	156.4	158.8	151.6	146.7	136.7	149.4
最大潮差	311	295	270	292	310	321	317	309	278	286	318	324	324

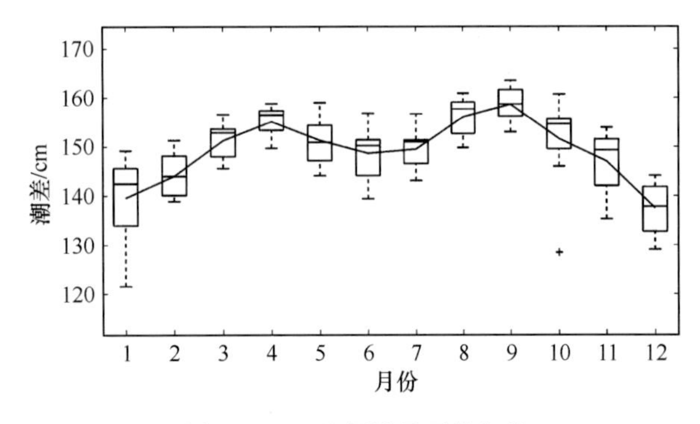

图8-2-3　广州站月平均潮差

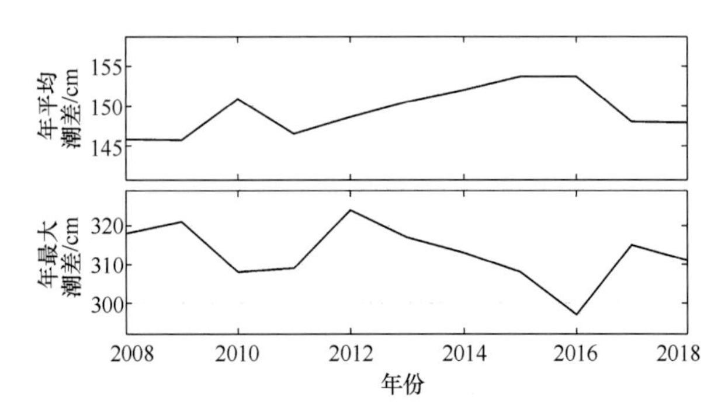

图8-2-4　广州站年平均和年最大潮差

第三节　表层海水温度和盐度

（一）表层海水温度

广州站多年平均表层海水温度为24.0℃。海温四季分明，夏季最高，其次为秋季和春季，冬季最低。1月和2月平均海温最低，为16.4℃，2—8月平均海温逐月上升，8月达到最高，为30.0℃，8月至翌年1月平均海温逐月下降。各月最高海温在5—10月均为31℃以上，其中8月最高，为32.9℃，1月最低，仅为19.5℃，其余月份为23.1~28.7℃。各月最低海温均在10℃以上，2月最低，为10.8℃，7—9月超过了25℃。详见表8-3-1和图8-3-1。

表8-3-1　广州站表层海水温度年变化　　单位：℃

	1月	2月	3月	4月	5月	6月	7月	8月	9月	10月	11月	12月	全年
平均温度	16.4	16.4	19.0	22.3	26.0	28.3	29.7	30.0	29.5	27.1	23.5	19.1	24.0
最高温度	19.5	23.2	23.1	26.8	31.1	31.8	32.2	32.9	32.3	31.1	28.7	24.5	32.9
最低温度	12.0	10.8	13.4	17.2	21.8	24.9	25.9	26.0	25.8	21.1	17.9	12.8	10.8

历年平均海温最高为24.6℃（2009年），最低为23.5℃（2011年）。历年最高海温均在31℃以上，最高值为32.9℃（2009年8月26日18时）。年最高海温多出现在7—9月。历年最低海温均低至15.5℃以下，最低值为10.8℃（2008年2月15日10时），主要是受强寒潮影响。年最低海温多出现在1—2月和12月。详见图8-3-2。

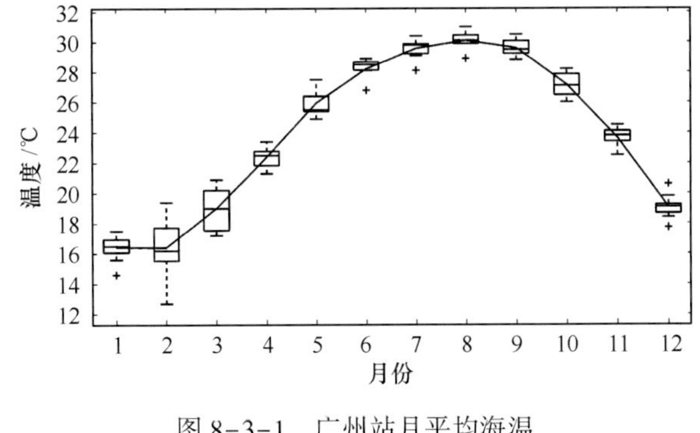

图8-3-1　广州站月平均海温

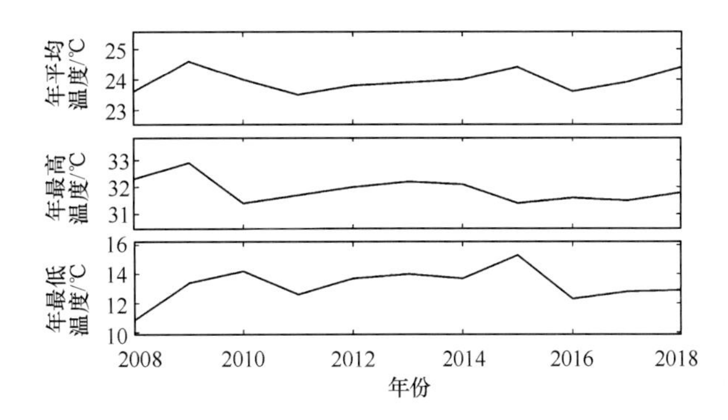

图8-3-2　广州站年平均、年最高和年最低海温

（二）表层海水盐度

广州站受珠江径流的影响，表层海水盐度较低，变幅较大，年平均表层海水盐度为8.63，年较差12.82。盐度的年变化呈“U”形，高峰值出现于枯水期的1—2月，最大值出现在1月，为14.98。谷值出现在6—8月，这段时间正值华南前汛期，珠江径流量大，故盐度较低，最小值出现在6月，为2.16。各月最高盐度，除4—8月和10月在20以下，其余月份平均盐度均超过21。详见表8-3-2和图8-3-3。

历年平均盐度均超过6.50，最高为10.53（2009年），最低为6.53（2016年）。最高盐度年际变化相差较小，在19.9~24.3之间，最高值24.3出现在2014年12月23日3时。年最高盐度多出现在12月至翌年1月，仅2008年出现在3月。历年最低盐度均不超过1。除了2月、10月和12月，其他月份均有出现最低盐度。详见图8-3-4。

表 8-3-2　广州站表层海水盐度年变化

	1月	2月	3月	4月	5月	6月	7月	8月	9月	10月	11月	12月	全年
平均盐度	14.98	14.34	12.16	7.87	3.84	2.16	2.47	3.82	5.82	9.92	11.92	14.32	8.63
最高盐度	22.4	21.9	21.9	17.8	13.8	11.4	10.1	14.2	21.4	19.9	21.4	24.3	24.3
最低盐度	0.1	0.9	0.1	0.1	0.1	0.1	0.1	0.1	0.1	0.1	0.1	0.1	0.1

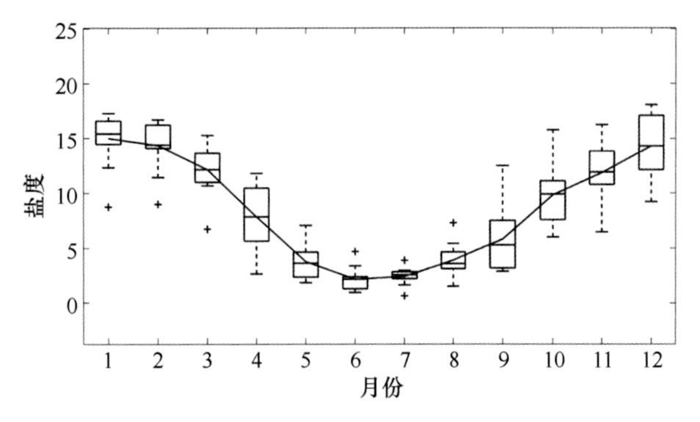

图 8-3-3　广州站月平均盐度

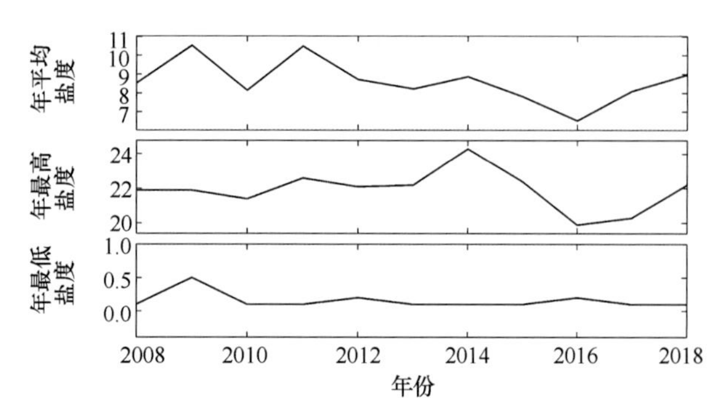

图 8-3-4　广州站年平均、年最高和年最低盐度

第九章　大万山站

第一节　概　况

大万山海洋环境监测站（简称大万山站）位于广东省珠海市大万山岛。大万山岛是珠江口外万山群岛中最大的岛屿，距离珠海市香洲区 39 km，东西长约 3.2 km，南北宽约 3.5 km，面积约 8.1 km^2。岛的地势多为起伏的山丘，中北部山丘较高，四周山丘稍低，其中最高处为大万顶，海拔 443.13 m。周围海域为泥沙底质，离岸 100 m 外水深可达 10 m 以上，向外逐渐加深，无暗礁。岛的西南面为万山湾，为来往本岛船只的锚地，水深 3~10 m。岛的北面正对宽阔的珠江口，每年 5—9 月期间，珠江水系流量较大时，淡水可影响到本岛沿岸。岛的东、南、西三面为浩瀚的南海。

大万山站始建于 1972 年，隶属于国家海洋局南海分局，2019 年 7 月后隶属于自然资源部南海局。大万山站主要开展万山群岛附近海域的海洋水文气象观测、海洋水质监测、海洋赤潮监视监测和海洋生态监测等工作，主要观测项目有潮汐、海浪、海发光、风、气压、气温、相对湿度、表层海水温度、表层海水盐度和雾等，此外还进行 GPS 观测、海况视频观测、X 波段测波雷达观测以及宽频地震仪的观测业务。

潮汐测点位于大万山岛西南面万山湾内专用码头外侧专用建筑物上，验潮井类型属岸式验潮井，验潮井周围的底质为沙石，水深 4~6 m，水尺安装在建筑物南侧，无泥沙淤积现象。波浪观测点设在大万山岛南部浮石湾东侧的南山嘴上，在大万山站站址的东南方约 800 m 处，海岸陡峭，多岩石。湾内离岸 100 m 以内水深在 20 m 以下，100 m 以外水深为 20~30 m。水温和盐度测点设在大万山港内码头的正前方，周围水深 6~10 m。港湾呈“U”形，与外海通连。在雨季，由大万山顶流下的大量淡水进入海湾内，影响水温和盐度。居民的渔、盐、生活等污水会排进港内，也对水温、盐度有一定的影响①。

图 9-1-1　大万山站温盐和潮汐观测场

大万山站有关测点见图 9-1-1。

第二节　潮　汐

（一）潮高基准面和潮汐类型

大万山站潮位从井内水尺零点起算，井内水尺零点与井外水尺零点在同一水平面，为本站的潮高基准面。本站全日分潮与半日分潮振幅之比 $(H_{K_1}+H_{O_1})/H_{M_2}=1.6$，属于不正规半日潮。在一个太阳日内出现两次高潮和两次低潮，但相邻的高潮或低潮潮高不等，涨潮时和落潮时也不等。

（二）潮位

大万山站多年平均潮位为 211.0 cm。平均潮位的年变化呈单峰型，峰值在 10 月，为 229.4 cm；谷值在 4 月，为 203.9 cm。1—7 月潮位变化较平缓，7—10 月潮位逐月增长，10—12 月潮位逐月减小（图 9-2-1）。月最高潮位在 7—9 月较大，均超过 416 cm，其中 9 月最大，为 447 cm；其余月份最高潮位均不超

① 自然资源部南海局：大万山站业务工作档案，2018 年。

过 384 cm，其中 3 月最小，为 341 cm。月最低潮位在 44～93 cm，其中 10 月最高，为 93 cm，7 月最低，为 44 cm。详见表 9-2-1。

表 9-2-1　大万山站潮位年变化 单位：cm

	1 月	2 月	3 月	4 月	5 月	6 月	7 月	8 月	9 月	10 月	11 月	12 月	全年
平均潮位	208.2	205.8	204.0	203.9	205.1	205.3	204.0	209.3	220.4	229.4	221.5	214.5	211.0
最高潮位	357	373	341	364	369	360	416	426	447	384	363	372	447
最低潮位	45	53	65	59	54	49	44	49	76	93	72	53	44

历年平均潮位最高值为 222.6 cm（2017 年），最低值为 201.4 cm（1987 年），多年变幅为21.2 cm。年最高潮位多出现在 7—11 月，个别年份出现在 1—2 月、5—6 月和 12 月；最高值为 447 cm，出现在 2008 年 9 月 24 日 2 时 6 分。年最低潮位多出现在 5—7 月，个别年份出现在 1—2 月和 12 月；最低值为 44 cm，出现在 2004 年 7 月 4 日 18 时 14 分。详见图 9-2-2。

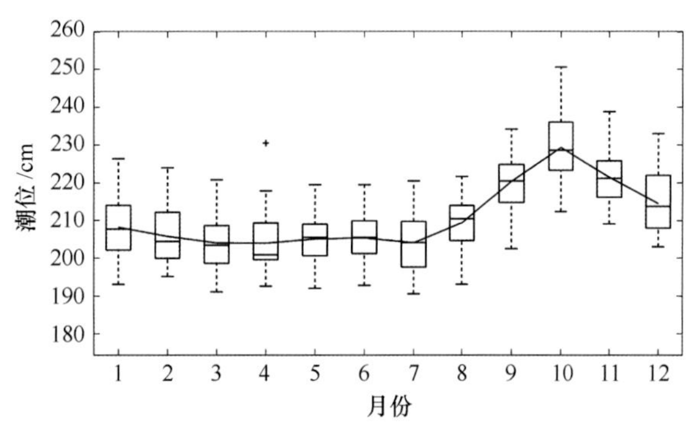

图 9-2-1　大万山站月平均潮位

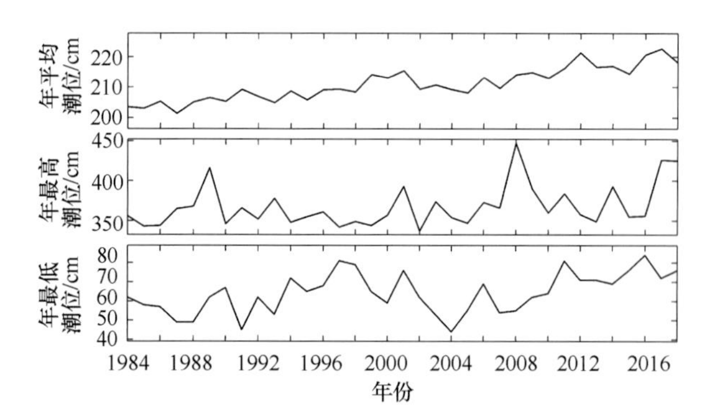

图 9-2-2　大万山站年平均、年最高和年最低潮位

（三）潮差

大万山站多年平均潮差为 105.3 cm。平均潮差的年变化呈双峰型，峰值出现在 4 月和 9 月，分别是 110.7 cm 和 108.4 cm；谷值在 6 月和 12 月，分别是 102.4 cm 和 98.0 cm（图 9-2-3）。3 月、9 月和 10 月的最大潮差较小，均不超过 239 cm，其中 9 月最小，为 223 cm；其余月份均在 257 cm 以上，其中 4 月最大，为 285 cm。详见表 9-2-2。

历年平均潮差最大为 114.3 cm（2006 年），最小为 99.2 cm（2014 年），多年变幅为 15.1 cm。年平均潮差在 1984—1994 年和 1999—2013 年有较明显的波动变化，其中峰值分别出现在 1987 年和 2006 年。年平均潮差 1984—1987 年呈上升趋势，1987—1995 年呈下降趋势，1998—2006 年呈上升趋势，2006—2016 年呈下降趋势。年最大潮差出现在 1 月和 6—8 月。详见图 9-2-4。

表 9-2-2　大万山站潮差年变化 单位：cm

	1 月	2 月	3 月	4 月	5 月	6 月	7 月	8 月	9 月	10 月	11 月	12 月	全年
平均潮差	98.6	104.9	108.2	110.7	107.5	102.4	103.3	107.2	108.4	108.0	105.5	98.0	105.3
最大潮差	270	257	226	285	263	278	276	264	223	239	261	278	285

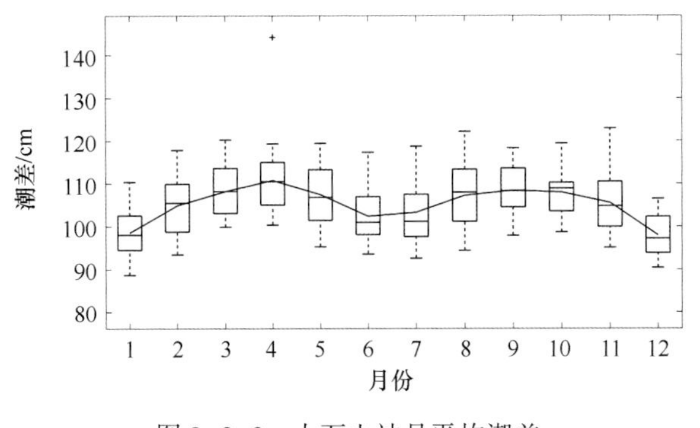

图 9-2-3 大万山站月平均潮差

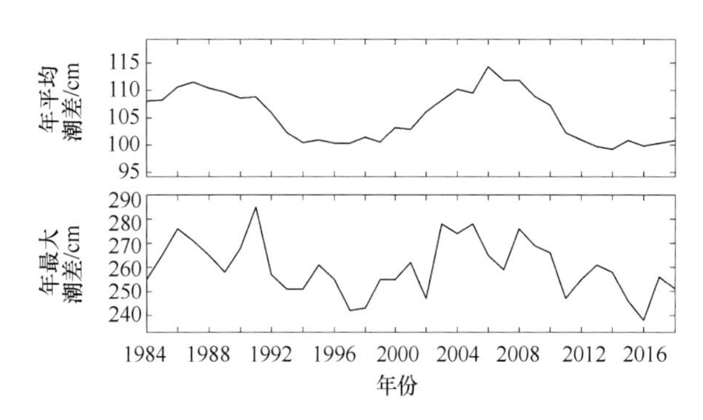

图 9-2-4 大万山站年平均和年最大潮差

第三节 海 浪

（一）海况

大万山站全年0~2级海况最多，占44.52%，其次是3级海况，为36.81%，7级及以上海况最少，仅0.02%。从季节上看，春季和冬季无7级及以上海况，夏季7级及以上海况比秋季多，这是由夏季热带气旋伴随狂风大浪引起的。6级海况夏季最多，其次是秋季，冬季和春季很少出现。5级海况秋季最多，其次是夏季和冬季，春季最少。4级和3级海况冬季最多，其次是秋季和春季，夏季最少。0~2级海况夏季最多，其次是春季，再次为秋季，冬季最少。详见表9-3-1。

最大海况9级出现在1993年6月27日17时，这是由于9302号台风“Koryn”经过引起的。

表 9-3-1 大万山站四季及全年各级海况频率

	0~2级	3级	4级	5级	6级	≥7级
春季	50.33%	34.31%	14.50%	0.85%	0.02%	—
夏季	50.60%	33.70%	14.04%	1.32%	0.25%	0.08%
秋季	43.71%	36.30%	18.10%	1.68%	0.20%	0.01%
冬季	33.44%	42.94%	22.43%	1.16%	0.03%	—
全年	44.52%	36.81%	17.26%	1.25%	0.13%	0.02%

“—”表示未出现。

（二）风浪

多年平均风浪频率为99.98%。从季节上看，春季风浪频率较大，为100%，夏季风浪频率最小，为99.96%。详见表9-3-2。

全年风浪多出现在N向和ENE—SE向，其中N向最多（28.78%），其次是E向（27.32%）。春季风浪多出现在N向和ENE—SE向，其中E向最多（39.15%），其次是ESE向（17.91%）。夏季风浪多出现在E—SSE向和SW向，其中SE向最多（22.86 %），其次是ESE向（21.93%）。秋季风浪多出现在NNW—N向和ENE—SE向，其中N向最多（29.59 %），其次是E向（26.61%）。冬季风浪多出现在N向和ENE—ESE向，其中N向最多（45.29%），其次是E向（24.30%）。详见图9-3-1。

表 9-3-2 大万山站风浪频率年变化

	1月	2月	3月	4月	5月	6月	7月	8月	9月	10月	11月	12月	春季	夏季	秋季	冬季	全年
频率/%	99.98	99.97	100.00	100.00	100.00	99.98	99.91	100.00	99.98	100.00	99.98	100.00	100.00	99.96	99.98	99.98	99.98

（三）涌浪

涌浪多年平均频率较高，为98.15%。夏季最多，为98.87%，其次为春季和秋季，冬季最少

（97.50%）。详见表 9-3-3。

表 9-3-3　大万山站涌浪频率年变化

	1月	2月	3月	4月	5月	6月	7月	8月	9月	10月	11月	12月	春季	夏季	秋季	冬季	全年
频率/%	98.40	97.22	97.90	97.86	98.81	98.86	98.94	98.80	98.74	97.39	97.95	96.89	98.19	98.87	98.03	97.50	98.15

全年涌浪多出现在 ESE—SW 向，其中 SE 向最多（48.11%），其次是 ESE 向（19.44%）。春季涌浪多出现在 ESE—SW 向，其中 SE 向最多（56.24%），其次是 ESE 向（18.12%）。夏季涌浪多出现在 SE—SW 向，其中 S 向最多（27.85%），其次是 SW 向（24.44%）。秋季涌浪多出现在 ESE—SSE 向，其中 SE 向最多（58.74%），其次是 ESE 向（23.32%）。冬季涌浪多出现在 ESE—SE 向，其中 SE 向最多（59.32%），其次是 ESE 向（33.96%）。详见图 9-3-2。

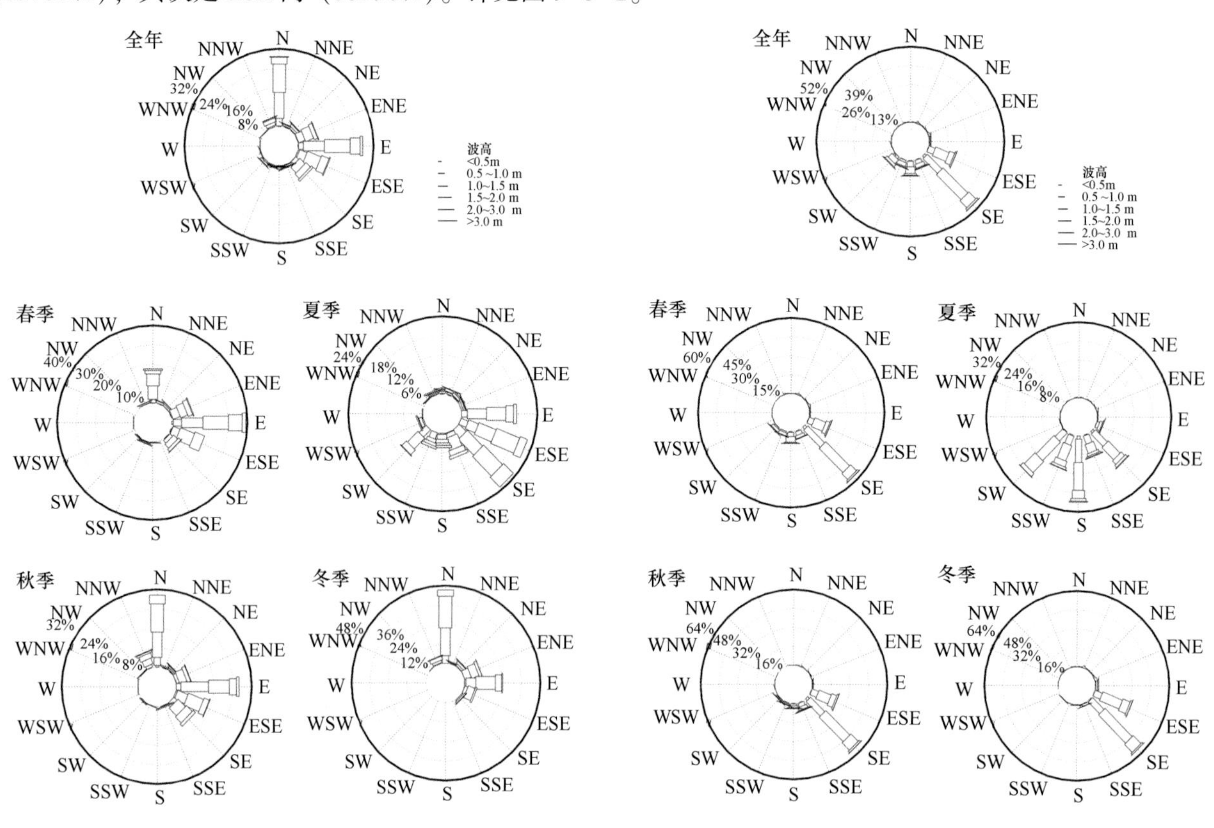

图 9-3-1　大万山站各向风浪频率分布　　图 9-3-2　大万山站各向涌浪频率分布

（四）波高

1. 平均波高和最大波高

多年平均波高 1.3 m。各月平均波高为 1.2~1.3 m，变化不大。从季节上看，冬季平均波高最大，其次为夏季和秋季，春季最小。1 月、5 月和 7—10 月最大波高均在 8.9 m 以上；其他月份最大波高均不超过 7.9 m。详见表 9-3-4 和图 9-3-3。

表 9-3-4　大万山站平均波高和最大波高年变化　　单位：m

	1月	2月	3月	4月	5月	6月	7月	8月	9月	10月	11月	12月	全年
平均波高	1.3	1.3	1.3	1.2	1.2	1.3	1.3	1.2	1.2	1.3	1.3	1.3	1.3
最大波高	9.0	7.7	7.9	5.4	10.0	7.1	11.9	8.9	9.5	9.0	4.8	5.1	11.9

历年平均波高为1.1~1.7 m，除1989年显著偏大外，其他年份变化不大。历年最大波高差异较大，为3.0~11.9 m，多出现在6—10月。最大波高最大值为11.9 m，出现在1986年7月12日8时，是受8607号台风“蓓姬”的影响。详见图9-3-4。

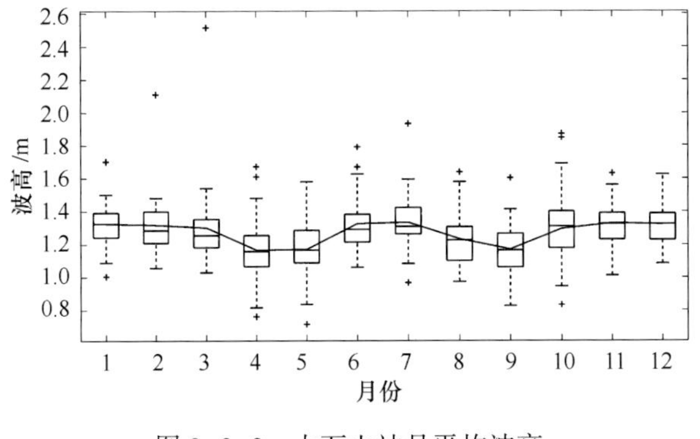

图9-3-3　大万山站月平均波高

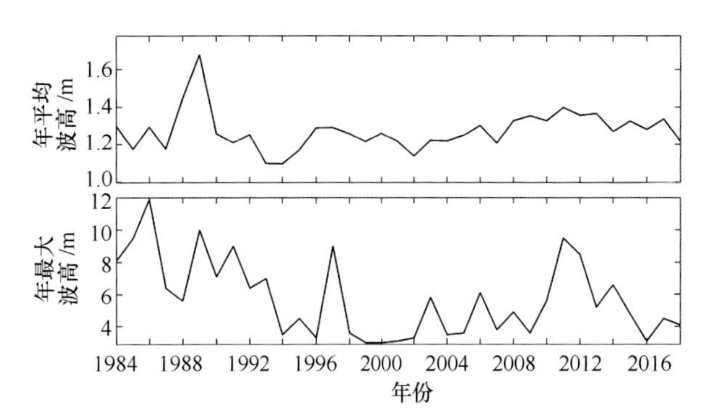

图9-3-4　大万山站年平均和年最大波高

2. 各向平均波高和最大波高

全年NNW—E向多年平均波高较大，在1.5 m以上，NNW向和N向最大，均为1.6 m，其他方向为1.1~1.4 m。春季N—E向多年平均波高较大，在1.4 m以上，N向最大，为1.7 m，其他方向为0.7~1.3 m。夏季NW—NE向多年平均波高较大，在1.5 m以上，NNW向最大，为2.3 m，其他方向为1.0~1.4 m。秋季NW—E向和WSW向多年平均波高较大，在1.4 m以上，WSW向最大，为2.4 m，其他方向为1.1~1.3 m。冬季WNW—E向多年平均波高较大，在1.4 m以上，NNW—NE向最大，为1.6 m，其他方向为0.9~1.3 m。详见表9-3-5。

全年各向最大波高均在1.7 m以上，其中SSW向最大，为11.9 m。春季，N向和ENE—SE向最大波高均在6.1 m以上，其中SE向最大，为10.0 m，其他方向为1.3~5.6 m。夏季，ESE—SSW向最大波高均在6.2 m以上，其中SSW向最大，为11.9 m，其他方向为1.7~4.9 m。秋季，ESE—S向最大波高在7.5 m以上，其中ESE向和SSE向最大，为9.5 m，其他方向为1.7~5.6 m。冬季，NE—SE向最大波高均在5.3 m以上，其中NE向最大，为7.7 m，其他方向为1.6~5.1 m。详见表9-3-6。

表9-3-5　大万山站全年及四季各向平均波高　　单位：m

	N	NNE	NE	ENE	E	ESE	SE	SSE	S	SSW	SW	WSW	W	WNW	NW	NNW
全年	1.6	1.5	1.5	1.5	1.5	1.3	1.2	1.2	1.2	1.3	1.4	1.2	1.1	1.1	1.2	1.6
春季	1.7	1.6	1.4	1.6	1.6	1.3	1.2	1.0	1.1	1.2	1.2	0.8	0.9	1.0	0.7	1.3
夏季	1.9	1.5	1.5	1.3	1.4	1.3	1.2	1.2	1.2	1.3	1.4	1.2	1.3	1.0	1.5	2.3
秋季	1.6	1.4	1.4	1.6	1.4	1.3	1.2	1.1	1.2	1.2	1.2	2.4	1.3	1.3	1.4	1.5
冬季	1.6	1.6	1.6	1.5	1.5	1.3	1.2	1.3	1.2	1.3	1.3	—	0.9	1.4	1.5	1.6

“—”表示未出现。

表9-3-6　大万山站全年及四季各向最大波高　　单位：m

	N	NNE	NE	ENE	E	ESE	SE	SSE	S	SSW	SW	WSW	W	WNW	NW	NNW
全年	6.2	4.7	7.7	7.9	6.8	9.5	10.0	9.5	7.5	11.9	4.9	2.8	2.4	1.7	1.9	4.6
春季	6.2	2.9	2.5	7.9	6.1	6.2	10.0	3.5	5.6	4.1	4.5	1.6	1.5	1.5	1.3	2.3
夏季	4.3	4.7	2.8	3.7	4.6	7.0	7.9	8.1	6.2	11.9	4.9	2.6	2.4	1.7	1.9	4.6
秋季	5.2	3.8	2.9	4.0	5.6	9.5	9.0	9.5	7.5	4.4	4.3	2.8	1.8	1.7	1.7	3.4
冬季	5.1	2.6	7.7	6.7	6.8	7.5	5.3	2.4	2.2	1.8	2.0	—	1.6	1.6	1.9	2.8

“—”表示未出现。

第四节　表层海水温度和盐度

（一）表层海水温度

大万山站多年平均表层海水温度为 24.0℃，夏季最高，其次是秋季和春季，冬季最低。平均海温的年变化呈单峰型，其谷值在 2 月，为 17.1℃；峰值在 7 月，为 29.3℃。平均海温年较差 12.2℃。2—7 月平均海温逐月迅速上升，6—9 月平均海温都在 28.5℃以上，8 月至翌年 2 月逐月迅速下降。各月最高海温 4—10 月均在 30.0℃以上，7 月最高，为 33.6℃，其他月份为 21.5~27.2℃。12 月至翌年 4 月最低海温都在 16.5℃以下，2 月最低，为 13.3℃，5—11 月最低海温为 20.0~25.4℃。详见表 9-4-1和图 9-4-1。

表 9-4-1　大万山站表层海水温度年变化　　单位:℃

	1月	2月	3月	4月	5月	6月	7月	8月	9月	10月	11月	12月	全年
平均温度	17.8	17.1	18.6	22.0	26.1	28.5	29.3	29.1	28.6	26.9	23.9	20.3	24.0
最高温度	21.5	22.2	25.6	30.4	32.4	33.0	33.6	33.0	32.3	30.7	27.2	24.5	33.6
最低温度	14.3	13.3	13.5	15.4	20.9	20.0	24.8	24.1	25.4	23.0	20.2	16.4	13.3

历年平均海温最高为 24.9℃（2002 年），最低为 23.1℃（1984 年和 1985 年）。历年最高海温均大于 30.5℃，最高值为 33.6℃（2007 年 7 月 23 日 13 时）。年最高海温多出现在 6—8 月，个别年份出现在 5 月和 9 月。历年最低海温均小于 17.6℃，最低值为 13.3℃（1984 年 2 月 7 日 8 时）。年最低海温多出现在 12 月和 1—2 月，个别年份出现在 3 月。详见图 9-4-2。

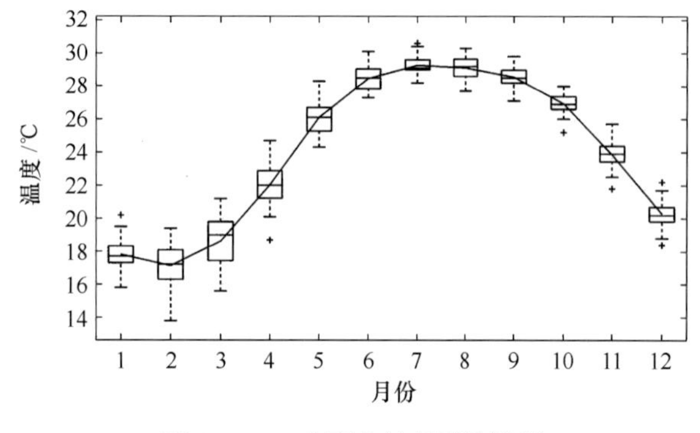

图 9-4-1　大万山站月平均海温

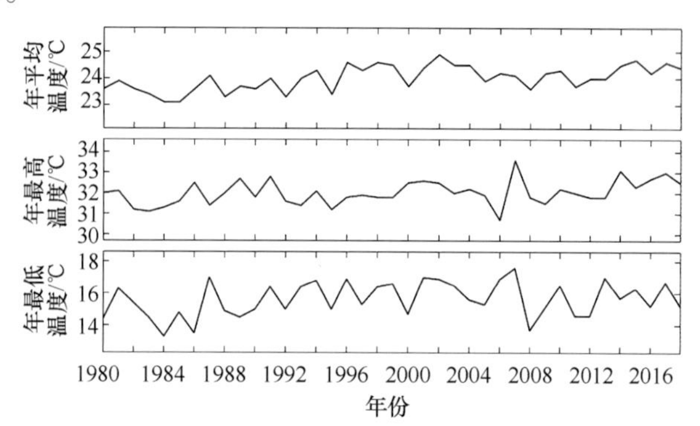

图 9-4-2　大万山站年平均、年最高和年最低海温

（二）表层海水盐度

大万山站位于珠江水系入海口附近，珠江水系对其表层海水盐度有较大影响。多年平均表层海水盐度为 29.25。10 月至翌年 4 月附近海域受珠江水系影响较小，平均盐度相对较高，为 31.94~32.91，最大值出现在 3 月，月平均盐度为 32.91；5—9 月珠江水系对大万山站近岸影响较大，平均盐度较低，为 21.55~28.03，谷值出现于 7 月，为 21.55。各月最高盐度，1—5 月和 10—12 月不低于 34.5，6—9 月为 33.4~34.42。各月最低盐度，5—9 月低至 3.3~7.48，其余月份为 17.2~27.0。详见表 9-4-2 和图 9-4-3。

表 9-4-2　大万山站表层海水盐度年变化

	1月	2月	3月	4月	5月	6月	7月	8月	9月	10月	11月	12月	全年
平均盐度	32.53	32.65	32.91	32.07	27.91	22.00	21.55	24.36	28.03	31.94	32.46	32.57	29.25
最高盐度	34.71	34.9	34.85	34.87	34.9	34.09	33.4	34.145	34.42	34.83	34.52	34.7	34.9
最低盐度	24.7	26.4	22.87	11.62	6.9	3.3	4.85	7.01	7.48	17.2	22.67	27.0	3.3

历年平均盐度均超过25.15，最高为32.04（2011年），最低为25.17（2014年）。历年最高盐度均不低于33.2，最高值为34.9（2018年2月24日11时和2018年5月12日6时）。年最高盐度多出现在2—4月和10月，个别年份出现于1月和11—12月。历年最低盐度均低于23，最低值为3.3（2009年6月21日23时）。年最低盐度多出现在4—9月。详见图9-4-4。

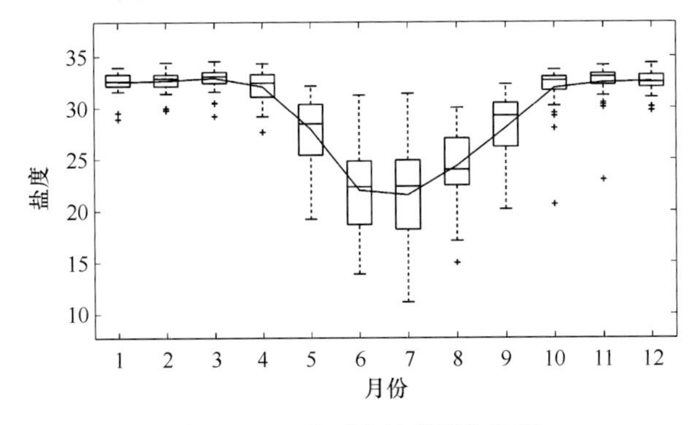

图9-4-3　大万山站月平均盐度

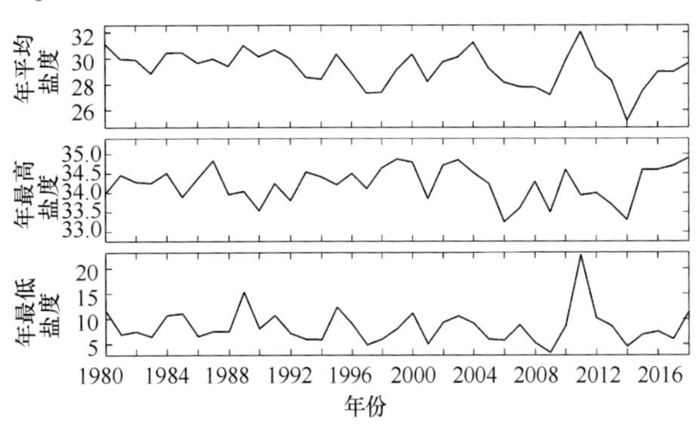

图9-4-4　大万山站年平均、年最高和年最低盐度

第十章　珠海站

第一节　概　况

珠海海洋环境监测站（简称珠海站）位于广东省珠海市情侣中路。珠海市位于珠江口西侧，濒临南海，东与香港水路相距36海里，南与澳门陆地相连。珠海站前身为珠海验潮站，1998年起观测潮位，开始由珠海海洋管区观测科代管，1999年由大万山站代管，2002年7月珠海海洋环境监测站正式成立。目前设有验潮井、温盐井、楼顶气象观测场、GPS测点等，主要观测项目有潮汐、海浪、表层海水温度和盐度、风、气温、气压、相对湿度、能见度和降水量等，也开展赤潮和海水浴场监测等。

珠海站验潮站旧址南以15 m的引桥与海堤相连，西北西200 m为海滨泳场沙滩，北向和东向为开阔海域，水交换良好。底质为淤泥，水深2.5~4.5 m，温盐测点设在验潮室内。由于珠江径流的影响和验潮室外侧有一条城市排洪渠存在，表层海水温度和盐度受到一定的影响。2017年11月竣工的验潮站新址位于珠海海滨泳场北端广场东侧，西以50 m的引桥与广场相连，北向和东向为开阔海域，南向为海滨泳场浅滩。验潮井处为泥沙质底质，水深1.5~4.5 m。附近海面受风浪影响，水交换良好。新站与旧站相距约560 m。

图10-1-1　珠海站验潮室（右图为新址）

珠海站采用浮标采集海浪数据，目测为辅助方法。测波室设在珠海中心站办公楼7楼，测波海域设在验潮站东北向开阔海域，平均水深4 m，淤泥底质。该区域以南0.8 km为横山洲岛，往西1.1 km为岸线，往西偏北0.9 km为棱角咀，往东为珠江口外海①。

珠海站有关测点见图10-1-1。

第二节　潮　汐

（一）潮高基准面和潮汐类型

珠海站潮位从井内水尺零点起算，井内水尺零点为本站的潮高基准面。本站全日分潮与半日分潮振幅之比$(H_{K_1}+H_{O_1})/H_{M_2}=1.4$，属于不正规半日潮。在一个太阳日内出现两次高潮和两次低潮，但相邻的高潮或低潮潮高不等，涨潮时和落潮时也不等。

（二）潮位

珠海站多年平均潮位为243.2 cm。平均潮位的年变化呈单峰型，峰值在10月，为262.2 cm；谷值在4月，为235.0 cm。4—10月平均潮位逐月上升，10月至翌年4月平均潮位逐月下降（图10-2-1）。2月、6—10月和12月最高潮位均超过400 cm，其中8月最大，为626 cm；其余月份最高潮位为375~399 cm，3月最小，为375 cm。月最低潮位为54~101 cm，9月最高，为101 cm，7月最低，为54 cm。详见表10-2-1。

① 自然资源部南海局：珠海站业务工作档案，2018年。

表 10-2-1　珠海站潮位年变化　单位：cm

	1月	2月	3月	4月	5月	6月	7月	8月	9月	10月	11月	12月	全年
平均潮位	238.2	236.1	235.9	235.0	239.5	239.0	236.9	242.6	253.8	262.2	253.1	245.8	243.2
最高潮位	384	412	375	390	394	450	452	626	471	416	399	406	626
最低潮位	68	69	76	82	63	75	54	61	101	100	85	65	54

历年平均潮位最高值为 250.7 cm（2012 年、2017 年），最低值为 237.2 cm（2005 年），多年变幅为 13.5 cm。年最高潮位多出现在 7—10 月，个别年份出现在 11 月、2 月和 6 月；最高值为 626 cm，出现在 2017 年 8 月 23 日 12 时 4 分，是由 1713 号台风“天鸽”引起的。年最低潮位多出现在 1—2 月、5—7 月和 12 月；最低值为 54 cm，出现在 2004 年 7 月 4 日 18 时 27 分。详见图 10-2-2。

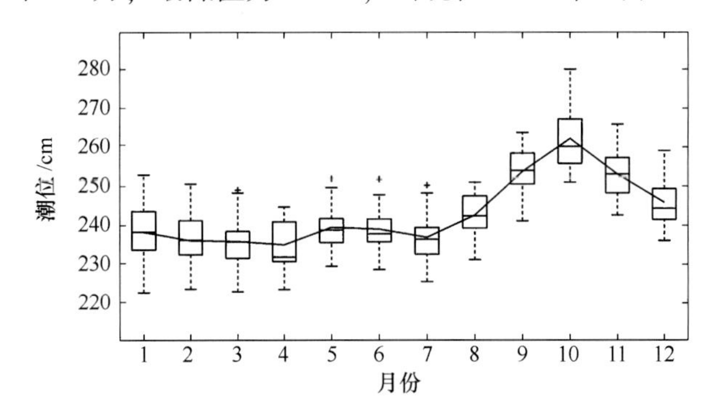

图 10-2-1　珠海站月平均潮位

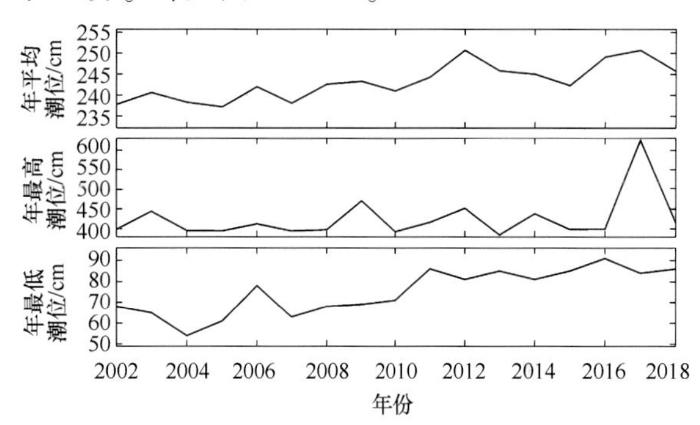

图 10-2-2　珠海站年平均、年最高和年最低潮位

（三）潮差

珠海站多年平均潮差为 120.1 cm。平均潮差的年变化呈双峰型，峰值出现在 3 月和 9 月，分别为 123.8 cm 和 125.8 cm；谷值出现在 6 月和 12 月，分别为 118.8 cm 和 111.2 cm（图 10-2-3）。各月最大潮差均在 245 cm 以上，7 月最大，为 302 cm，9 月最小，为 247 cm。详见表 10-2-2。

表 10-2-2　珠海站潮差年变化　单位：cm

	1月	2月	3月	4月	5月	6月	7月	8月	9月	10月	11月	12月	全年
平均潮差	111.3	120.0	123.8	123.3	122.6	118.8	119.0	123.0	125.8	122.2	119.2	111.2	120.1
最大潮差	288	280	249	250	283	297	302	286	247	256	282	293	302

历年平均潮差最大为 126.0 cm（2007 年），最小为 116.0 cm（2014 年、2015 年、2017 年），多年变幅为 10 cm。2002—2007 年平均潮差缓慢上升，2007—2011 年呈波动下降趋势，2011—2017 年平均潮差变化很小，2017—2018 年呈上升趋势。历年最大潮差均在 260 cm 以上，最大为 302 cm。年最大潮差多出现在夏季和冬季，个别年份出现在 5 月。详见图 10-2-4。

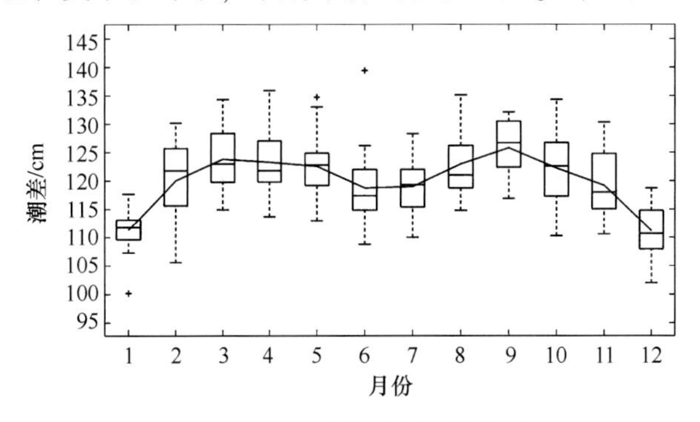

图 10-2-3　珠海站月平均潮差

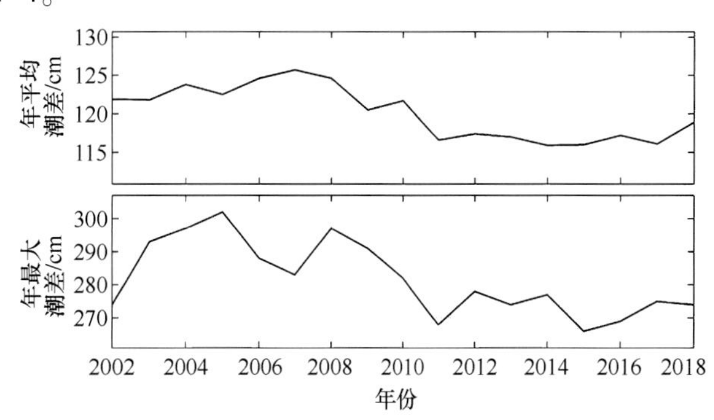

图 10-2-4　珠海站年平均和年最大潮差

第三节　海　浪

（一）海况

珠海站近岸海况全年大多在4级以下，其中0~2级海况最多，占70.21%，其次是3级海况，为21.72%，4级海况占7.52%；5级及以上海况较少出现，仅占0.55%。从季节上看，四个季节均以0~2级海况为主，各季节0~2级海况频率为53.33%~86.25%，其中夏季出现最多，冬季出现最少；3级和4级海况冬季出现最多，夏季出现最少；5级海况秋季出现最多，其次是夏季和冬季，春季最少；6级海况出现在夏季和秋季；7级及以上海况仅出现在秋季，为0.04%。详见表10-3-1。

最大海况为8级，出现在2018年9月16日16时，受1822号台风“山竹”的影响。

表10-3-1　珠海站四季及全年各级海况频率

	0~2级	3级	4级	5级	6级	≥7级
春季	77.49%	17.35%	4.96%	0.21%	—	—
夏季	86.58%	10.62%	2.08%	0.60%	0.12%	—
秋季	61.59%	27.53%	10.08%	0.63%	0.13%	0.04%
冬季	53.33%	32.60%	13.61%	0.46%	—	—
全年	70.21%	21.72%	7.52%	0.47%	0.07%	0.01%

“—”表示未出现。

（二）风浪

珠海站风浪出现较多，多年平均风浪频率高达99.67%。从季节上看，四个季节风浪频率均在99%以上。详见表10-3-2。

全年风浪多出现在N—NNE向和SE向，其中N向最多（53.34%），其次是NNE向（16.94%）。春季风浪多出现在N—NNE向和SE向，其中N向最多（43.70%），其次是SE向（18.49%）。夏季风浪多出现在N—SE向，其中SE向最多（28.28%），其次是E向（10.25%）。秋季风浪多出现在N—NNE向，其中N向最多（51.16%），其次是NNE向（22.02%）。冬季风浪多出现在N—NNE向，其中N向最多（70.40%），其次是NNE向（16.28%）。详见图10-3-1。

表10-3-2　珠海站风浪频率年变化

	1月	2月	3月	4月	5月	6月	7月	8月	9月	10月	11月	12月	春季	夏季	秋季	冬季	全年
频率/%	99.46	99.70	99.53	99.09	99.94	99.74	99.69	99.50	99.68	99.81	100.00	99.75	99.53	99.64	99.83	99.66	99.67

（三）涌浪

珠海站多年平均涌浪频率为99.90%。春季涌浪频率为100%，夏季、秋季和冬季均在99%以上。详见表10-3-3。

全年涌浪多出现在NE—SE向，其中ESE向最多（25.43%），其次是ENE向（11.92%）。春季多出现在NE—SE向，其中ESE向最多（29.68%），其次是ENE向（12.24%）。夏季多出现在E—SE向和S向，其中ESE向最多（28.23%），其次是SE向（16.48%）。秋季多出现在NE—ESE向，其中ESE向最多（25.81%），其次是NE向（14.34%）。冬季多出现在NNE—ENE向和ESE向，其中NE向最多（18.58%），其次是ESE向（17.07%）。详见图10-3-2。

表 10-3-3　珠海站涌浪频率年变化

	1月	2月	3月	4月	5月	6月	7月	8月	9月	10月	11月	12月	春季	夏季	秋季	冬季	全年
频率/%	100	100	100	100	100	100	100	99.81	99.49	99.69	100	99.87	100	99.94	99.73	99.92	99.90

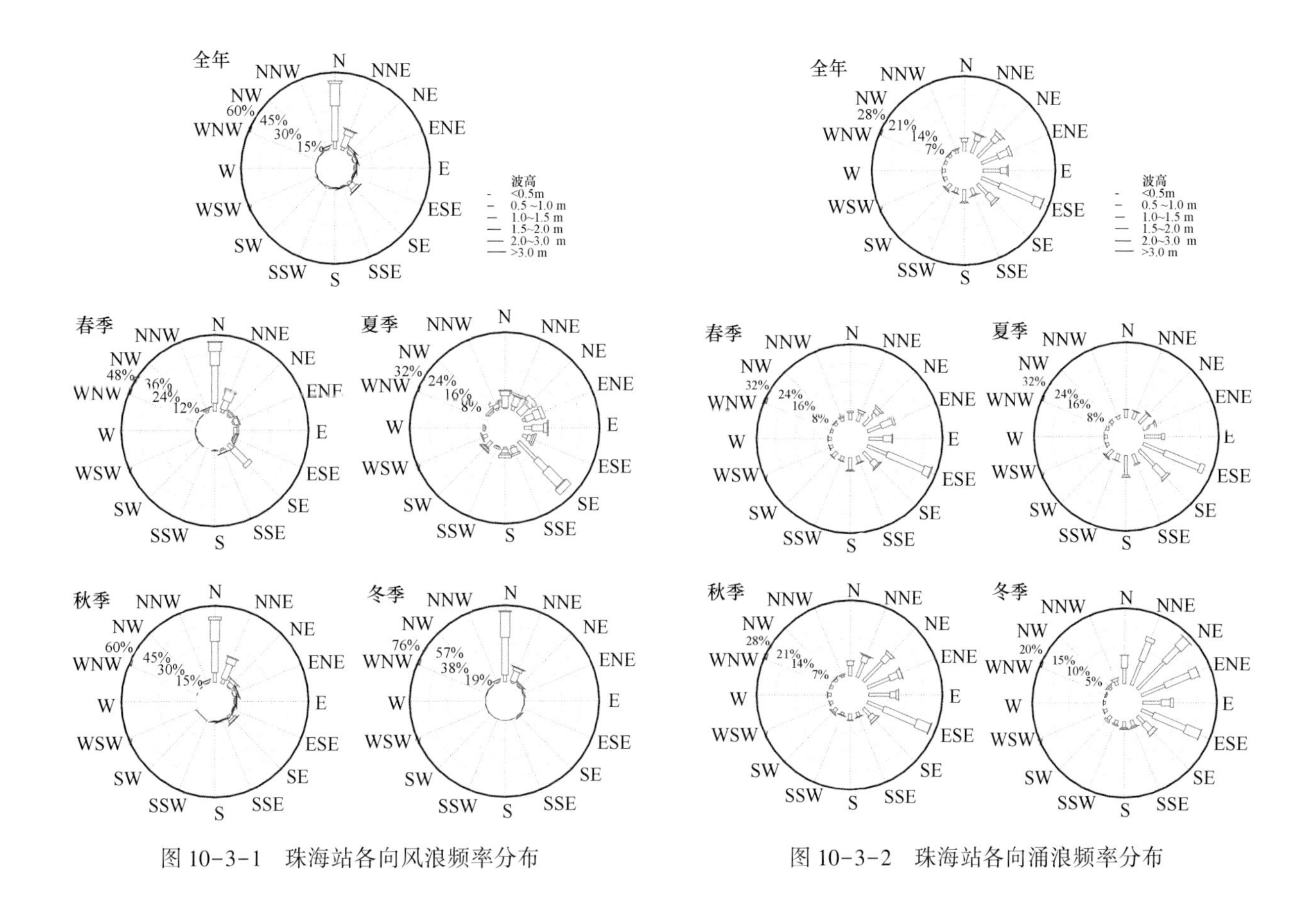

图 10-3-1　珠海站各向风浪频率分布　　　图 10-3-2　珠海站各向涌浪频率分布

（四）波高

1. 平均波高和最大波高

多年平均波高为0.6 m。各月平均波高相差较小，为 0.4~0.7 m（图 10-3-3）。各月最大波高为2.0~5.3 m，2 月最小（2.0 m），9 月最大（5.3 m）。详见表 10-3-4。

表 10-3-4　珠海站平均波高和最大波高年变化　　　单位：m

	1月	2月	3月	4月	5月	6月	7月	8月	9月	10月	11月	12月	全年
平均波高	0.7	0.6	0.6	0.5	0.5	0.5	0.5	0.4	0.5	0.6	0.6	0.7	0.6
最大波高	2.4	2.0	2.3	2.9	2.5	3.0	3.8	3.3	5.3	4.7	2.3	4.8	5.3

历年平均波高为0.3~0.9 m。历年最大波高差异较大，为2.0~5.3 m，多出现在7—10 月和 12 月。历史最大波高为 5.3 m，出现在 2018 年 9 月 16 日 17 时，受 1822 号台风“山竹”的影响。详见图10-3-4。

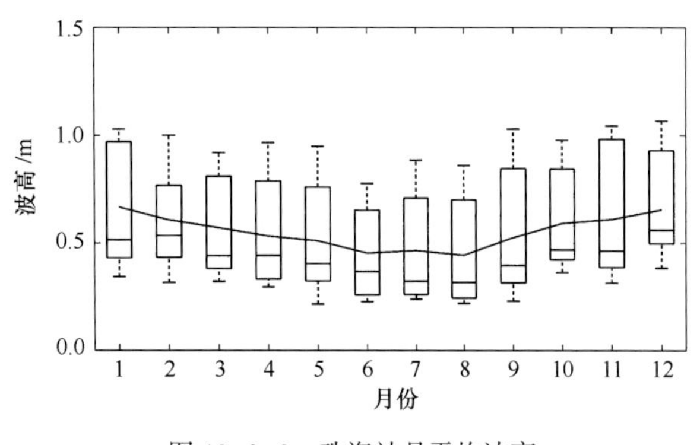

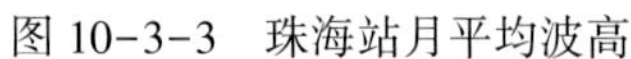
图 10-3-3　珠海站月平均波高

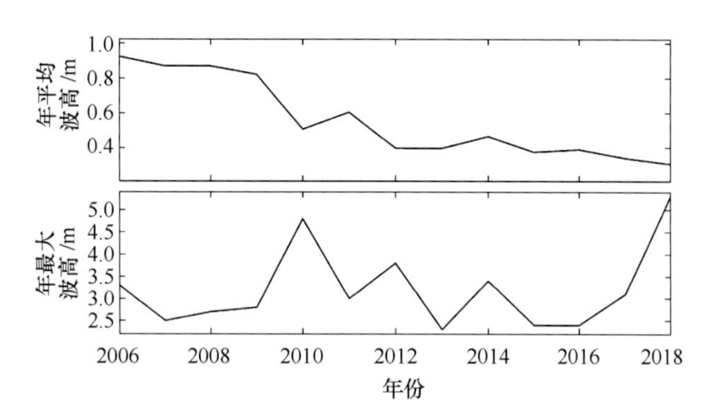

图 10-3-4　珠海站年平均和年最大波高

2. 各向平均波高和最大波高

全年各向多年平均波高为 0.3~0.7 m，其中 ESE 向最大，为 0.7 m。春季各向多年平均波高变化与全年变化保持一致，为 0.3~0.7 m，其中 ESE 向最大，为 0.7 m，SSE—WNW 向最小，为 0.3 m。夏季各向多年平均波高为 0.3~0.6 m，ESE 向和 SE 向最大，为 0.6 m。秋季 N 向和 ESE 向多年平均波高最大，为 0.7 m，WSW—NW 向最小，为 0.3 m。冬季各向多年平均波高为 0.3~0.8 m，ESE 向最大，为 0.8 m。详见表 10-3-5。

全年各向最大波高均超过 1.3 m。春季各向最大波高都在 0.8~2.5 m 之间，其中 N 向最大，为 2.5 m。夏季最大波高出现在 SE 向，为 3.3 m，WNW 向最小，为 0.8 m。秋季各向最大波高相差较大，其中 SE 向和 SW 向在 5 m 以上，SW 向最大，为 5.3 m，WSW 向最小，只有 1.0 m。冬季 N—ESE 向在 2.0 m 以上，其中 NE 向最大，为 4.8 m，其他方向为 1.0~1.7 m。详见表 10-3-6。

表 10-3-5　珠海站全年及四季各向平均波高　　单位：m

	N	NNE	NE	ENE	E	ESE	SE	SSE	S	SSW	SW	WSW	W	WNW	NW	NNW
全年	0.6	0.6	0.5	0.6	0.5	0.7	0.6	0.3	0.3	0.3	0.4	0.3	0.3	0.3	0.4	0.4
春季	0.6	0.6	0.5	0.6	0.5	0.7	0.5	0.3	0.3	0.3	0.3	0.3	0.3	0.3	0.4	0.4
夏季	0.3	0.3	0.3	0.4	0.4	0.6	0.6	0.3	0.3	0.3	0.4	0.3	0.3	0.3	0.3	0.4
秋季	0.7	0.6	0.5	0.5	0.5	0.7	0.6	0.4	0.4	0.4	0.5	0.3	0.3	0.3	0.3	0.5
冬季	0.7	0.7	0.6	0.7	0.5	0.8	0.6	0.4	0.4	0.4	0.4	0.3	0.3	0.5	0.5	0.5

表 10-3-6　珠海站全年及四季各向最大波高　　单位：m

	N	NNE	NE	ENE	E	ESE	SE	SSE	S	SSW	SW	WSW	W	WNW	NW	NNW
全年	4.5	4.1	4.8	4.9	2.8	4.7	5.0	2.8	2.5	1.6	5.3	1.5	1.4	1.7	1.5	2.9
春季	2.5	2.2	1.8	2.2	1.7	2.1	2.1	2.2	1.5	1.0	1.2	1.1	1.3	0.8	1.1	2.0
夏季	1.9	2.6	2.4	2.4	2.7	2.0	3.3	1.8	2.5	1.5	2.2	1.4	1.2	0.8	1.5	2.4
秋季	4.5	4.1	3.0	4.9	2.8	4.7	5.0	2.8	1.9	1.6	5.3	1.0	1.4	1.3	1.4	2.9
冬季	3.3	3.6	4.8	2.0	2.1	3.2	1.7	1.0	1.6	1.0	1.7	1.5	1.1	1.7	1.1	1.4

第四节　表层海水温度

珠海站多年平均表层海水温度为 23.9℃。平均海温四季分明，冬季最低，其次为春季和秋季，夏季最高。1 月平均海温最低，为 16.0℃，1—8 月，平均海温逐月迅速上升，8 月达最高，为 30.0℃，8 月至翌年 1 月平均海温逐月下降（图 10-4-1）。月最高海温均在 22℃以上，8 月最高，为 33.9℃。月最低海温差异较大，在 9.2~26.4℃之间，1 月最低，为 9.2℃；5—9 月超过了 21℃，为 21.9~26.4℃。详见表 10-4-1。

表 10-4-1　珠海站表层海水温度年变化　　单位:℃

	1月	2月	3月	4月	5月	6月	7月	8月	9月	10月	11月	12月	全年
平均温度	16.0	16.6	19.1	22.7	26.6	28.6	29.7	30.0	29.2	26.7	22.9	18.2	23.9
最高温度	22.1	23.8	24.7	27.9	32.3	32.1	33.3	33.9	32.8	32.4	28.9	25.4	33.9
最低温度	9.2	10.0	13.6	17.4	21.9	24.8	26.4	26.3	23.6	18.8	14.6	9.3	9.2

历年平均海温最高为 24.4℃（2015 年、2017 年和 2018 年），最低为 23.3℃（2008 年、2011 年）。历年最高海温均大于 31℃，最高值为 33.9℃（2009 年 8 月 29 日 13 时）。年最高海温均出现在 7—9 月。历年最低海温均不超过 16℃，最低值为 9.2℃（2016 年 1 月 25 日 9 时）。年最低海温出现在 1—2 月和 12 月。详见图 10-4-2。

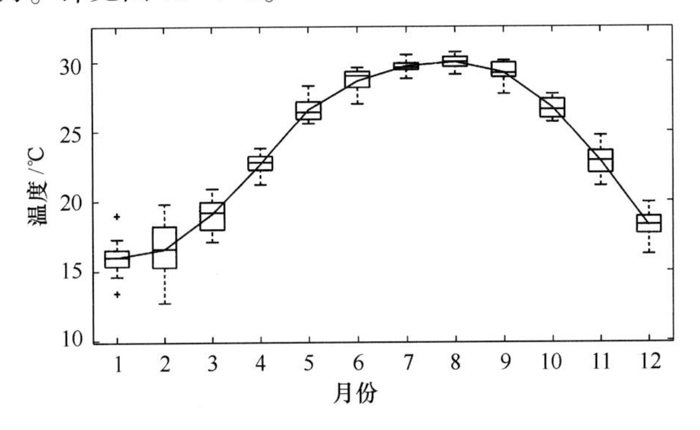

图 10-4-1　珠海站月平均海温

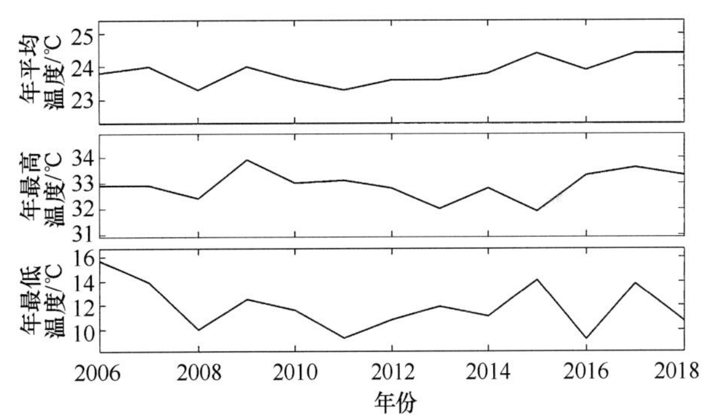

图 10-4-2　珠海站年平均、年最高和年最低海温

第十一章　台山站

第一节　概　况

台山海洋环境监测站（简称台山站）位于广东省江门市台山市赤溪镇铜鼓国华台电码头内。台山市位于广东省珠江三角洲西南部，毗邻港澳，南濒南海，北靠潭江。台山站位于铜鼓国华台电码头内，两面环山，南面临海，距台城 50 km，距广州 180 km，距珠海 150 km。该站由两座防波堤呈“U”形包围着，与外海连通，水流平稳，波浪影响较小，周围海域为泥沙底质，附近水深 3~5 m，离岸 100 m 处水深可达 10 m 以上，无暗礁。

图 11-1-1　台山站潮汐和温盐观测场

台山站建成于 2006 年，由国家海洋局南海分局（2019 年 7 月后隶属于自然资源部南海局）与广东国华粤电台山发电有限公司共建，属于无人值守的自动观测站。台山站设有验潮井、温盐井、简易气象观测场等，观测要素主要有潮位、表层海水温度、表层海水盐度、风、气温、相对湿度、气压、降水量等，也开展海水水质监测、海洋赤潮监视监测和海洋生态监测。

验潮井设于站内，不易淤积，周围无浅滩、船只和工程建设影响。温盐测点位于验潮室内，无污水管道、小溪、盐码头等影响，简易气象观测场设在验潮站顶楼①。

台山站有关测点见图 11-1-1。

第二节　潮　汐

（一）潮高基准面和潮汐类型

台山站潮位从井内水尺零点起算，井内水尺零点为本站的潮高基准面。本站全日分潮与半日分潮振幅之比 $(H_{K_1}+H_{O_1})/H_{M_2}=1.4$，属于不正规半日潮。在一个太阳日内出现两次高潮和两次低潮，但相邻的高潮或低潮潮高不等，涨潮时和落潮时也不等。

（二）潮位

台山站多年平均潮位为 219.0 cm。平均潮位的年变化呈单峰型，峰值出现在 10 月，为 240.9 cm；谷值出现在 7 月，为 209.8 cm（图 11-2-1）。6—10 月最高潮位均大于 400 cm，9 月最大，为 515 cm；11 月至翌年 5 月最高潮位均小于 400 cm，3 月最小，为 346 cm。各月最低潮位 6 月最低，为 13 cm，其余月份为 41~84 cm。详见表 11-2-1。

历年平均潮位均大于 214.5 cm，最高值为 224.4 cm（2012 年），最低值为 214.5 cm（2015 年），多年变幅 9.9 cm。历年最高潮位均大于 375 cm，最高值为 515 cm（2008 年 9 月 24 日 3 时 27 分），是受 0814 号台风“黑格比”的影响。年最高潮位多出现在 7—10 月，个别年份出现在 1 月。历年最低潮位均低于 60 cm，最低值为 13 cm（2015 年 6 月 3 日 17 时 11 分）。年最低潮位多出现在 1—2 月、6—7 月和

① 自然资源部南海局：台山站业务工作档案，2018 年。

12 月。详见图 11-2-2。

表 11-2-1　台山站潮位年变化　　单位：cm

	1月	2月	3月	4月	5月	6月	7月	8月	9月	10月	11月	12月	全年
平均潮位	217.7	213.7	212.4	211.9	213.7	210.7	209.8	213.8	229.1	240.9	230.5	223.6	219.0
最高潮位	377	361	346	371	392	405	408	414	515	409	393	387	515
最低潮位	46	50	64	58	57	13	41	56	78	84	69	40	13

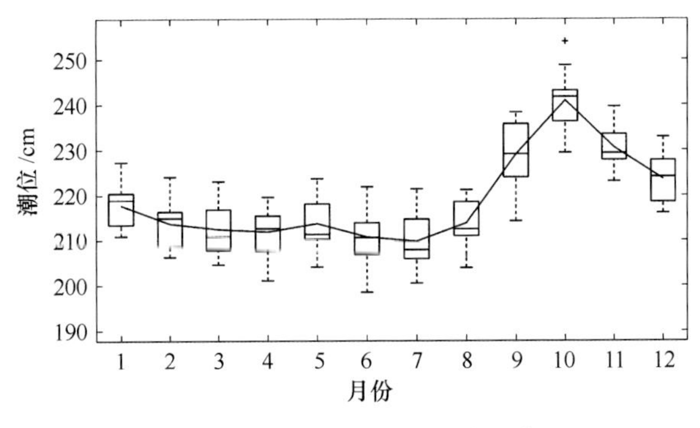

图 11-2-1　台山站月平均潮位

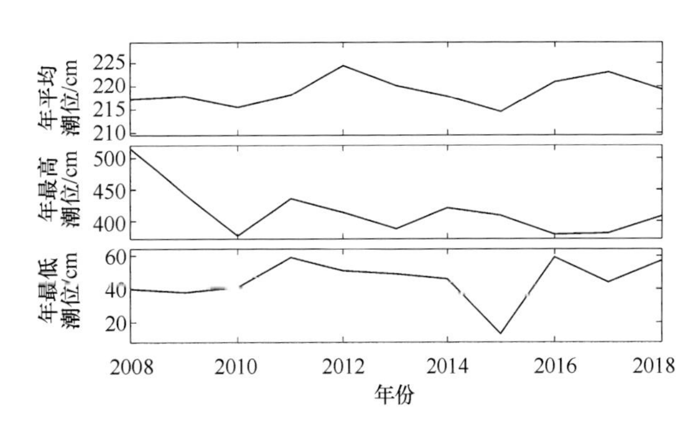

图 11-2-2　台山站年平均、年最高和年最低潮位

（三）潮差

台山站多年平均潮差为 123.5 cm。3 月和 9 月出现月平均潮差的峰值，分别为 126.5 cm 和 130.3 cm；6 月和 12 月出现谷值，分别为 118.7 cm 和 116.5 cm（图 11-2-3）。11 月至翌年 2 月和 5—7 月的最大潮差在 300 cm 及以上，12 月最大，为 330 cm；其他月份小于 300 cm，9 月最小，为 254 cm。详见表 11-2-2。

表 11-2-2　台山站潮差年变化　　单位：cm

	1月	2月	3月	4月	5月	6月	7月	8月	9月	10月	11月	12月	全年
平均潮差	123.6	126.0	126.5	125.2	121.4	118.7	123.2	128.3	130.3	122.9	117.3	116.5	123.5
最大潮差	315	300	258	277	308	324	320	297	254	276	316	330	330

历年平均潮差最大为 129.3 cm（2008 年），最小为 119.8 cm（2016 年），多年变幅为 9.5 cm。2008—2018 年平均潮差呈下降趋势。历年最大潮差在 280 cm 以上，最大为 330 cm（2008 年 12 月）。年最大潮差多出现在 1—2 月、6 月和 12 月。详见图 11-2-4。

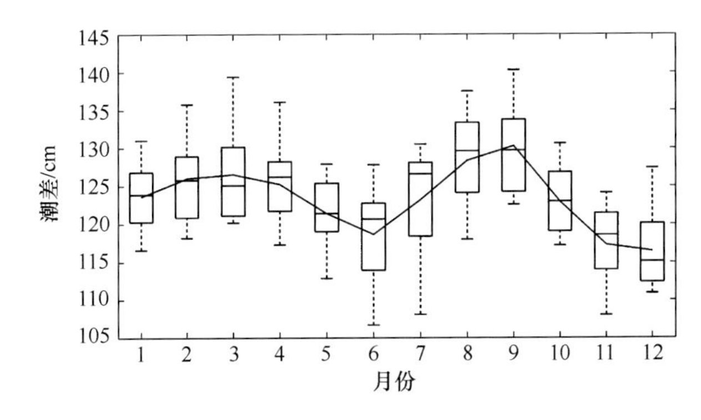

图 11-2-3　台山站月平均潮差

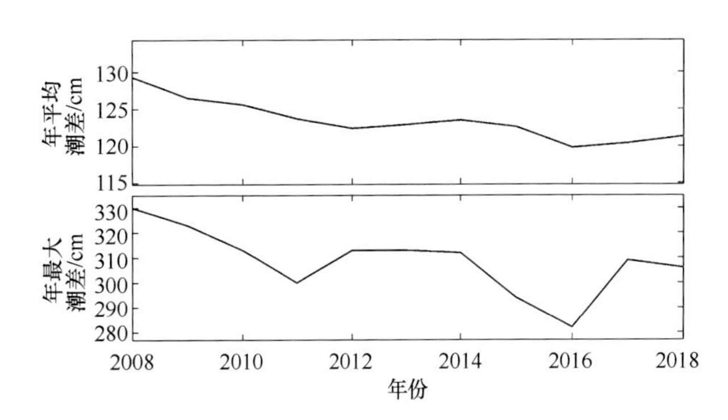

图 11-2-4　台山站年平均和年最大潮差

第三节　表层海水温度和盐度

（一）表层海水温度

台山站多年平均表层海水温度为24.5℃，夏季最高，其次是秋季和春季，冬季最低。2—7月，平均海温逐月上升，7月和8月平均海温最高，均为30.0℃，8月至翌年2月逐月迅速下降，2月降到最低，为17.0℃（图11-3-1）。5—10月的最高海温均在30℃以上，6月最高，为34.1℃，其他月份为23.0~28.8℃。11月至翌年4月最低海温都在18℃以下，2月最低，为11.5℃；5—10月超过了21℃，为21.8~26.2℃。详见表11-3-1。

历年平均海温最高为25.0℃（2017年），最低为23.6℃（2008年）。历年最高海温均大于32℃，出现在6—9月；最高值为34.1℃，出现在2016年6月24日18时。历年最低海温均小于16℃，出现在1—2月和12月；最低值为11.5℃，出现在2008年2月13日11时。详见图11-3-2。

表11-3-1　台山站表层海水温度年变化

单位:℃

	1月	2月	3月	4月	5月	6月	7月	8月	9月	10月	11月	12月	全年
平均温度	17.1	17.0	19.6	23.3	27.5	29.6	30.0	30.0	29.5	27.2	24.0	19.7	24.5
最高温度	23.0	24.3	24.5	28.5	33.0	34.1	34.0	33.9	32.8	30.8	28.8	24.8	34.1
最低温度	12.4	11.5	14.0	17.7	22.1	23.4	25.4	26.0	26.2	21.8	17.1	14.9	11.5

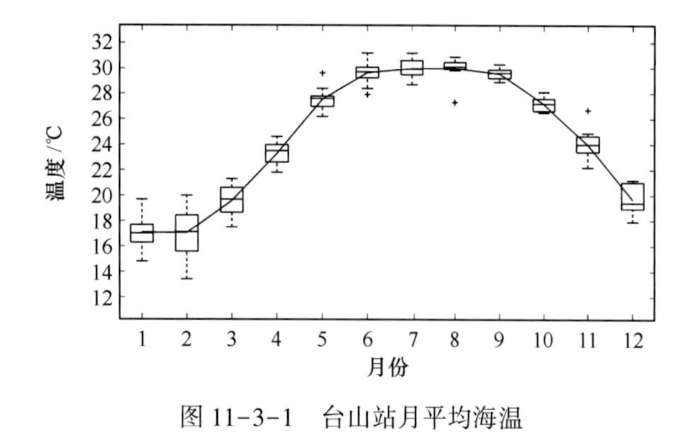

图11-3-1　台山站月平均海温

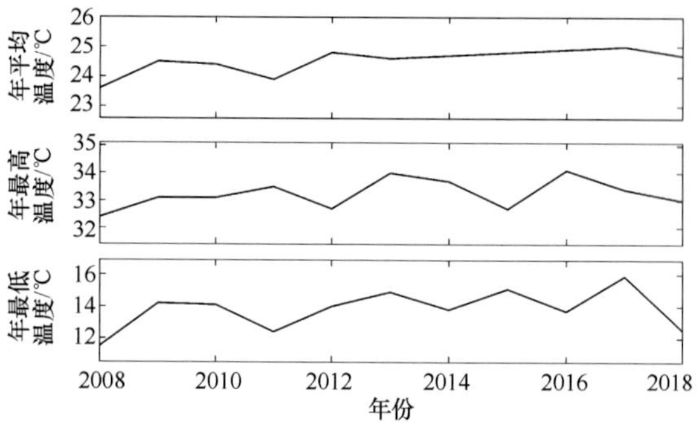

图11-3-2　台山站年平均、年最高和年最低海温

（二）表层海水盐度

台山站多年平均表层海水盐度为23.77。盐度的年变化呈“V”形，谷值在6月，为18.76，6—12月盐度逐月增大，12月至翌年3月盐度变化较小，为26.34~27.00，3—6月盐度逐月减小（图11-3-3）。月最高盐度变化不大，为31.0~32.4。5—10月的最低盐度均低于10，8月最低，为1.3；其他月份最低盐度高于10，为10.3~18.8。详见表11-3-2。

历年平均盐度均超过21.40，最高为26.99（2011年），最低为21.41（2016年）。历年最高盐度均大于29，最高值为32.4（2008年9月22日19时、2009年11月14日12时和2010年7月12日18时）。年最高盐度多出现在6—12月，个别年份出现在2—3月。历年最低盐度均小于17，最低值为1.3（2008年8月11日6时）。年最低盐度多出现在5—9月。详见图11-3-4。

表11-3-2　台山站表层海水盐度年变化

	1月	2月	3月	4月	5月	6月	7月	8月	9月	10月	11月	12月	全年
平均盐度	26.96	26.84	26.77	24.53	21.09	18.76	18.91	21.10	21.89	25.01	26.34	27.00	23.77
最高盐度	31.0	31.7	32.0	31.8	31.1	32.1	32.4	31.6	32.4	32.3	32.4	31.2	32.4
最低盐度	18.8	18.8	15.8	12.2	7.6	4.2	2.8	1.3	7.4	8.5	10.3	18.8	1.3

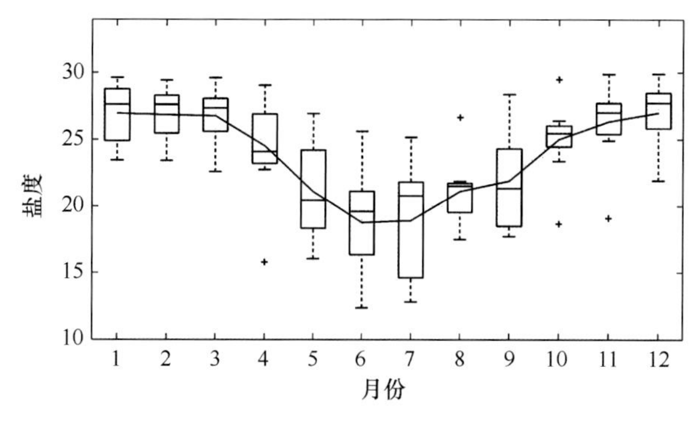

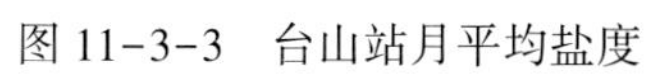
图 11-3-3　台山站月平均盐度

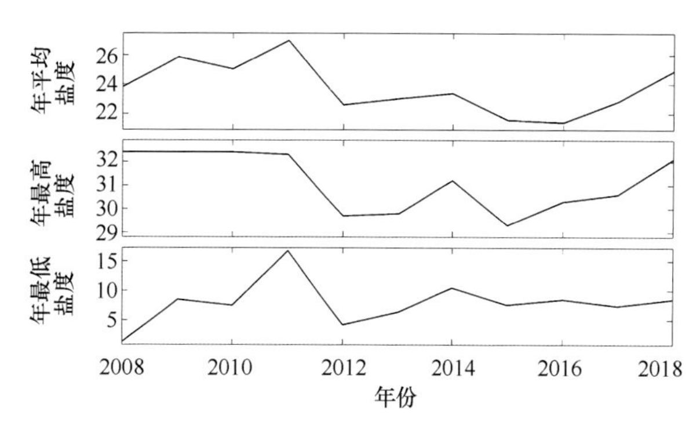

图 11-3-4　台山站年平均、年最高和年最低盐度

第十二章　闸坡站

第一节　概　况

闸坡海洋环境监测站（简称闸坡站）位于广东省阳江市海陵岛闸坡镇蝴蝶洲。海陵岛位于阳江市西南沿海，地处广东、广西、海南等省区水路交通要道，毗邻港澳，靠近珠三角地区。海陵岛总面积约108.89 km^2，呈东东北—西西南走向，西面有闸坡港，东边有北津港。海陵岛地形属二级阶地，高度为40~100 m；岛上海拔最高的山为草王山，海拔389 m，位于闸坡站东北方10 km。测站附近海岸岸线曲折，多岛屿，海底浅平。等深线分布大体上与岸线平行，10 m等深线距测站2 km，20 m等深线距测站13 km。附近主要河流是漠阳江，入海口在测站东北向30 km，对盐度变化有影响。

闸坡站建于1957年4月，最初隶属于广东省水产厅，1959年9月隶属于广东省气象局，1966年1月起隶属于国家海洋局南海分局，2019年7月后归属自然资源部南海局。闸坡站是广东省唯一的联合国海平面监测站，主要观测项目包括潮汐、海浪、表层海水温度、表层海水盐度、海发光、风、气温、气压、相对湿度、海面有效能见度、降水量和雾等，开展高精度GPS观测业务和宽频地震台观测业务。此外，还开展了海水浴场监测、海洋赤潮监视监测和海洋环境监测工作。

闸坡站位于内海港湾，四面环海，对岸沿海三面环山，岩石海岸，泥沙底质。温盐测点位于距站部东北方向约500 m的验潮井旁，测点东南方向约20 m是闸坡渔港防波堤，在西北方向约100 m是油、气库上落码头。测点在防波堤外面，与外海水流畅通，无污水管道、小溪、码头等影响。验潮井为岛式验潮井，泥沙淤积现象一般，无船只、工程建设等影响，但受浅滩影响。海浪观测主要使用SZF遥测波浪浮标观测，浮标抛放点水深13.7 m。气象观测场位于蝴蝶洲小山顶上，四周无高大障碍物阻挡，视野开阔，所测资料代表性好①。

图12-1-1　闸坡站潮汐和温盐观测场

闸坡站有关测点见图12-1-1。

第二节　潮　汐

（一）潮高基准面和潮汐类型

闸坡站潮位从井内水尺零点起算，井内水尺零点为本站的潮高基准面。本站全日分潮与半日分潮振幅之比$(H_{K_1}+H_{O_1})/H_{M_2}=1.2$，属于不正规半日潮。在一个太阳日内出现两次高潮和两次低潮，但相邻

① 自然资源部南海局：闸坡站业务工作档案，2018年。

的高潮或低潮潮高不等，涨潮时和落潮时也不等。

（二）潮位

闸坡站多年平均潮位为 214. 8 cm。平均潮位的年变化呈单峰型，峰值出现在 10 月，为 235. 9 cm；谷值出现在 7 月，为 204. 6 cm，平均潮位的年变幅为 31. 3 cm（图 12-2-1）。6—12 月最高潮位较大，均在 420 cm 以上，9 月最大，为 458 cm；1—5 月最高潮位较小，均在 420 cm 以下，3 月最小，为390 cm。10 月最低潮位为 61 cm，其余月份为 9~47 cm，1 月最低，为 9 cm。详见表 12-2-1。

表 12-2-1 闸坡站潮位年变化 单位：cm

	1 月	2 月	3 月	4 月	5 月	6 月	7 月	8 月	9 月	10 月	11 月	12 月	全年
平均潮位	212. 5	210. 0	208. 5	208. 0	209. 6	206. 9	204. 6	209. 3	224. 2	235. 9	227. 8	219. 7	214. 8
最高潮位	418	410	390	400	419	423	447	447	458	431	425	421	458
最低潮位	9	20	37	33	24	12	11	13	47	61	40	19	9

历年平均潮位大于 207 cm，最高值为 224. 6 cm（2017 年），最低值为 207. 2 cm（1983 年），多年变幅为 17. 4 cm。历年最高潮位均大于 393 cm，最高值为 458 cm（1986 年 9 月 5 日 10 时 50 分）。年最高潮位多出现在 1 月、5 月和 7—10 月，个别年份出现在 6 月和 8 月。历年最低潮位均低于 55 cm，最低值为 9 cm（1991 年 1 月 2 日 5 时 40 分）。年最低潮位多出现在 1 月和6—7 月，其次出现在 2 月和 5 月。详见图 12-2-2。

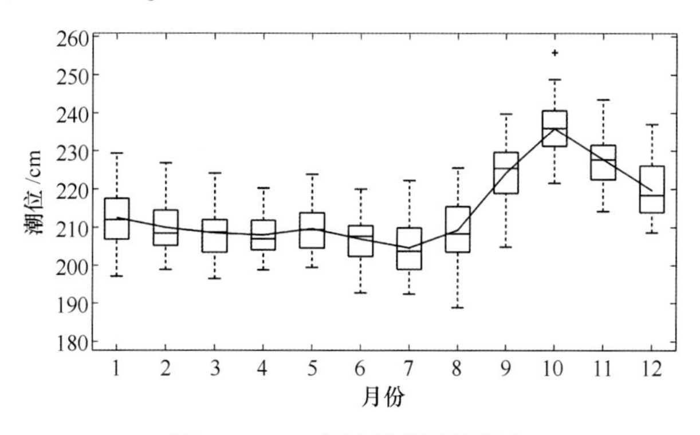

图 12-2-1 闸坡站月平均潮位

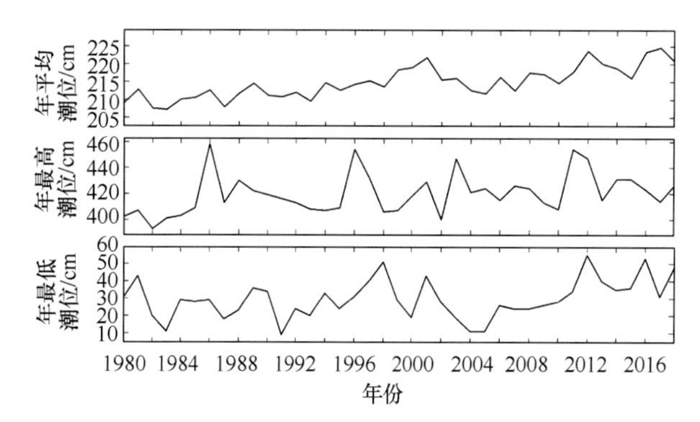

图 12-2-2 闸坡站年平均、年最高和年最低潮位

（三）潮差

闸坡站多年平均潮差为 151. 2 cm。平均潮差的年变化呈双峰型，峰值出现在 3 月和 9 月，分别为 158. 9 cm 和 160. 6 cm；谷值出现在 6 月和 12 月，分别为 143. 5 cm 和 139. 8 cm（图 12-2-3）。1—2 月、5—8 月和 11—12 月的最大潮差在 350 cm 以上，12 月最大，为 382 cm；其他月份小于 350 cm，3 月最小，为 317 cm。详见表 12-2-2。

历年平均潮差最大为 154. 6 cm（2005 年），最小为 146. 5 cm（2012 年），多年变幅为 8. 1 cm。年平均潮差 1980—1991 年呈增大趋势，1992—2001 年呈下降趋势，2002—2008 年整体变化不大，2008—2012 年逐年减小。历年最大潮差均在 334 cm 以上，最大值为 382 cm（2008 年 12 月）。年最大潮差多出现在 1 月和 12 月，个别年份出现在 6—7 月和 11 月。详见图 12-2-4。

表 12-2-2 闸坡站潮差年变化 单位：cm

	1 月	2 月	3 月	4 月	5 月	6 月	7 月	8 月	9 月	10 月	11 月	12 月	全年
平均潮差	143. 9	152. 5	158. 9	157. 4	150. 2	143. 5	145. 0	156. 0	160. 6	156. 8	147. 6	139. 8	151. 2
最大潮差	374	361	317	342	353	367	374	358	333	323	359	382	382

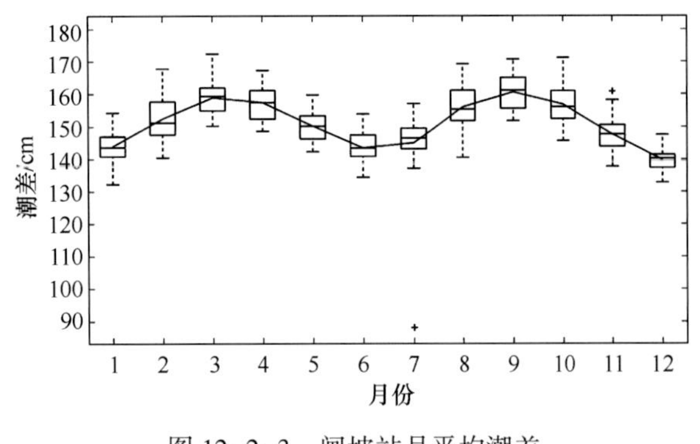

图 12-2-3　闸坡站月平均潮差

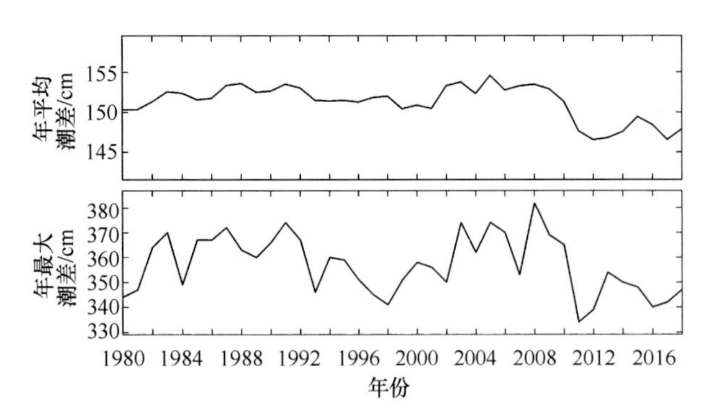

图 12-2-4　闸坡站年平均和年最大潮差

第三节　海　浪

（一）海况

闸坡站附近海区的海况，一般为 4 级以下，年频率高达 98.61%，其中，0~2 级海况最多，占 62.41%，其次是 3 级海况，为 26.93%，5 级及以上海况频率仅占 1.38%。一年中，0~2 级海况在春季出现最多，夏季次之，冬季最少。3 级海况在夏季最多，其次是冬季和秋季，春季最少。4 级和 5 级海况在冬季出现最多，这与南海冬季盛行的东北季风有关。6 级海况在夏季和秋季的出现频率比春季和冬季高，这是由夏季和秋季热带气旋伴随狂风大浪引起的。7 级及以上海况仅出现在夏季。详见表 12-3-1。

表 12-3-1　闸坡站四季及全年各级海况频率

	0~2 级	3 级	4 级	5 级	6 级	≥7 级
春季	73.50%	20.35%	5.34%	0.77%	0.04%	—
夏季	61.47%	31.73%	5.56%	0.96%	0.25%	0.04%
秋季	60.83%	27.77%	9.70%	1.48%	0.21%	—
冬季	52.57%	28.20%	17.42%	1.78%	0.02%	—
全年	62.41%	26.93%	9.27%	1.24%	0.13%	0.01%

“—”表示未出现。

闸坡站历史最大海况为 8 级，出现在 2006 年 8 月 3 日 17 时，是受 0606 号台风“派比安”的影响。

（二）风浪

多年平均风浪频率为 99.51%。从季节上看，秋季和冬季的风浪出现频率相对较大，春季的风浪出现频率最小，为 99.06%。详见表 12-3-2。

全年风浪多出现在 NNE—NE 向和 E—SE 向，其中 NNE 向风浪频率最大（25.08%），其次是 NE 向（21.48%）。季节上，春季风浪多出现在 NNE—NE 向和 E—SE 向，其中 NNE 向频率最大（20.51%），其次是 SE 向（17.50%）；夏季风浪多出现在 S 向、SW 向、N—NE 向和 E—SE 向，其中 S 向风浪频率最大（20.01%），其次是 NNE 向（11.06%）；秋季风浪多出现在 N—SE 向，其中 NE 向频率最大（30.78%），其次是 NNE 向（24.65%）；冬季风浪多出现在 N—SE 向，其中 NNE 向频率最大（36.18%），其次是 NE 向（25.38%）。详见图 12-3-1。

表 12-3-2 闸坡站风浪频率年变化

	1月	2月	3月	4月	5月	6月	7月	8月	9月	10月	11月	12月	春季	夏季	秋季	冬季	全年
频率/%	99. 73	99. 78	99. 66	98. 65	99. 44	99. 17	99. 50	99. 38	99. 74	99. 81	99. 87	99. 88	99. 06	99. 35	99. 81	99. 81	99. 51

（三）涌浪

闸坡站近岸出现涌浪不多，全年涌浪出现频率为 36. 16%，从季节上看，夏季出现涌浪较多，春季次之，其次为秋季，冬季较少。详见表 12-3-3。

表 12-3-3 闸坡站涌浪频率年变化

	1月	2月	3月	4月	5月	6月	7月	8月	9月	10月	11月	12月	春季	夏季	秋季	冬季	全年
频率/%	10. 22	10. 57	20. 30	31. 49	55. 40	77. 18	76. 18	65. 21	44. 55	18. 05	13. 97	8. 31	36. 17	72. 86	25. 53	9. 50	36. 16

全年涌浪多出现在 S—SW 向，其中 S 向最多（28. 28%），其次为 SSW 向（27. 29%）。春季多出现在 S—SW 向，其中 S 向最多（30. 50%），其次是 SSW 向（26. 34%）；夏季多出现在 S—SW 向，其中 SW 向最多（31. 95%），其次是 SSW 向（28. 50%）；秋季多出现在 S—SW 向，其中 S 向最多（33. 19%），其次是 SSW 向（25. 43%）；冬季多出现在 S—SW 向，其中 S 向最多（28. 32%），其次是 SSW 向（25. 66%）。详见图 12-3-2。

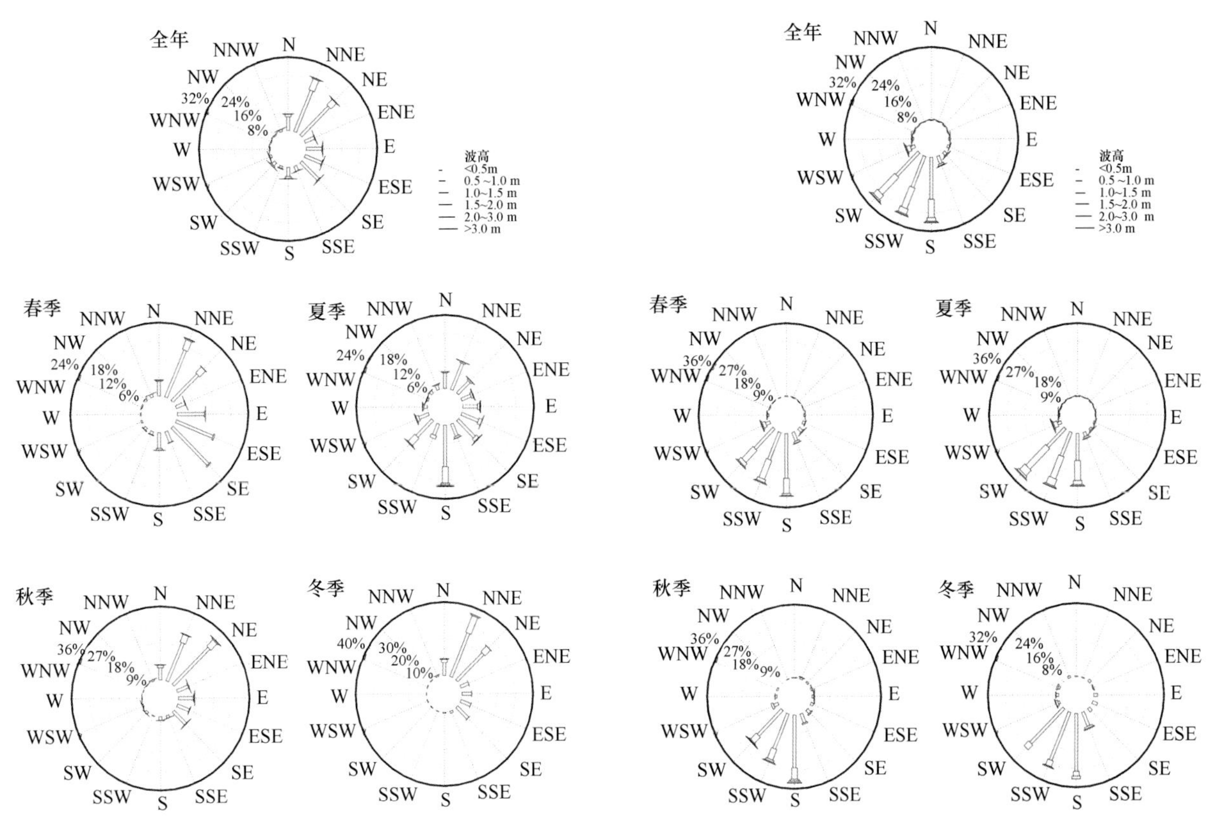

图 12-3-1 闸坡站各向风浪频率分布

图 12-3-2 闸坡站各向涌浪频率分布

（四）波高

1. 平均波高和最大波高

闸坡站多年平均波高为0.4 m。5—8月，月平均波高较大，均大于多年平均波高；最大月平均波高出现在6月和7月，为0.6 m。夏季平均波高最大，其次为秋季，春季和冬季平均波高最小（图12-3-3）。各月最大波高，5—9月由于受热带气旋影响，均在4.0 m以上，2月最大波高为4.2 m，其余月份最大波高为2.2~3.6 m。详见表12-3-4。

历年平均波高变化较小，为0.4~0.5 m。历年最大波高差异较大，在2.5~5.6 m之间，多出现在6—10月。闸坡站近岸观测到的最大波高5.6 m，出现在2008年9月24日2时，是受0814号台风“黑格比”的影响。详见图12-3-4。

表12-3-4 闸坡站平均波高和最大波高年变化

单位：m

	1月	2月	3月	4月	5月	6月	7月	8月	9月	10月	11月	12月	全年
平均波高	0.4	0.3	0.3	0.4	0.5	0.6	0.6	0.5	0.4	0.4	0.4	0.4	0.4
最大波高	3.5	4.2	2.7	3.6	4.0	4.2	4.4	4.4	5.6	2.5	2.2	2.7	5.6

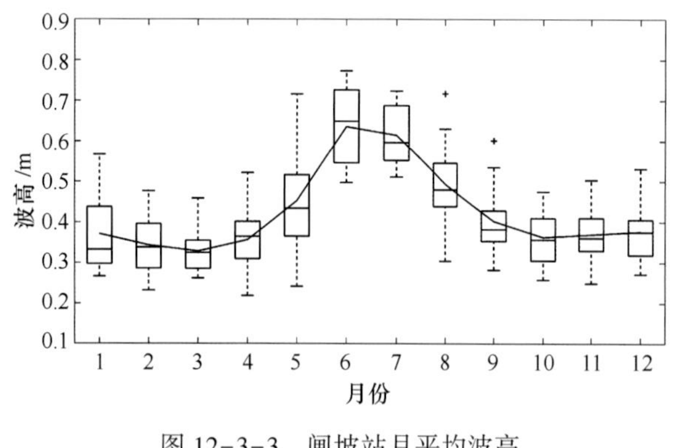

图12-3-3 闸坡站月平均波高

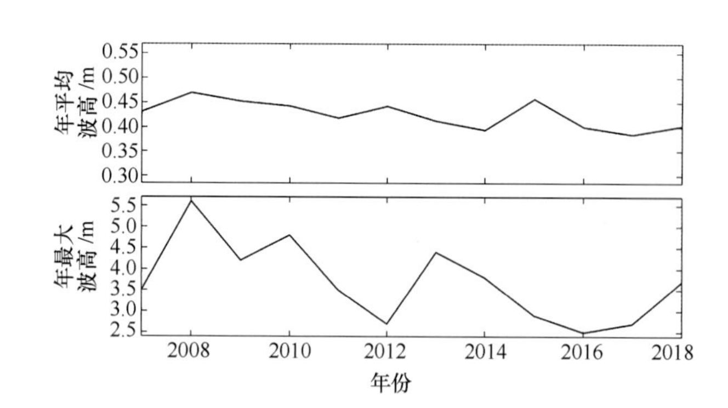

图12-3-4 闸坡站年平均和年最大波高

2. 各向平均波高和最大波高

全年各向平均波高在0.3~0.6 m之间，其中S—W向较大，均在0.5 m以上，其余各向多年平均波高相对较小。春季WSW向、SSW向和SW向多年平均波高明显大于其余各向，均为0.6 m，其余各向在0.5 m以下。夏季S—W向多年平均波高较大，在0.6 m以上，其余各向相对较小，均在0.5 m以下。秋季S—W向和NW向多年平均波高较大，在0.4 m以上，其余各向均在0.4 m以下。冬季S—WSW向和N—NE向多年平均波高较大，均在0.3 m以上，其中NNE向最大，为0.5 m，其余各向较小。详见表12-3-5。

表12-3-5 闸坡站全年及四季各向平均波高

单位：m

	N	NNE	NE	ENE	E	ESE	SE	SSE	S	SSW	SW	WSW	W	WNW	NW	NNW
全年	0.4	0.4	0.4	0.3	0.3	0.3	0.3	0.3	0.5	0.6	0.6	0.6	0.5	0.3	0.3	0.3
春季	0.3	0.4	0.4	0.3	0.3	0.3	0.3	0.3	0.5	0.6	0.6	0.6	0.4	0.3	0.2	0.2
夏季	0.4	0.4	0.5	0.5	0.4	0.4	0.4	0.4	0.6	0.7	0.7	0.6	0.6	0.5	0.4	0.4
秋季	0.4	0.4	0.4	0.3	0.3	0.3	0.3	0.3	0.4	0.5	0.5	0.5	0.5	0.2	0.5	0.3
冬季	0.4	0.5	0.4	0.3	0.2	0.2	0.2	0.2	0.3	0.4	0.4	0.3	0.2	0.2	0.1	0.2

全年各向最大波高相差较大，在1.6~4.8 m之间，N—NNE向、S向和SW向全年最大波高均在4.0 m以上，其中以S向最大，为4.8 m。春季S—WSW向和ENE向最大波高都在2.8 m以上，其中SSW

向最大，为3.6 m，其余各向均小于2.8 m。夏季N—NNE向、S向和SW向最大波高均在4.0 m以上，其中SW向最大，为4.4 m，其余各向为1.6~3.4 m。秋季NE—E向、SW—WSW向、S向和SE向最大波高均在3.0 m以上，其中S向最大，为4.8 m，其余各向为0.4~2.9 m。冬季N—NE向和S—SSW向最大波高均在2.0 m以上，其中NNE向最大，为3.5 m，其余各向相对较小，均在1.8 m以下。除SSW向外，各向最大波高均出现在夏季或秋季；SSW向最大波高出现在春季。详见表12-3-6。

表12-3-6　闸坡站全年及四季各向最大波高　　单位：m

	N	NNE	NE	ENE	E	ESE	SE	SSE	S	SSW	SW	WSW	W	WNW	NW	NNW
全年	4.0	4.1	3.0	3.3	3.5	3.4	3.8	2.4	4.8	3.6	4.4	3.7	3.3	1.6	2.4	2.4
春季	2.2	2.7	1.8	2.8	3.3	1.1	2.1	1.8	3.5	3.6	3.2	2.8	1.9	1.4	0.8	2.3
夏季	4.0	4.1	2.6	2.4	2.9	3.4	2.6	1.9	4.0	3.4	4.4	3.0	3.3	1.6	2.4	2.4
秋季	1.9	2.0	3.0	3.3	3.5	1.8	3.8	2.4	4.8	2.9	3.9	3.7	1.8	0.4	2.0	2.2
冬季	2.2	3.5	2.0	1.3	0.9	0.8	1.1	1.8	2.1	2.3	1.5	1.5	0.9	1.1	0.3	1.0

第四节　表层海水温度和盐度

（一）表层海水温度

闸坡站多年平均表层海水温度为23.9℃，夏季最高，其次是秋季和春季，冬季最低。2—7月，平均海温逐月迅速上升，6—9月平均海温都在28.9℃以上，7月和8月最高，为29.4℃，10月至翌年1月平均海温逐月迅速下降，1月和2月最低，为16.7℃（图12-4-1）。各月最高海温5—10月均在31.3℃以上，其中7月和8月最高，为33.3℃，其余月份为21.8~28.4℃。各月最低海温11月至翌年4月都在16.5℃以下，2月最低，为8.7℃；5—10月超过了19℃，为19.4~23.8℃。详见表12-4-1。

历年平均表层海水温度最高为24.8℃（2015年），最低为22.9℃（1984年）。历年最高海温均大于31℃，多出现在6—9月；最高值为33.3℃，出现在1980年7月7日14时和1982年8月29日14时。历年最低海温均小于15.3℃，多出现在1—2月和12月；最低值为8.7℃，出现在1980年2月9日8时。详见图12-4-2。

表12-4-1　闸坡站表层海水温度年变化　　单位:℃

	1月	2月	3月	4月	5月	6月	7月	8月	9月	10月	11月	12月	全年
平均温度	16.7	16.7	18.9	22.9	27.1	29.0	29.4	29.4	28.9	26.7	22.9	18.6	23.9
最高温度	21.8	23.0	25.0	28.4	31.9	32.8	33.3	33.3	33.0	31.3	28.0	24.8	33.3
最低温度	10.6	8.7	12.2	16.3	21.4	23.8	23.0	23.5	23.2	19.4	16.2	11.0	8.7

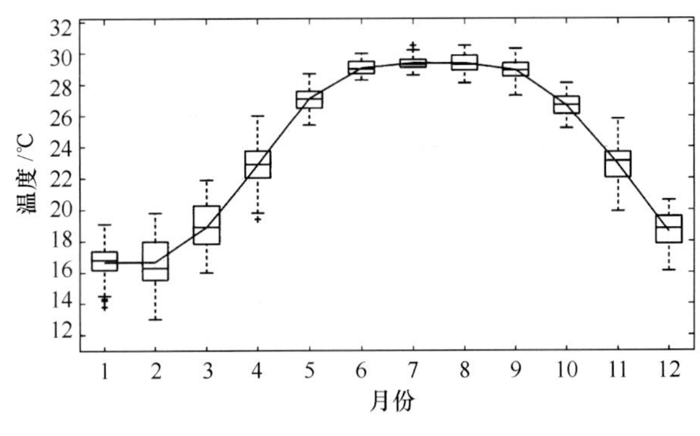

图12-4-1　闸坡站月平均海温

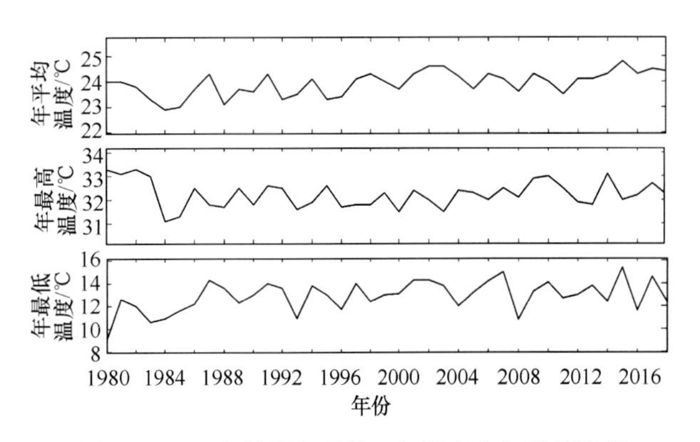

图12-4-2　闸坡站年平均、年最高和年最低海温

（二）表层海水盐度

闸坡站距珠江口较近，表层海水盐度较低，变幅较大。多年平均盐度为 28.72，年较差为 4.76。年变化受沿岸流和外海流影响呈双峰型（图 12-4-3）。12 月至翌年 3 月平均盐度较高，各月平均盐度都在 30 以上，最大值出现在 2 月，为 30.82；5—6 月平均盐度较低，第一谷值出现于 6 月，为 26.06；7—8 月盛行夏季风，外海水入侵使盐度回升，成为相对峰值期；第二谷值出现于 9 月，为 26.83。各月最高盐度均在 33 以上，其中 7—8 月、10 月和 12 月最高盐度都在 34 以上。各月最低盐度均在 26 以下，其中 4—10 月在 18 以下，其余月份不低于 20。详见表 12-4-2。

历年平均盐度均超过 27.00，最高为 30.63（2004 年），最低为 27.04（2001 年）。历年最高盐度均大于 31，最高值为 34.96（1991 年 12 月 10 日 14 时）。年最高盐度多出现在 7—9 月。历年最低盐度均小于 21.5，最低值为 8.07（1987 年 6 月 7 日 14 时）。年最低盐度多出现在 5—9 月，个别年份出现在 10 月。详见图 12-4-4。

表 12-4-2　闸坡站表层海水盐度年变化

	1 月	2 月	3 月	4 月	5 月	6 月	7 月	8 月	9 月	10 月	11 月	12 月	全年
平均盐度	30.62	30.82	30.71	29.53	27.22	26.06	26.97	27.52	26.83	28.22	29.90	30.25	28.72
最高盐度	33.99	33.04	33.61	33.928	33.2	33.9	34.6	34.9	33.523	34.3	33.3	34.96	34.96
最低盐度	20.0	23.2	21.87	17.9	13.2	8.07	8.41	8.81	11.2	10.4	25.0	21.766	8.07

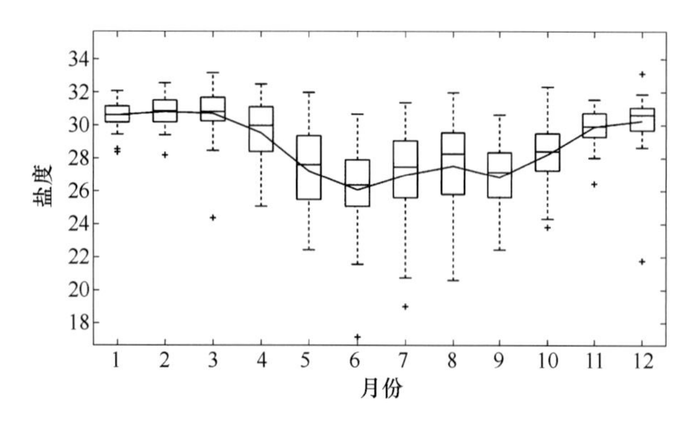

图 12-4-3　闸坡站月平均盐度

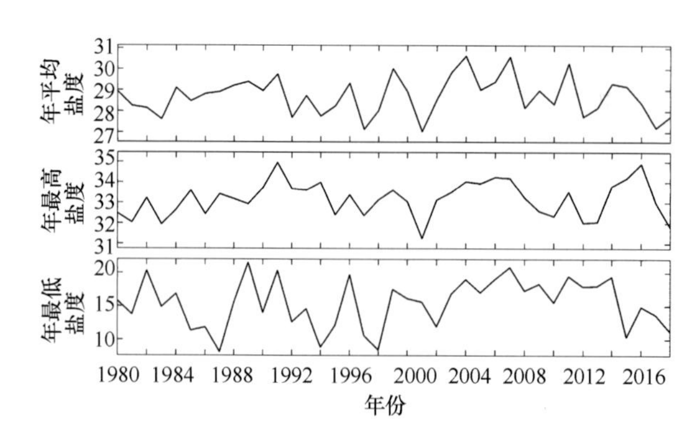

图 12-4-4　闸坡站年平均、年最高和年最低盐度

第十三章　水东站

第一节　概　况

水东海洋环境监测站（简称水东站）位于广东省茂名市电白区茂名港。茂名港位于广东省西部，南濒南海、东临阳江、西连湛江。西北面 30 km 是茂名市区，东南 20 km 是博贺港，西南 30 km 是吴川市，东北面 35 km 是海拔高度为 1 337 m 的鹅凰嶂，北西北面 4 km 是“中国第一滩”旅游区，东南面 2 km 是放鸡岛潜水旅游区，南面是南海。

水东站建成于 2002 年 4 月，是与茂名石化港口公司共建的无人值守自动站，2019 年 7 月前隶属于国家海洋局南海分局，之后隶属于自然资源部南海局，由闸坡海洋环境监测站具体管理。该站目前主要开展的观测项目有潮汐、风和气压。

水东站位于内海港湾航道，海岸为岩石性质。潮汐测点位于茂名石化港口公司码头与茂名市港务局码头靠港口公司码头一侧的空旷海域，在港口公司码头西北面，泥沙底质，无泥沙淤积现象，远离输油管道，直接受风浪影响不大，验潮井内外水流畅通，消波良好。简易气象观测场位于验潮室顶①。

水东站有关测点见图 13-1-1。

图 13-1-1　水东站潮汐观测场

第二节　潮　汐

（一）潮高基准面和潮汐类型

水东站潮位从井内水尺零点起算，井内水尺零点为本站的潮高基准面。本站全日分潮与半日分潮振幅之比 $(H_{K_1}+H_{O_1})/H_{M_2}=1.1$，属于不正规半日潮。在一个太阳日内出现两次高潮和两次低潮，但相邻的高潮或低潮潮高不等，涨潮时和落潮时也不等。

（二）潮位

水东站 2003—2018 年平均潮位为 226.5 cm。平均潮位的年变化呈单峰型，峰值在 10 月，为 248.8 cm；谷值在 7 月，为 214.8 cm。7—10 月，平均潮位逐月增长，10 月至翌年 7 月，平均潮位逐月减小（图 13-2-1）。月最高潮位 6—12 月超过 450 cm，其中 8 月最大，为 504 cm；其余月份最高潮位均不超过 445 cm，3 月最小，为 419 cm。月最低潮位在 26~63 cm 之间，6—8 月最低，均为 26 cm。详见表 13-2-1。

历年平均潮位最高值为 233.5 cm（2017 年），最低值为 220.7 cm（2005 年），多年变幅为 12.8 cm。年最高潮位多出现在 8—11 月；最高值为 504 cm，出现在 2012 年 8 月 17 日 11 时 34 分。年最低潮位多出现在 1 月、2 月和 12 月，而 2007 年和 2018 年均出现在 5 月；最低值为 26 cm，分别出现在 2004 年 7 月 4 日 19 时 15 分，2005 年 6 月 23 日 18 时 37 分、7 月 21 日 17 时 12 分、8 月 20 日 18 时 6 分和 2011 年 7 月 15 日 16 时 20 分。详见图 13-2-2。

---

① 自然资源部南海局：水东站业务工作档案，2018 年。

表 13-2-1　水东站潮位年变化　　单位：cm

	1月	2月	3月	4月	5月	6月	7月	8月	9月	10月	11月	12月	全年
平均潮位	225.7	221.7	221.4	219.0	220.2	216.3	214.8	219.5	235.6	248.8	240.7	234.0	226.5
最高潮位	444	437	419	433	443	457	454	504	496	476	461	455	504
最低潮位	27	32	36	45	28	26	26	26	59	63	49	27	26

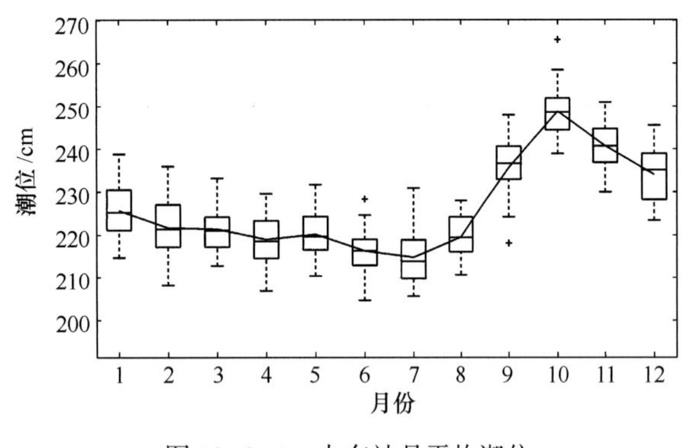

图 13-2-1　水东站月平均潮位

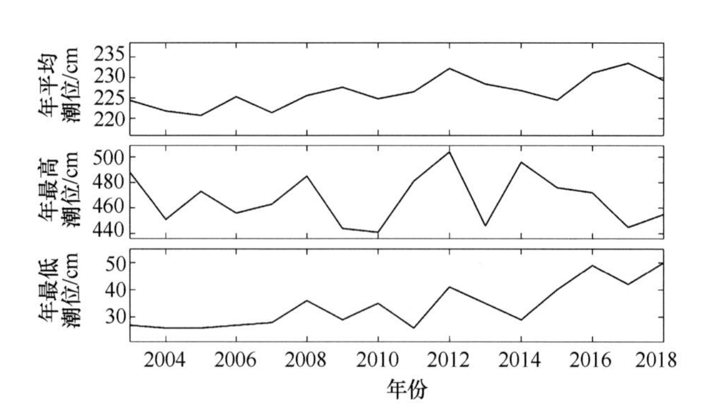

图 13-2-2　水东站年平均、年最高和年最低潮位

（三）潮差

水东站多年平均潮差为 171.4 cm。平均潮差的年变化呈双峰型，峰值出现在 3 月和 9 月，分别为 179.1 cm 和 183.4 cm；谷值出现在 6 月和 12 月，分别为 163.3 cm 和 158.6 cm（图 13-2-3）。月最大潮差出现在 12 月和 2 月，均为 401 cm；其他月份均小于 400 cm，3 月最小，为 357 cm。详见表13-2-2。

平均潮差的多年变化不规则，历年平均潮差最大为 174.4 cm（2007 年），最小为 168.8 cm（2011 年），多年变幅较小，为 5.6 cm。历年最大潮差均在 370 cm 以上，最大为 401 cm。年最大潮差多出现在 12 月至翌年 2 月，个别年份出现在 6 月和 8 月。详见图 13-2-4。

表 13-2-2　水东站潮差年变化　　单位：cm

	1月	2月	3月	4月	5月	6月	7月	8月	9月	10月	11月	12月	全年
平均潮差	164.0	172.2	179.1	177.0	168.9	163.3	164.8	178.2	183.4	177.7	167.2	158.6	171.4
最大潮差	399	401	357	358	378	394	391	387	365	367	388	401	401

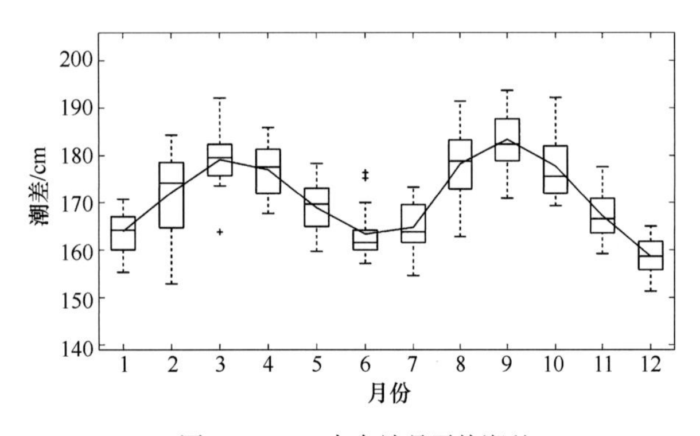

图 13-2-3　水东站月平均潮差

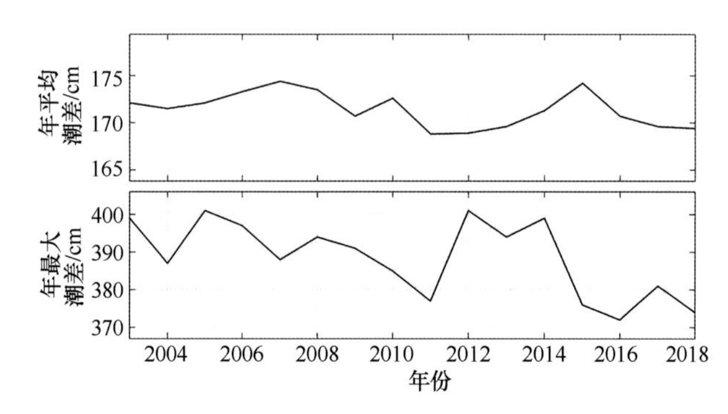

图 13-2-4　水东站年平均和年最大潮差

第十四章　硇洲站

第一节　概　况

硇洲海洋环境监测站（简称硇洲站）位于广东省湛江市硇洲镇。湛江市位于广东省西南部，东濒南海，南隔琼州海峡与海南岛相望，西临北部湾。硇洲岛位于湛江市东南 40 km 处，北傍东海岛，西临雷州湾，与雷州半岛隔海相望，东南面是南海，硇洲岛的北面与湛江港一水相连。硇洲岛四面环海，属火山岛，海岸线为弯弯曲曲的岛屿岸线，面积约 56 km^2，地形属一级阶地，各处海拔高度一般在 40 m 以下，灯塔岭海拔高度约 82 m。海岸曲折，岛屿较多，海底浅平，水深较小，20 m 等深线距岸线约 20 km。这种自然地理环境使得硇洲岛不仅具有风速较大、风向多偏东、高湿多雾等气候特征，而且具有风暴潮显著、潮差相对较大、波浪向多偏东且浪较大等海洋水文特征。硇洲岛附近的河流，西边有南渡河流入雷州湾，北有鉴江，河长 231 km，入海口在硇洲岛北方约 30 km 处，汛期对硇洲站盐度变化有影响。影响硇洲岛附近海区的水系主要是广东沿岸流和外海流，沿岸流的淡水来源主要是珠江径流，沿岸流和外海流的进退消长决定了硇洲站表层海水盐度的年变化。

硇洲站始建于 1959 年，最初隶属于湛江专员公署水文气象局，1966 年 1 月起划归国家海洋局南海分局，2019 年 7 月后隶属于自然资源部南海局。硇洲站主要观测项目有潮汐、表层海水温度、表层海水盐度、海发光、气温、气压、相对湿度、风和海面有效能见度等，并开展海水水质监测、赤潮监视监测、海水浴场监测和 GPS 观测业务。

图 14-1-1　硇洲站温盐和潮汐测点

硇洲站位于硇洲岛西面，验潮站距站部约 2 km，底质为砂泥，周围无淤积现象，附近无浅滩。温盐测点处海域开阔，海水交换顺畅，温盐代表性较好，但低潮时，如遇大雨天气，陆地径流对温盐有影响。波浪测点位于站部的东北偏东方向，距站部约 11 km，风向为西时海浪受地形影响①。

硇洲站有关测点详见图 14-1-1。

第二节　潮　汐

（一）潮高基准面和潮汐类型

硇洲站潮位从井内水尺零点起算，井内水尺零点为本站的潮高基准面。本站全日分潮与半日分潮振幅之比 $(H_{K_1}+H_{O_1})/H_{M_2}=1.1$，属于不正规半日潮。在一个太阳日内出现两次高潮和两次低潮，但相邻的高潮或低潮潮高不等，涨潮时和落潮时也不等。

（二）潮位

硇洲站多年平均潮位为 222.2 cm。平均潮位的年变化呈单峰型，峰值出现在 10 月，为 245.9 cm；谷值出现于 6 月和 7 月，为 208.8 cm（图 14-2-1）。1—8 月平均潮位低于年平均潮位，9—12 月平均潮位

① 自然资源部南海局：硇洲站业务工作档案，2018 年。

高于年平均潮位。3—5 月最高潮位不高于 450 cm，其他月份均在 460 cm 以上，9 月最高，为 749 cm。6—8 月最低潮位在 4 cm 以下，7 月最低，为 2 cm，其他月份不低于 12 cm。详见表 14-2-1。

历年平均潮位大于 216 cm，最高值为 232.6 cm（2012 年），最低值为 216.4 cm（2005 年），多年变幅为 16.2 cm。历年最高潮位均大于 430 cm，最高值为 749 cm，出现于 2014 年 9 月 16 日 10 时 43 分，受 1415 号台风“海鸥”影响。年最高潮位多出现在 8—12 月，个别年份出现在 1 月和 6 月。历年最低潮位均低于 48 cm，最低值为 2 cm（2004 年 7 月 3 日 18 时 46 分）。年最低潮位多出现于 3—7 月，个别年份出现于 12 月或 1 月。详见图 14-2-2。

表 14-2-1　硇洲站潮位年变化　　单位：cm

	1月	2月	3月	4月	5月	6月	7月	8月	9月	10月	11月	12月	全年
平均潮位	222.1	218.6	217.0	214.9	214.8	208.8	208.8	213.3	231.9	245.9	238.9	231.8	222.2
最高潮位	461	487	441	438	446	465	549	536	749	564	474	466	749
最低潮位	24	22	29	38	23	3	2	3	42	61	44	12	2

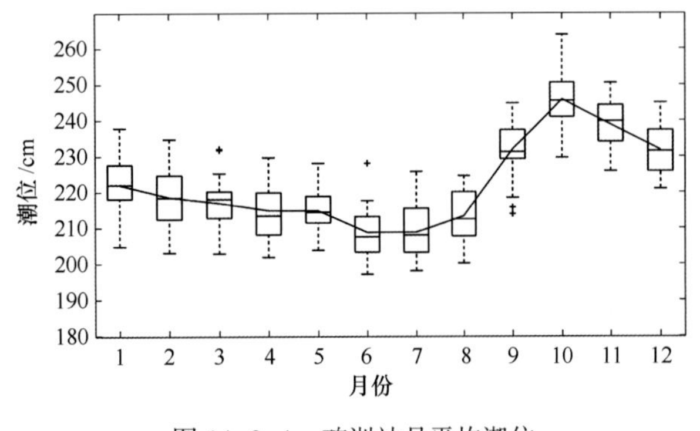

图 14-2-1　硇洲站月平均潮位

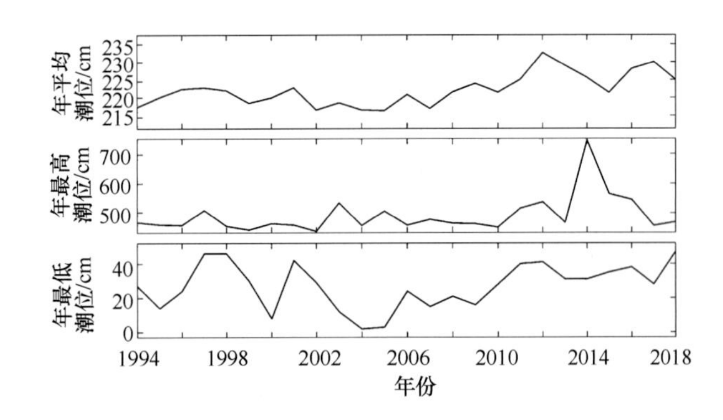

图 14-2-2　硇洲站年平均、年最高和年最低潮位

（三）潮差

硇洲岛潮差相对较大，多年平均潮差为 178.8 cm，平均潮差年较差为 19.6 cm。平均潮差的年变化基本呈双峰型，峰值出现于 9 月和 3 月，分别为 187.3 cm 和 184.4 cm；谷值出现于 12 月和 6 月，分别为 167.7 cm 和 177.0 cm（图 14-2-3）。1 月、2 月、6—8 月、11 月和 12 月的月最大潮差在 400 cm 以上，其他月份小于 385 cm。详见表 14-2-2。

表 14-2-2　硇洲站潮差年变化　　单位：cm

	1月	2月	3月	4月	5月	6月	7月	8月	9月	10月	11月	12月	全年
平均潮差	170.8	177.1	184.4	181.9	177.9	177.0	178.1	184.0	187.3	182.6	173.5	167.7	178.8
最大潮差	408	402	356	371	384	405	419	401	365	370	412	414	419

平均潮差的多年变化不规则，历年平均潮差最大为 182.0 cm（1998 年），最小为 175.5 cm（2017 年），多年变幅为 6.5 cm。历年最大潮差均在 370 cm 以上，最大值为 419 cm（2005 年 7 月）。年最大潮差多出现在 1 月、7 月和 12 月，个别年份出现在 6 月和 11 月。详见图 14-2-4。

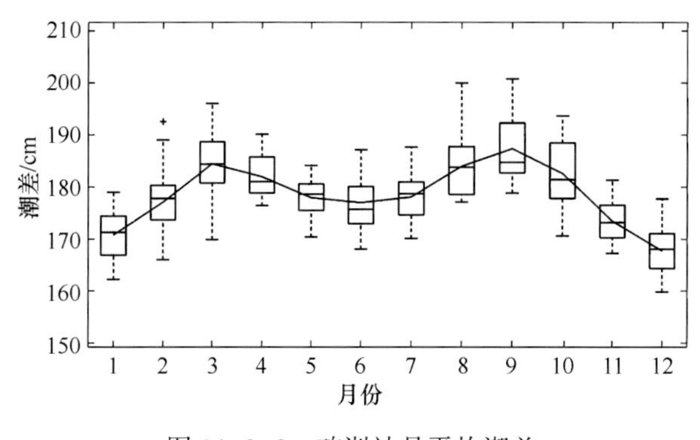

图 14-2-3 硇洲站月平均潮差

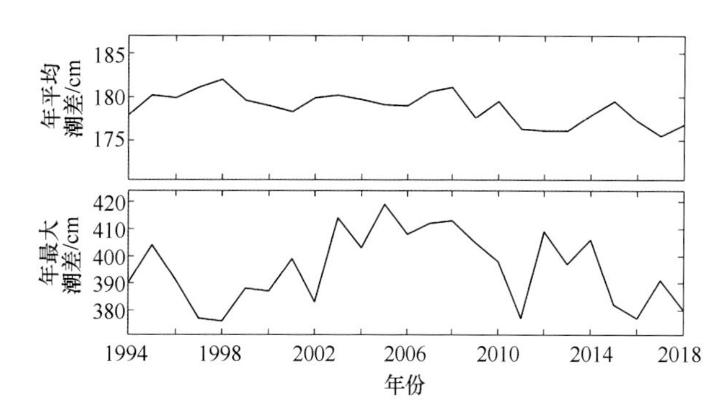

图 14-2-4 硇洲站年平均和年最大潮差

第三节 海 浪

（一）海况

硇洲站附近海区的海况，一般为 4 级以下，年频率高达 94.76%，其中，4 级海况最多，占 42.15%，其次是 3 级海况，占 28.52%，0~2 级海况占 24.09%，5 级及以上海况频率仅占 5.24%。0~2 级海况在夏季出现最多，春季次之，冬季最少。3 级海况在春季出现最多，夏季次之，秋季最少。4 级海况冬季出现最多，其次为秋季。5 级海况秋季出现最多，其次为冬季。6 级海况夏季和秋季出现较多，春季和冬季较少。7 级及以上海况仅出现在夏季和秋季。详见表 14-3-1。

最大海况 7 级在 1989 年、1991 年、1992 年、2005 年、2014 年和 2015 年均有出现，这是由于受到 8924 号台风“Brian”、9108 号强热带风暴“Breadan”、9111 号台风“Fred”、9205 号台风“Eli”、0516 号热带风暴“Vicente”、1409 号超强台风“威马逊”、1415 号台风“海鸥”和 1512 号强台风“彩虹”的影响。

表 14-3-1 硇洲站四季及全年各级海况频率

	0~2 级	3 级	4 级	5 级	6 级	≥7 级
春季	24.20%	31.42%	41.47%	2.82%	0.09%	—
夏季	35.93%	31.36%	29.45%	2.42%	0.73%	0.12%
秋季	20.85%	24.26%	45.05%	8.70%	0.96%	0.17%
冬季	15.37%	27.05%	52.63%	4.90%	0.05%	—
全年	24.09%	28.52%	42.15%	4.71%	0.46%	0.07%

“—”表示未出现。

（二）风浪

硇洲站多年平均风浪频率为 99.99%。从季节上看，秋季和冬季风浪出现频率均为 100%，春季和夏季风浪出现频率均为 99.99%。详见表 14-3-2。

全年风浪多出现在 NE—SSE 向，其中 ENE 向最多，为 27.75%，其次是 E 向（16.54%）。春季风浪多出现在 NE—SSE 向，其中 ENE 向最多，为 25.51%，其次是 E 向（21.20%）；夏季风浪多出现在 ENE—SSW 向，其中 SSE 向最多，为 19.37%，其次是 SE 向（17.98%）；秋季风浪多出现在 NNE—ESE 向，其中 ENE 向最多，为 34.17%，其次是 NE 向（19.40%）；冬季风浪多出现在 NNE—E 向，其中 ENE 向最多，为 44.94%，其次是 NE 向（25.81%）。详见图 14-3-1。

表 14-3-2 硇洲站风浪频率年变化

	1月	2月	3月	4月	5月	6月	7月	8月	9月	10月	11月	12月	春季	夏季	秋季	冬季	全年
频率/%	100	100	99.98	100	99.98	100.	99.98	100	100.	100	100	100	99.99	99.99	100	100	99.99

（三）涌浪

硇洲站多年平均涌浪频率不高，为 18.30%。冬季最大，为 20.64%，春季、夏季和秋季出现频率相当，均超过 17%。详见表 14-3-3。

全年涌浪多出现在 ESE—SSE 向，其中 SE 向最多（52.70%），其次是 ESE 向（35.28%）。春季涌浪多出现在 ESE—SSE 向，其中 SE 向最多，为 52.11%，其次是 ESE 向（37.89%）；夏季涌浪多出现在 ESE—SSE 向，其中 SE 向最多，为 56.67%，其次是 SSE 向（20.07%）；秋季涌浪多出现在 ESE—SSE 向，其中 SE 向最多，为 54.59%，其次是 ESE 向（34.24%）；冬季涌浪多出现在 ESE—SE 向，其中 ESE 向最多，为 49.07%，其次是 SE 向（47.83%）。详见图 14-3-2。

表 14-3-3　硇洲站涌浪频率年变化

	1 月	2 月	3 月	4 月	5 月	6 月	7 月	8 月	9 月	10 月	11 月	12 月	春季	夏季	秋季	冬季	全年
频率/%	20.90	21.00	19.07	17.36	15.02	13.57	15.33	23.79	21.31	17.82	14.37	20.02	17.15	17.56	17.84	20.64	18.30

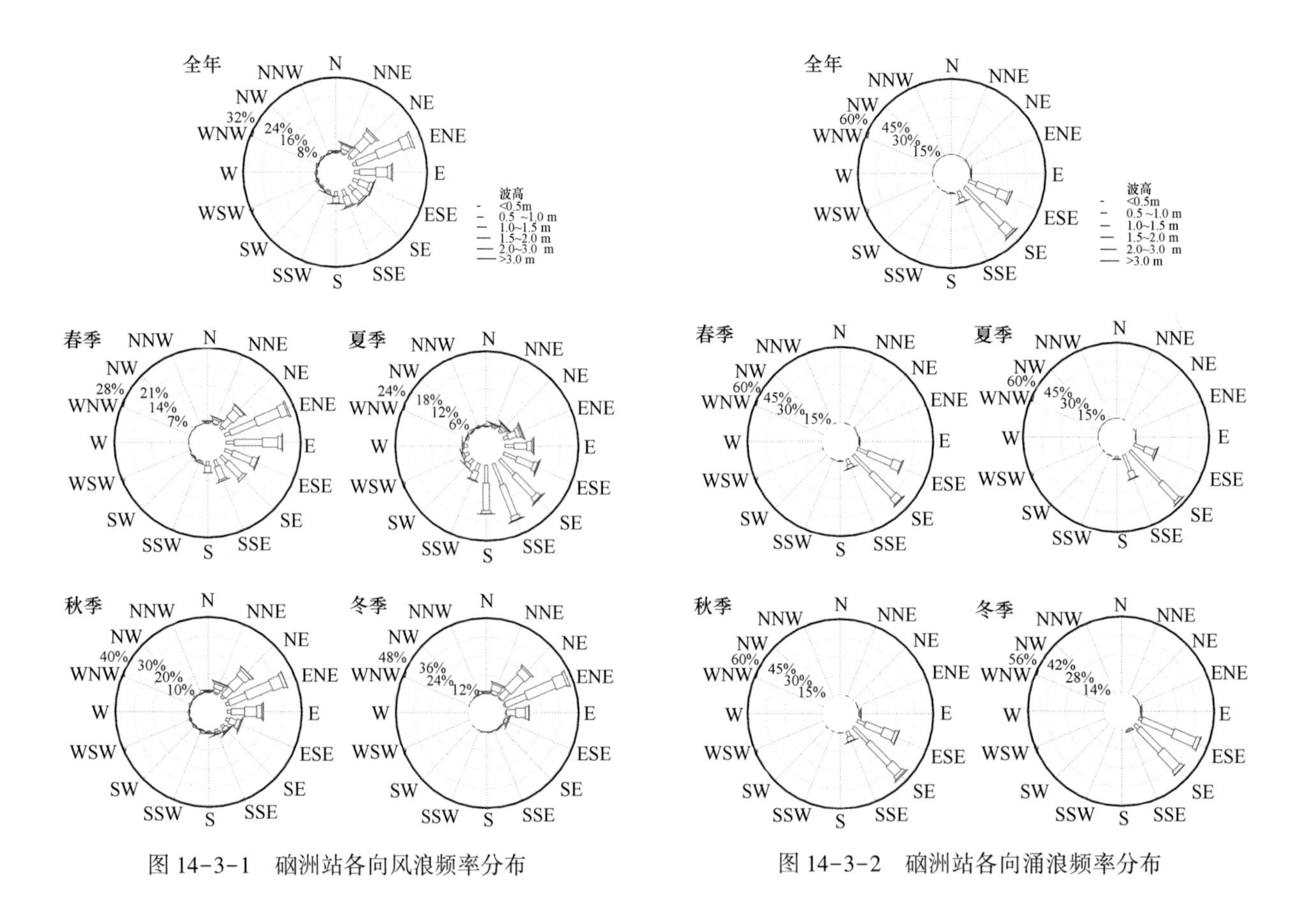

图 14-3-1　硇洲站各向风浪频率分布

图 14-3-2　硇洲站各向涌浪频率分布

（四）波高

1. 平均波高和最大波高

硇洲站多年平均波高为 0.9 m。10 月至翌年 3 月平均波高较大，均大于多年平均波高；最大值出现在 12 月，为 1.3 m（图 14-3-3）。从季节上看，冬季平均波高最大，夏季平均波高最小。7—10 月最大波高均在 7.0 m 以上，其中 7 月最大，为 8.1 m，其他月份最大波高为 4.4~6.0 m。详见表 14-3-4。

历年平均波高最大为 1.1 m，出现在 1996 年；最小为 0.7 m，出现在 2016 年，多年变幅为 0.4 m。历年最大波高差异较大，在 2.8~8.1 m 之间，多出现在 7—10 月。硇洲站近岸观测到的最大波高 8.1 m，出现在 2011 年 7 月 29 日 19 时，是受 1108 号强热带风暴“洛坦”的影响。详见图 14-3-4。

表 14-3-4　硇洲站平均波高和最大波高年变化　　单位：m

	1月	2月	3月	4月	5月	6月	7月	8月	9月	10月	11月	12月	全年
平均波高	1.1	1.1	1.0	0.9	0.8	0.7	0.7	0.6	0.8	1.2	1.2	1.3	0.9
最大波高	5.2	5.2	4.9	5.8	6.0	4.4	8.1	7.0	7.0	7.0	5.3	5.2	8.1

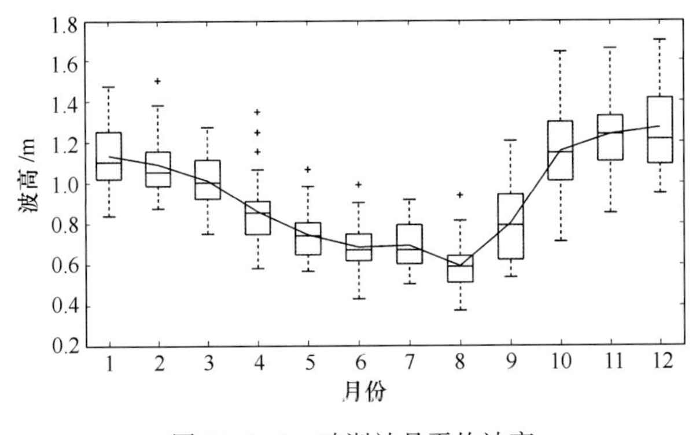

图 14-3-3　硇洲站月平均波高

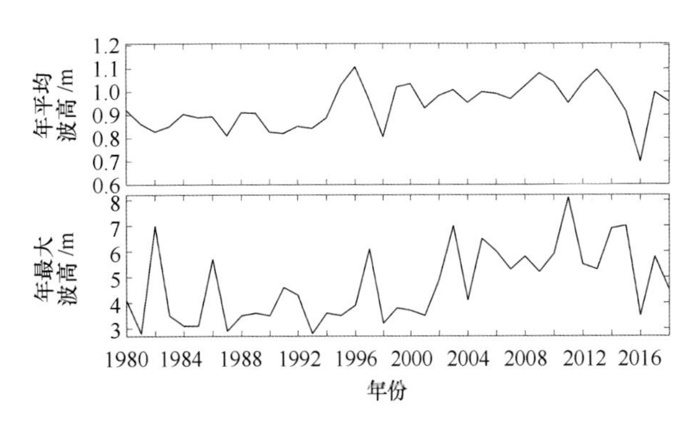

图 14-3-4　硇洲站年平均和年最大波高

2. 各向平均波高和最大波高

全年各向平均波高在0.5~1.2 m之间，其中NE向和ENE向最大，为1.2 m。春季以NE向和ENE向最大，为1.1 m；夏季以NE向和ENE向最大，为1.0 m；秋季以NE向和ENE向最大，为1.3 m；冬季NW向最大，为1.5 m。详见表14-3-5。

表 14-3-5　硇洲站全年及四季各向平均波高　　单位：m

	N	NNE	NE	ENE	E	ESE	SE	SSE	S	SSW	SW	WSW	W	WNW	NW	NNW
全年	1.0	1.1	1.2	1.2	1.0	0.9	0.7	0.7	0.7	0.6	0.6	0.5	0.5	0.5	0.6	0.8
春季	0.9	0.9	1.1	1.1	1.0	0.8	0.7	0.7	0.6	0.7	0.6	0.5	0.5	0.5	0.5	0.7
夏季	0.7	0.9	1.0	1.0	0.9	0.7	0.6	0.7	0.7	0.6	0.6	0.5	0.5	0.5	0.6	0.7
秋季	1.0	1.2	1.3	1.3	1.1	0.9	0.8	0.6	0.7	0.8	0.6	0.4	0.6	0.5	0.5	0.9
冬季	1.1	1.2	1.3	1.2	1.2	1.0	1.0	0.8	0.8	0.6	0.5	—	—	0.2	1.5	0.9

“—”表示未出现。

全年各向最大波高相差较大，在3.0~7.5 m之间，其中以ENE向最大，为7.5 m，其次为ESE向和SE向，为7.0 m。季节变化上，春季SSE向最大，为6.0 m；夏季ENE向最大，为7.5 m；秋季ENE向和ESE向最大，为7.0 m；冬季NE向最大，为4.9 m。详见表14-3-6。

表 14-3-6　硇洲站全年及四季各向最大波高　　单位：m

	N	NNE	NE	ENE	E	ESE	SE	SSE	S	SSW	SW	WSW	W	WNW	NW	NNW
全年	3.3	5.3	6.0	7.5	6.9	7.0	7.0	6.0	5.5	4.5	4.0	4.3	4.8	3.0	4.6	5.9
春季	2.1	2.8	4.1	4.0	4.2	3.3	3.8	6.0	1.7	1.9	1.7	1.2	1.0	1.3	1.0	2.0
夏季	2.6	5.3	6.0	7.5	6.0	7.0	7.0	4.1	3.6	2.3	4.0	4.3	4.8	2.2	4.6	5.9
秋季	3.3	4.7	5.7	7.0	6.9	7.0	5.0	5.0	5.5	4.5	3.7	2.4	4.1	3.0	2.8	3.3
冬季	3.3	3.6	4.9	4.2	3.8	2.9	2.7	2.0	1.9	0.9	0.7	—	—	0.4	2.2	2.1

“—”表示未出现。

第四节　表层海水温度和盐度

（一）表层海水温度

硇洲岛表层海水温度较高，变幅相对较小，多年平均海温为24.7℃，平均海温年较差11.8℃。夏季最高，其次是秋季和春季，冬季最低。年变化呈单峰型，其谷值在2月，为17.8℃；峰值在7月和8月，为29.6℃。2—6月平均海温逐月迅速上升，6—9月平均海温都在29.0℃以上，10月至翌年2月平均海温逐月迅速下降（图14-4-1）。5—10月最高海温均在30.5℃以上，8月最高，为33.1℃，其他月份在22.8~29.0℃之间。11月至翌年4月最低海温都在19℃以下，2月最低，为12.4℃；5—10月超过了22.2℃，为22.3~26.1℃。详见表14-4-1。

表14-4-1　硇洲站表层海水温度年变化　单位:℃

	1月	2月	3月	4月	5月	6月	7月	8月	9月	10月	11月	12月	全年
平均温度	18.0	17.8	19.9	23.6	27.7	29.4	29.6	29.6	29.2	27.2	23.9	20.1	24.7
最高温度	22.8	23.8	24.9	29.0	31.2	31.7	32.5	33.1	32.0	30.8	27.9	25.1	33.1
最低温度	13.8	12.4	14.2	17.2	22.3	26.1	24.8	25.3	24.7	22.4	18.8	15.1	12.4

历年平均海温最高为25.5℃（2015年），最低为23.6℃（1984年和1985年）。历年最高海温均大于30℃，多出现在6—9月；最高值为33.1℃，出现在1983年8月17日14时。历年最低海温均小于18℃，多出现1—3月和12月；最低值为12.4℃，出现在2008年2月15日8时。详见图14-4-2。

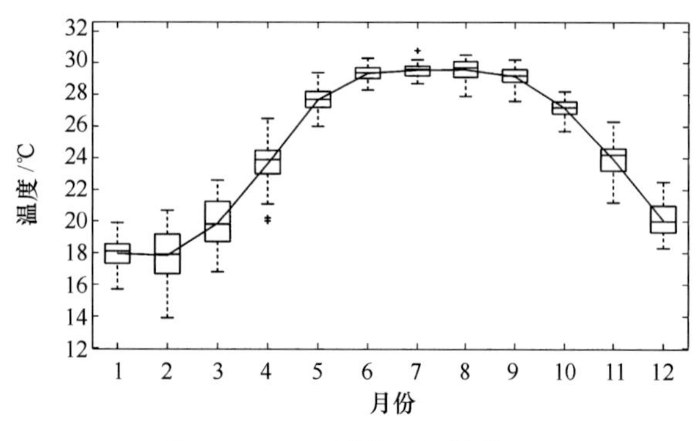

图14-4-1　硇洲站月平均海温

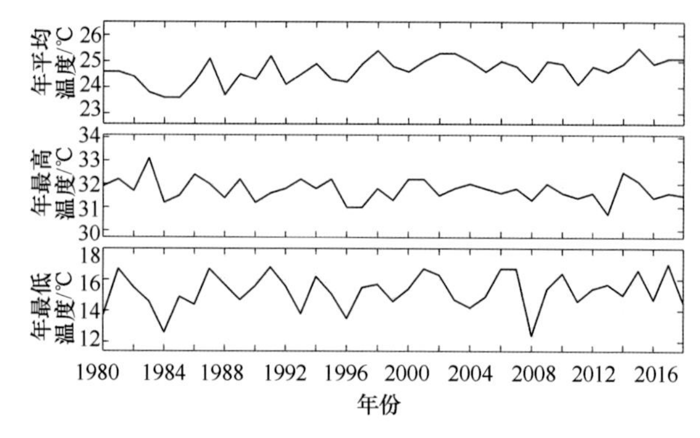

图14-4-2　硇洲站年平均、年最高和年最低海温

（二）表层海水盐度

硇洲站多年平均表层海水盐度为29.54。平均盐度的年变化受沿岸流和外海流的制约呈双峰型（图14-4-3）。12月至翌年4月平均盐度较高，各月平均盐度都在29以上，最大值出现在2月，月平均盐度为30.41；5—6月盐度较低，第一谷值出现于5月，月平均盐度为28.98；7—8月盛行夏季风，外海水入侵使盐度回升，成为相对峰值期；第二谷值出现于10月，月平均盐度为27.55。各月最高盐度，除去10—11月不高于31.80外，其余月份均在32.25以上，3月和6—9月在33.35以上。各月最低盐度，3月和6—10月在19.46以下，其余月份不低于19.8。详见表14-4-2。

历年平均盐度均超过27.00，最高为30.93（2007年），最低为27.04（2013年）。历年最高盐度均大于31，最高值为34.9（2002年7月23日1时）。年最高盐度多出现在6—9月，个别年份出现于1月、5月和12月。历年最低盐度均小于25.5，最低值为14.18（2002年6月21日14时）。年最低盐度多出现在6月和8—10月，个别年份出现在2—5月和7月。详见图14-4-4。

表 14-4-2　硇洲站表层海水盐度年变化

	1月	2月	3月	4月	5月	6月	7月	8月	9月	10月	11月	12月	全年
平均盐度	30.38	30.41	30.25	29.95	28.98	29.25	30.39	29.82	28.67	27.55	28.84	29.93	29.54
最高盐度	32.47	32.91	34.05	32.8	32.81	33.35	34.9	34.8	33.62	31.12	31.722	32.29	34.9
最低盐度	19.9	21.0	19.17	20.98	22.2	14.18	17.3	19.44	19.46	16.8	21.0	24.4	14.18

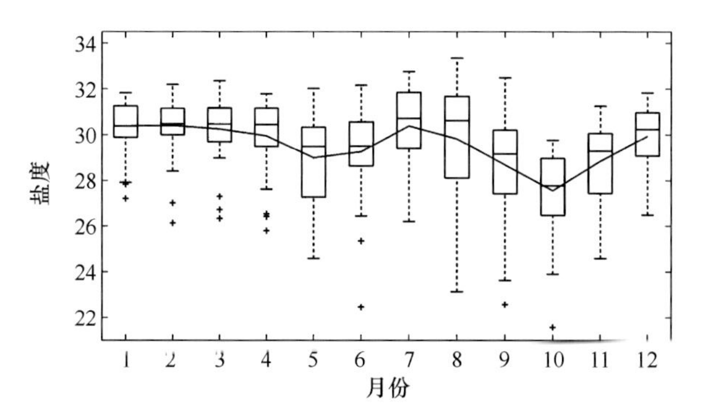

图 14-4-3　硇洲站月平均盐度

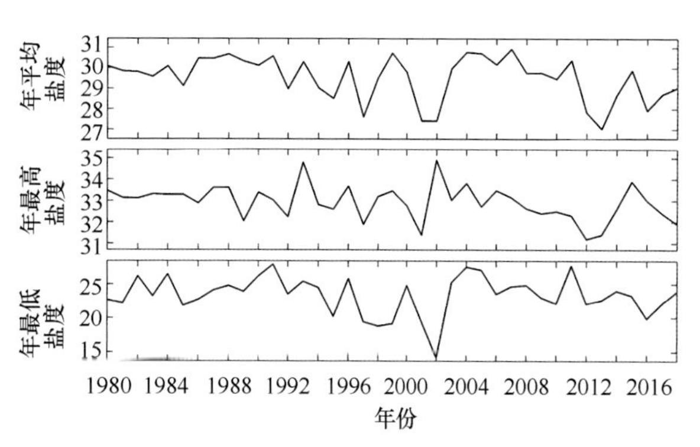

图 14-4-4　硇洲站年平均、年最高和年最低盐度

第十五章　湛江站

第一节　概　况

湛江海洋环境监测站（简称湛江站）位于广东省湛江市海滨二路。湛江市位于广东省西南部，东濒南海，南隔琼州海峡与海南岛相望，西临北部湾。

湛江站原称国家海洋局南海分局湛江海洋管理办事处，2002 年 7 月正式挂牌成立湛江站，2019 年 7 月后隶属于自然资源部南海局。2008 年 10 月安装了海洋水文气象自动观测系统仪器，2009 年 3 月起正式运行，观测项目主要有潮汐、表层海水温度、表层海水盐度、风、气温、相对湿度、气压和降水量等。

湛江站验潮井位于湛江港集团有限公司一区散货码头 403 泊位，水流平稳，开阔，与南三岛、特呈岛隔海相望，湛江港每日来往船只频繁，海流受进港船舶扰动影响较大。验潮井水深约为 10 m，沙砾质底质，海底平缓，无浅滩，周围环境无变迁。温盐井靠近验潮井，水流交换畅通，周边无污水管道、小溪和盐码头，所测温盐资料具有代表性。气象观测场四周开阔，不受障碍物影响，但港口船舶对其有一定影响。2011 年 9 月 30 日，受 1117 号强台风“纳沙”影响，湛江站水文气象观测点被蒙古国“红顺”号外轮撞塌。为尽快恢复湛江站水文气象观测，2011 年 10 月 12 日在原观测点旁搭建临时观测点并正式运行。目前，湛江站水文气象观测点仍在使用临时观测设施①。

湛江站有关测点见图 15-1-1。

图 15-1-1　湛江站潮汐和温盐观测场

左图为被破坏前的旧水文气象观测点，右图为湛江站水文气象临时观测点

第二节　潮　汐

（一）潮高基准面和潮汐类型

湛江站潮位从井内水尺零点起算，井内水尺零点为本站的潮高基准面。本站全日分潮与半日分潮振幅之比 $(H_{K_1}+H_{O_1})/H_{M_2}=0.9$，属于不正规半日潮。在一个太阳日内出现两次高潮和两次低潮，但相邻的高潮或低潮潮高不等，涨潮时和落潮时也不等。

（二）潮位

湛江站多年平均潮位为 322.9 cm。平均潮位的年变化呈单峰型，峰值出现在 10 月，为 346.0 cm；谷

① 自然资源部南海局：湛江站业务工作档案，2018 年。

值出现在6月，为308.1 cm（图15-2-1）。2月、6月、9月和11月最高潮位均高于600 cm，9月最大，为730 cm；其他月份最高潮位均低于600 cm，4月最小，为562 cm。9—11月最低潮位均大于100 cm；其他月份均小于100 cm，12月最低，为46 cm。详见表15-2-1。

历年平均潮位大于315 cm，最高值为334.1 cm（2016年），最低值为315.8 cm（2011年），多年变幅为18.3 cm。历年最高潮位均大于560 cm，最高值为730 cm（2014年9月16日12时30分），是受1415号台风"海鸥"的影响。年最高潮位多出现在1月、9月和11—12月，个别年份出现在3月。历年最低潮位均低于110 cm，最低值为46 cm（2011年12月26日6时44分）。年最低潮位多出现在5月、6月和12月，其次出现在1—3月和7月。详见图15-2-2。

表15-2-1 湛江站潮位年变化 单位：cm

	1月	2月	3月	4月	5月	6月	7月	8月	9月	10月	11月	12月	全年
平均潮位	328.4	323.9	322.3	314.0	311.8	308.1	311.8	311.4	330.1	346.0	339.4	328.7	322.9
最高潮位	588	603	592	562	568	640	588	566	730	587	679	588	730
最低潮位	92	87	61	90	92	80	88	98	109	135	118	46	46

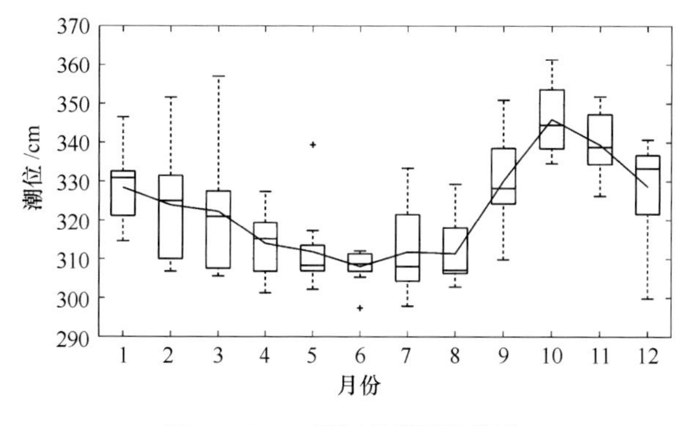

图15-2-1 湛江站月平均潮位

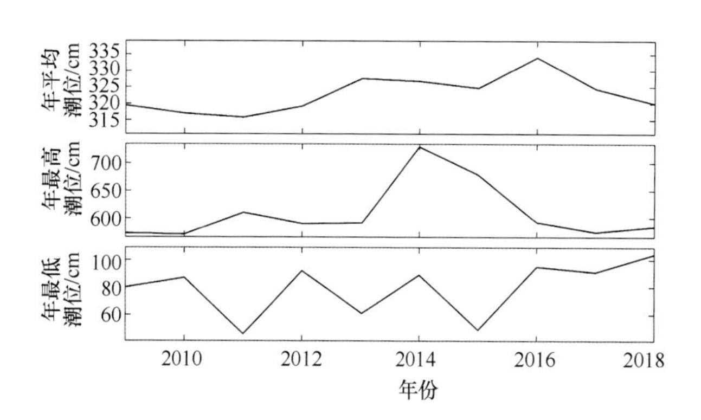

图15-2-2 湛江站年平均、年最高和年最低潮位

（三）潮差

湛江站多年平均潮差为212.1 cm。平均潮差的年变化呈双峰型，峰值出现在4月和9月，分别为217.1 cm和216.3 cm；谷值出现在6月和12月，分别为213.2 cm和202.7 cm（图15-2-3）。12月至翌年2月和6—8月的最大潮差均在440 m以上，12月最大，为467 cm；其他月份小于440 cm，3月最小，为408 cm。详见表15-2-2。

表15-2-2 湛江站潮差年变化 单位：cm

	1月	2月	3月	4月	5月	6月	7月	8月	9月	10月	11月	12月	全年
平均潮差	206.3	206.8	214.6	217.1	215.5	213.2	215.4	216.1	216.3	212.4	205.2	202.7	212.1
最大潮差	466	445	408	427	435	461	460	446	414	418	436	467	467

历年平均潮差最大为217.5 cm（2015年），最小为207.9 cm（2012年），多年变幅为9.6 cm。年平均潮差2009—2010年增大，2010—2012年逐年减小，2012—2015年逐年增大，2015—2018年逐年减小。历年最大潮差在420 cm以上，最大为467 cm（2015年12月）。年最大潮差多出现在5—8月，其次出现在12月和1月。详见图15-2-4。

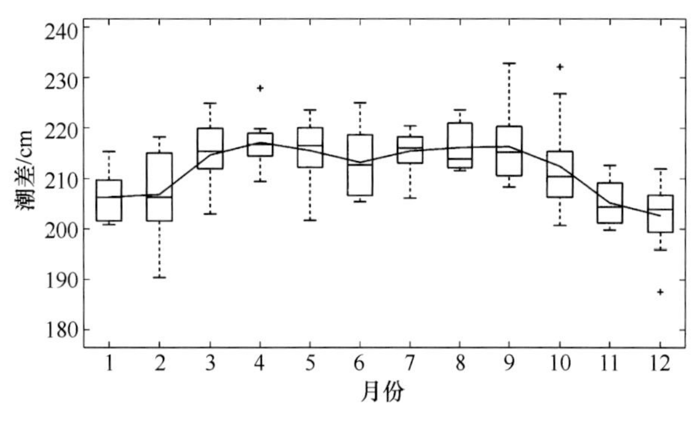

图 15-2-3　湛江站月平均潮差

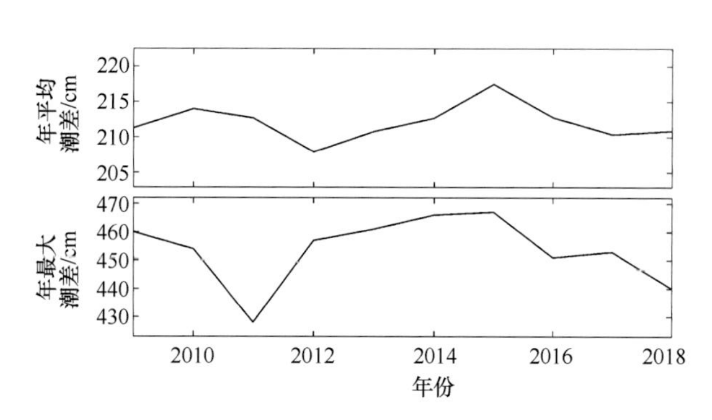

图 15-2-4　湛江站年平均和年最大潮差

第三节　表层海水温度和盐度

（一）表层海水温度

湛江站多年平均表层海水温度为 25.5℃，夏季最高，其次是秋季和春季，冬季最低。2—6 月平均海温逐月迅速上升，6—9 月平均海温都在 30℃以上，7 月达到最高，为 30.8℃，10 月至翌年 1 月逐月迅速下降，1 月降到最低，为 18.0℃（图 15-3-1）。4—10 月最高海温均在 30℃以上，7 月最高，为 34.0℃，其他月份在 21.9~28.8℃之间。11 月至翌年 4 月最低海温都在 20℃以下，1 月和 2 月最低，为 14.5℃；5—10 月超过了 20℃，为 20.6~27.5℃。详见表 15-3-1。

历年平均海温最高为 26.1℃（2015 年），最低为 24.9℃（2011 年）。历年最高海温均大于 31℃，最高值为 34.0℃（2011 年 7 月 25 日 17 时）。年最高海温出现在 6—8 月。历年最低海温均小于 18℃，最低值为 14.5℃（2011 年 1 月 31 日 9 时和 2011 年 2 月 2 日 9 时）。年最低海温出现在 1—2 月和 12 月。详见图 15-3-2。

表 15-3-1　湛江站表层海水温度年变化　　单位：℃

	1 月	2 月	3 月	4 月	5 月	6 月	7 月	8 月	9 月	10 月	11 月	12 月	全年
平均温度	18.0	18.3	20.8	24.4	28.7	30.6	30.8	30.6	30.3	28.0	24.9	20.7	25.5
最高温度	21.9	23.7	24.7	30.0	33.1	32.4	34.0	33.8	33.6	31.2	28.8	25.1	34.0
最低温度	14.5	14.5	17.0	18.2	23.3	25.9	26.5	27.5	25.3	20.6	19.2	16.5	14.5

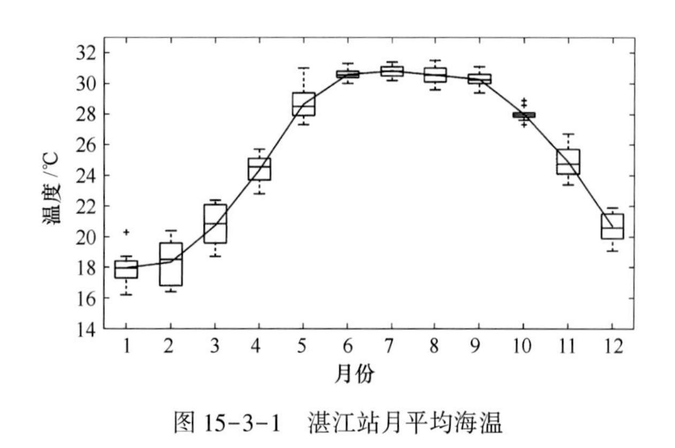

图 15-3-1　湛江站月平均海温

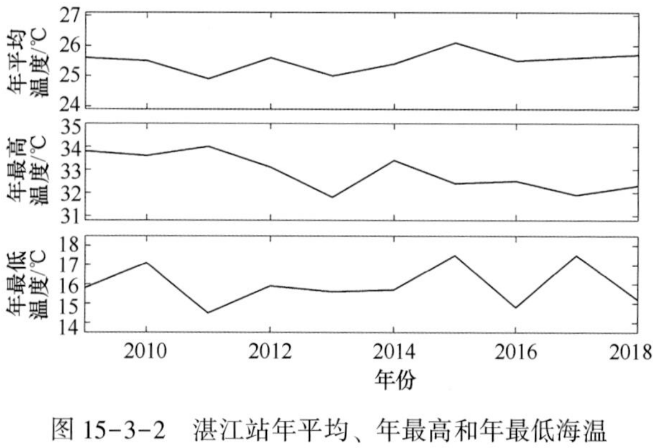

图 15-3-2　湛江站年平均、年最高和年最低海温

（二）表层海水盐度

湛江站多年平均表层海水盐度为 25.16。月平均盐度最低值出现在 10 月，10 月至翌年 3 月逐月增大，

3—6月逐月减小（图15-3-3）。1月、7月和9月最高值均高于34，1月和9月最高，为34.9，其他月份为27.3~31.5。月最低盐度7月和8月均小于1，7月最低，为0.5，其他月份为12.4~22.3。详见表15-3-2。

历年平均盐度均超过23.94，最高为26.84（2015年），最低为23.95（2010年）。历年最高盐度均大于28，最高值为34.9（2009年9月26日3时、2011年1月17日4时）。年最高盐度多出现在4月和7—9月，个别年份出现在1月和11月。历年最低盐度均小于21，最低值为0.5（2010年7月24日14时）。年最低盐度多出现在7—10月，个别年份出现在1月。详见图15-3-4。

表15-3-2　湛江站表层海水盐度年变化

	1月	2月	3月	4月	5月	6月	7月	8月	9月	10月	11月	12月	全年
平均盐度	26.44	26.78	27.05	26.85	24.94	24.12	24.25	24.14	24.93	22.87	23.95	25.65	25.16
最高盐度	34.9	28.6	29.2	29.2	29.0	29.6	34.1	31.5	34.9	27.3	31.1	28.5	34.9
最低盐度	15.2	16.7	22.3	21.0	15.6	11.9	0.5	0.7	15.5	12.4	16.8	15.4	0.5

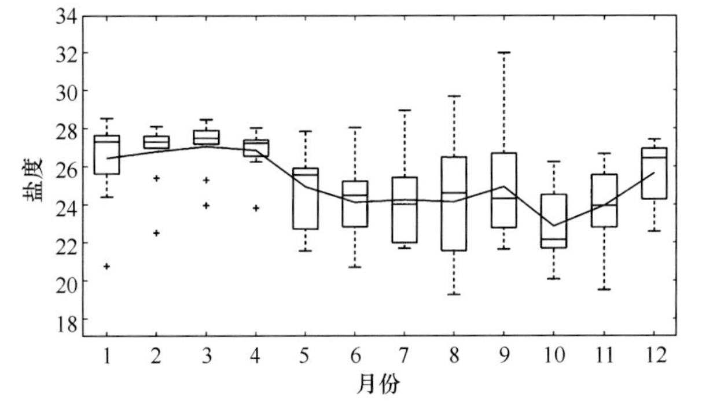

图15-3-3　湛江站月平均盐度

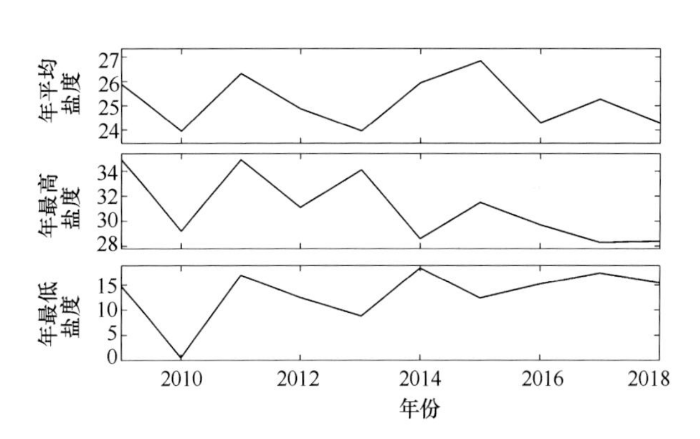

图15-3-4　湛江站年平均、年最高和年最低盐度

第十六章　海安站

第一节　概　况

海安海洋环境监测站（简称海安站）位于广东省湛江市徐闻县南山镇四塘村的粤海铁路北港码头内。南山镇位于湛江市徐闻县西南部，地形属低丘台地，北高南低，北部地势平坦，南部溪涧较多，南濒大海。海安站南临琼州海峡，与海南岛隔海相望，北临徐闻县城，东临海安港，西靠北部湾。

海安站建成于2006年，由国家海洋局南海分局（2019年7月后隶属于自然资源部南海局）与粤海铁路有限责任公司共建，属于无人值守的自动观测站。2006年安装自动监测仪器和通信系统，目前观测项目有潮汐、风、气压等。

验潮井与气象测点在一处，位于粤海铁路北港码头内。海安站的验潮井为岛式验潮井，混凝土结构，所处海域底质为泥沙，水深能满足潮汐观测要求。但由于粤海铁路的火车渡轮较大，进出港时对港池扰动较大，验潮井易产生淤积。而且由于粤海铁路海安港码头呈封闭状态，港内海水与外界交换不及时，故港内的潮汐具有明显的滞后性①。

图 16-1-1　海安站潮汐观测场

海安站有关测点见图 16-1-1。

第二节　潮　汐

（一）潮高基准面和潮汐类型

海安站潮位从井内水尺零点起算，井内水尺零点为本站的潮高基准面。本站全日分潮与半日分潮振幅之比 $(H_{K_1}+H_{O_1})/H_{M_2}=5.6$，属于正规全日潮。在一个太阳日内出现一次高潮和一次低潮。

（二）潮位

海安站多年平均潮位为216.6 cm。平均潮位的年变化呈单峰型，峰值出现在10月，为233.8 cm；谷值出现在2月，为209.5 cm（图 16-2-1）。9月最高潮位最大，为483 cm，明显大于其余月份（320~385 cm）；3月最高潮位最小，为320 cm。9月最低潮位最高，为87 cm，其余月份为51~83 cm，6月最低，为51 cm。详见表 16-2-1。

表 16-2-1　海安站潮位年变化　　单位：cm

	1月	2月	3月	4月	5月	6月	7月	8月	9月	10月	11月	12月	全年
平均潮位	213.9	209.5	210.9	211.3	212.5	210.9	209.9	213.2	222.3	233.8	229.1	221.2	216.6
最高潮位	331	326	320	335	334	343	349	330	483	385	357	343	483
最低潮位	67	63	62	74	56	51	55	67	87	83	64	61	51

历年平均潮位大于208 cm，最高值为222.8 cm（2017年），最低值为208.4 cm（2007年），多年变幅为14.4 cm。历年最高潮位均大于330 cm，最高值为483 cm（2014年9月16日11时10分），主要受

① 自然资源部南海局：海安站业务工作档案，2018年。

1415 号台风“海鸥”的影响。年最高潮位多出现在 9—11 月。历年最低潮位均低于 87 cm，最低值为 51 cm（2013 年 6 月 23 日 3 时 58 分）。年最低潮位多出现在 1—3 月、5—7 月和 12 月。详见图 16-2-2。

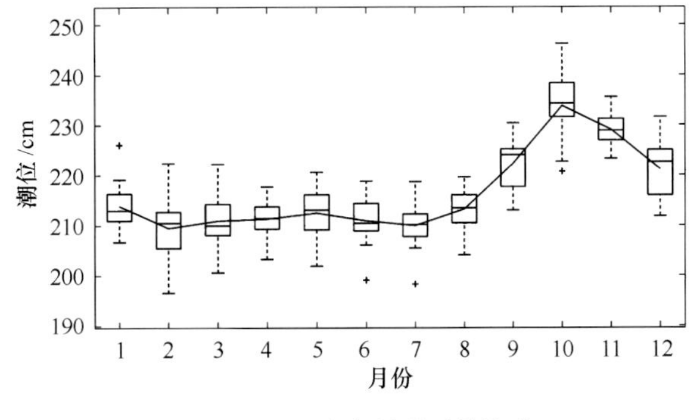

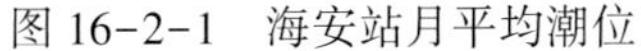
图 16-2-1 海安站月平均潮位

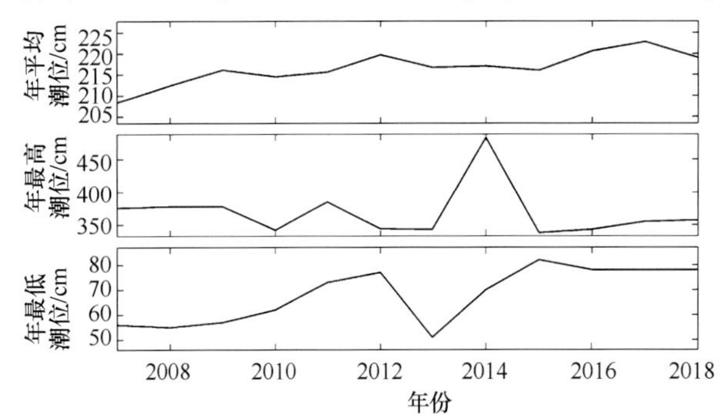

图 16-2-2 海安站年平均、年最高和年最低潮位

（三）潮差

海安站多年平均潮差为 109.7 cm。月平均潮差峰值出现在 6 月和 12 月，分别为 124.2 cm 和125.5 cm；谷值出现在 3 月和 9 月，分别为 97.0 cm 和 107.2 cm（图 16-2-3）。1 月、5—7 月和 9—12 月最大潮差在 249 cm 以上，6 月最大，为 266 cm；其他月份小于 240 cm，3 月最小，为 229 cm。详见表 16-2-2。

历年平均潮差最大为 118.7 cm（2008 年），最小为 102.9 cm（2015 年），多年变幅为 15.8 cm。年平均潮差 2008—2015 年逐年减小，2015—2018 年逐年增大。历年最大潮差在 210 cm 以上，最大为 266 cm（2007 年 10 月）。年最大潮差多出现在 1 月、6—7 月和 10—12 月。详见图 16-2-4。

表 16-2-2 海安站潮差年变化 单位：cm

	1 月	2 月	3 月	4 月	5 月	6 月	7 月	8 月	9 月	10 月	11 月	12 月	全年
平均潮差	116.0	100.6	97.0	97.7	106.3	124.2	117.4	107.8	107.2	108.9	114.1	125.5	109.7
最大潮差	254	231	229	234	250	266	264	232	255	266	259	255	266

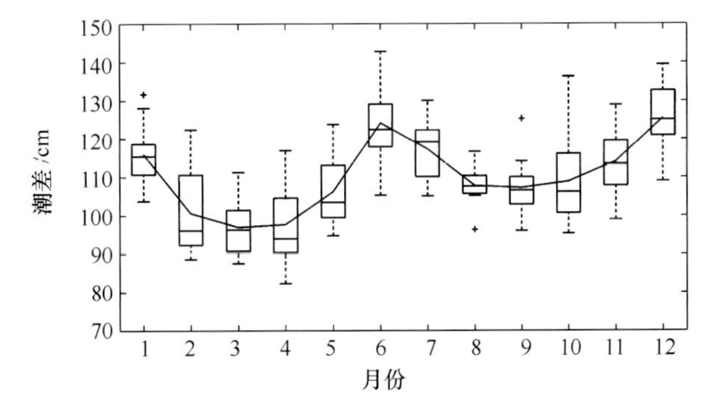

图 16-2-3 海安站月平均潮差

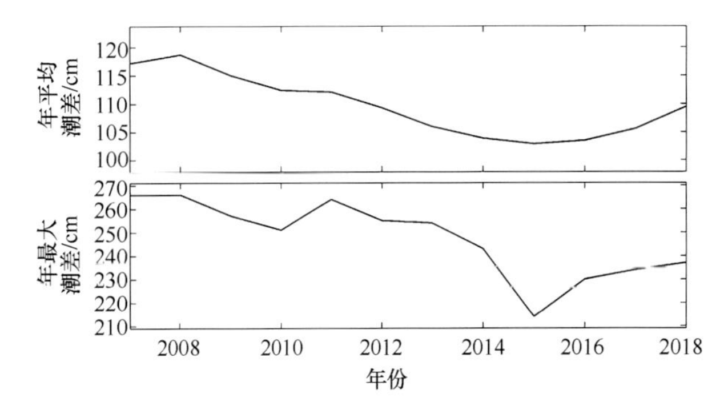

图 16-2-4 海安站年平均和年最大潮差

广西海区

广西海区海洋站分布东起北海市合浦，西至防城港市白龙尾，现有 8 个站（点），本书涉及其中的 4 个站（点），详见广西海区主要海洋站分布示意图。除涠洲海洋站外，其余站均设在沿岸。

海洋站观测资料表明：本区沿岸潮汐，除雷州半岛至铁山港海域为不正规全日潮外，其余均为正规全日潮。平均潮位存在显著的季节变化。9—11 月各站处于高水位，月平均潮位最高值出现在 10 月；1—3 月各站处于低水位，最低值出现在 2 月。最高潮位多出现在 6—7 月和 11—12 月，最低潮位多出现在 1 月和 12 月。广西海区各站潮差的年变化均呈双峰型。

北部湾沿岸各站波高相对较小，为 0.3~0.6 m。风浪频率都在 99%以上；风浪向冬季盛行 NNE 向，夏季盛行 SSW—SW 向。涌浪出现不多，频率都在 12%以下，涌浪向冬季盛行 SE—SW 向，夏季盛行 SSW—SW 向。各站最大波高和海况多出现在 6—10 月，这是由台风引起的。

广西沿岸属亚热带季风气候区，气候温暖、雨水充沛、光照充足。夏季日照时间长，气温高、降水多，冬季日照时间短、天气干暖。多年平均表层海温为 23.7~24.9℃。月平均海温、最高海温和最低海温存在明显的季节变化。月平均海温最高值为 30.1~30.5℃，出现在 7—8 月；月平均海温最低值为 14.6~17.9℃，出现在 1—2 月。最高海温为 33.3~35.0℃，出现在 6 月、7 月和 9 月；最低海温为 7.3~12.5℃，出现在 1—2 月。涠洲站受江河径流影响较小，盐度相对较高，其余各站平均盐度较低。各站最低盐度多出现在 8 月，这主要是受雨季和台风影响。

广西海区主要海洋站分布示意图

第十七章　涠洲站

第一节　概　况

涠洲海洋环境监测站（简称涠洲站）位于广西壮族自治区北海市涠洲岛。涠洲岛位于北部湾东北部海域，北临北海市，东望雷州半岛，东南与斜阳岛毗邻，南与海南岛隔海相望，西面面向越南。涠洲岛呈缺口椭圆形，南面缺口处为天然良港——南湾港，港口呈圆椅状，东、北、西三面环山，东拱手与西拱手环抱成半月形。涠洲岛面积约 25 km^2，地势自西南向东北倾斜，南湾港沿岸崖壁陡立，地势高耸，港北面的“湾背”海拔 51.8 m，灯楼顶海拔 79.6 m，是涠洲岛最高点。这里陡壁峭崖，下临南湾；除此之外，全岛地形平坦开阔。涠洲岛属珊瑚海岸，海岸线长 26 km，附近海区等深线与环岛岸线大体平行，北、东两面稍浅，南、西两侧较深，10 m 等深线离涠洲岛岸线 0.4~2.0 km，20 m 等深线离岛岸线 1~3 km。海底表层沉积物主要为粉砂质黏土。

北部湾是个近似长方形的半封闭海湾，平均水深 42 m，最大水深达 100 m 余。涠洲岛所处的自然地理环境，使得它不仅具有平均气温较高、夏无酷暑、冬无严寒、季风明显且风速较大的气候特征，而且具有海水温度和盐度较高、波浪相对较大、典型的全日潮性质和潮差较大的海洋水文特征。影响涠洲岛的主要水系为北部湾沿岸水和混合水，沿岸水的主要淡水来源为北部湾西岸的红河等河流，这些水系的进退消长决定了涠洲站表层海水盐度的年变化。此外，琼州海峡是北部湾与南海北部直接进行水交换的通道，粤西沿岸水由此进入北部湾，是涠洲站秋季盐度较低的主要影响因素。

涠洲站始建于 1959 年，最初隶属于广东省气象局，1965 年 12 月起隶属于国家海洋局南海分局，2019 年 7 月后隶属于自然资源部南海局，设有验潮站、波浪站和气象观测场，观测项目主要有潮汐、表层海水温度、表层海水盐度、波浪、海发光、风、气温、气压、降水量和海面有效能见度等。涠洲站的验潮站和温盐测点位于涠洲岛南部，距站部 500 m，与外海畅通，周围无排水或排污管道、小溪和码头，附近偶尔有船舶停靠，对温度、盐度数据无影响，验潮井周围水深在最低潮时大于 1 m。波浪测点在站部东南向南湾港东拱手处，距测站约 1.2 km，附近无岛屿、暗礁和沙滩的影响，受地形影响，北风、偏北风时海浪偏小①。

图 17-1-1　涠洲站潮汐观测场

涠洲站有关测点见图 17-1-1。

第二节　潮　汐

（一）潮高基准面和潮汐类型

涠洲站潮位从井内水尺零点起算，井内水尺零点为本站的潮高基准面。涠洲站全日分潮与半日分潮振幅之比 $(H_{K_1}+H_{O_1})/H_{M_2}=4.6$，属于正规全日潮。在一个太阳日内出现一次高潮和一次低潮。

---

① 自然资源部南海局：涠洲站业务工作档案，2018 年。

（二）潮位

涠洲站多年平均潮位为 215.5 cm。平均潮位的年变化呈单峰型，峰值出现在 10 月，为 229.7 cm；谷值出现在 2 月，为 206.7 cm，年变幅为 23 cm（图 17-2-1）。1—7 月平均潮位低于年平均潮位，8—12 月平均潮位高于年平均潮位。各月最高潮位 6—8 月和 10 月至翌年 1 月均在 491 cm 以上，其余月份不高于 487 cm。各月最低潮位除 4 月和 10 月不低于-13 cm 外，其余月份为-63～-18 cm。10 月最低潮位为 4 cm，明显大于其余月份；9 月最低，为-63 cm。详见表 17-2-1。

表 17-2-1　涠洲站潮位年变化　　单位：cm

	1 月	2 月	3 月	4 月	5 月	6 月	7 月	8 月	9 月	10 月	11 月	12 月	全年
平均潮位	209.6	206.7	207.9	210.2	212.4	214.6	215.3	215.9	220.6	229.7	225.5	216.9	215.5
最高潮位	492	462	436	468	487	494	512	495	484	499	503	499	512
最低潮位	-21	-18	-22	-13	-21	-25	-20	-19	-63	4	-19	-32	-63

历年平均潮位大于 209 cm，最高值为 222.9 cm（2017 年），最低值为 209.3 cm（1983 年），多年变幅为 13.6 cm。历年最高潮位均大于 450 cm，最高值为 512 cm（1986 年 7 月 21 日 16 时 57 分）。年最高潮位多出现在 1 月、7 月和 11—12 月，个别年份出现在 5—6 月和 10 月。历年最低潮位均低于 25 cm，最低值为-63 cm（2005 年 9 月 26 日 23 时 5 分）。年最低潮位各月均有出现，以 1 月、6 月和 12 月居多。详见图 17-2-2。

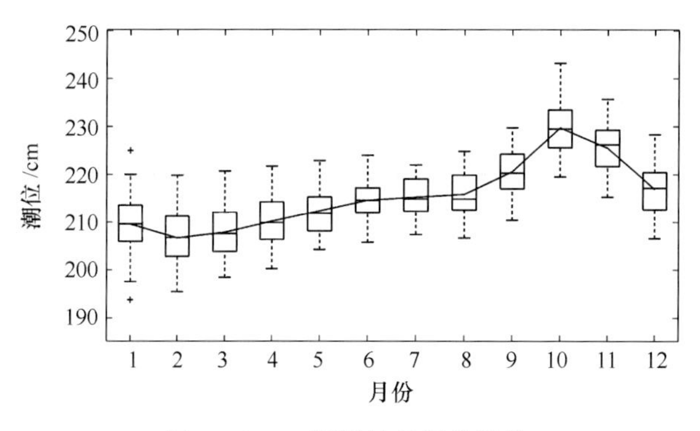

图 17-2-1　涠洲站月平均潮位

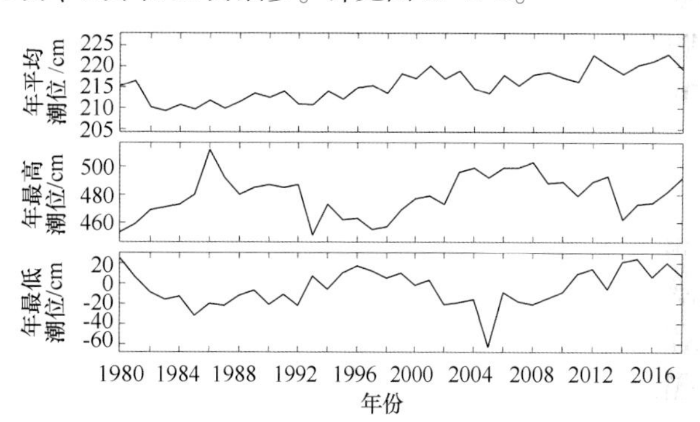

图 17-2-2　涠洲站年平均、年最高和年最低潮位

（三）潮差

涠洲站多年平均潮差为 227.2 cm。平均潮差的年变化基本呈双峰型，平均潮差年较差为 54.8 cm。峰值出现于 12 月和 6 月，分别为 252.3 cm 和 249.0 cm；谷值出现于 3 月和 9 月，分别为 197.5 cm 和 209.9 cm（图 17-2-3）。1 月、6 月和 12 月的最大潮差在 500 cm 以上，其他月份小于 500 cm。详见表 17-2-2。

表 17-2-2　涠洲站潮差年变化　　单位：cm

	1 月	2 月	3 月	4 月	5 月	6 月	7 月	8 月	9 月	10 月	11 月	12 月	全年
平均潮差	244.5	207.8	197.5	214.1	237.8	249.0	240.9	216.5	209.9	223.3	239.2	252.3	227.2
最大潮差	510	462	419	444	489	506	497	479	440	465	484	507	510

年平均潮差具有变化规则、周期明显、多年变幅大的特点。根据 1980—2018 年资料，涠洲站平均潮差的年际变化具有 18～19 年的变化周期，历年平均潮差最大为 252.4 cm（2007 年），最小为 202 cm（2015 年），多年变幅为 50.4 cm。1980—1982 年、1993—2000 年和 2012—2018 年潮差相对较小，1983—1992 年和 2001—2011 年潮差相对较大。历年最大潮差均在 400 cm 以上，最大值为 510 cm（2005 年 1 月）。年最大潮差多出现在 1 月和 11—12 月，个别年份出现在 5—7 月。详见图 17-2-4。

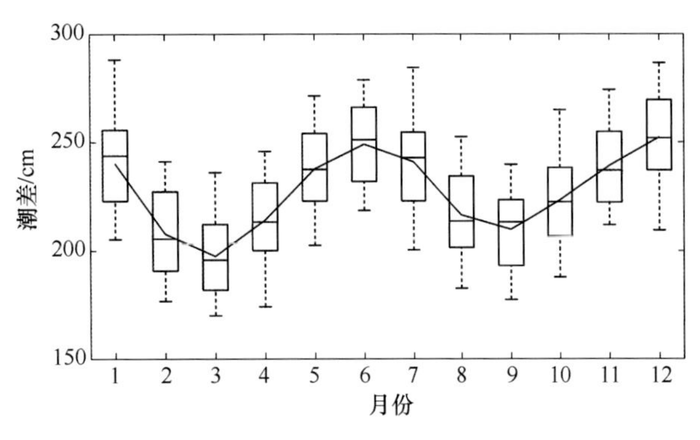

图 17-2-3 涠洲站月平均潮差

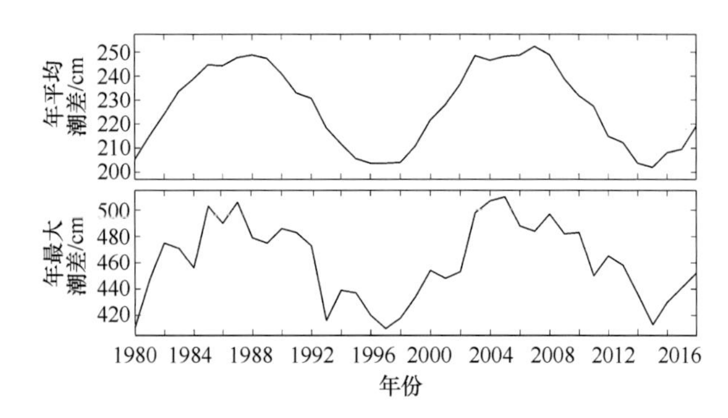

图 17-2-4 涠洲站年平均和年最大潮差

第三节 海 浪

（一）海况

涠洲站附近海区的海况，一般为 4 级以下，年频率高达 93.32%，其中 0~2 级海况最多，占 39.48%，其次是 3 级海况，占 28.26%，5 级及以上海况频率仅占 6.68%。一年中，0~2 级海况在春季出现最多，夏季次之。3 级海况在冬季出现最多，其次为秋季和春季，夏季最少。4 级海况在冬季出现最多，其次为秋季。5 级海况在夏季出现最多，其次为秋季。6 级海况在夏季和秋季出现频率比春季和冬季高，这是由于夏季和秋季热带气旋伴随狂风大浪引起的。7 级及以上海况仅出现在夏季和秋季。详见表 17-3-1。

最大海况 9 级出现在 1991 年 7 月 13 日 14 时、17 时和 1994 年 8 月 28 日 14 时、17 时，这是受 9106 号台风“Zeke”和 9418 号台风“Harry”影响。

表 17-3-1 涠洲站四季及全年各级海况频率

	0~2 级	3 级	4 级	5 级	6 级	≥7 级
春季	55.37%	26.35%	16.18%	2.05%	0.05%	—
夏季	36.71%	23.55%	24.20%	13.26%	1.97%	0.33%
秋季	34.57%	30.99%	28.57%	5.03%	0.69%	0.15%
冬季	30.70%	32.80%	32.71%	3.70%	0.09%	—
全年	39.48%	28.26%	25.58%	5.92%	0.65%	0.11%

“—”表示未出现。

（二）风浪

多年平均风浪频率为 100%。从季节上看，各季节风浪出现频率均为 100%。各月风浪频率相同，均为 100%。详见表 17-3-2。

全年风浪多出现在 N—E 向和 SSW 向，其中 NNE 向最多（20.95%），其次是 NE 向（15.17%）。春季风浪多出现在 N—SE 向，其中 NNE 向最多（20.18%），其次是 NE 向（16.23%）；夏季风浪多出现在 SE—SW 向，其中 SSW 向最多（28.95%），其次是 SW 向（13.87%）；秋季风浪多出现在 N—E 向，其中 NNE 向最多（24.30%），其次是 NE 向（20.19%）；冬季风浪多出现在 N—E 向，其中 NNE 向最多（33.84%），其次是 NE 向（19.66%）。详见图 17-3-1。

表 17-3-2 涠洲站风浪频率年变化

	1 月	2 月	3 月	4 月	5 月	6 月	7 月	8 月	9 月	10 月	11 月	12 月	春季	夏季	秋季	冬季	全年
频率/%	100	100	100	100	100	100	100	100	100	100	100	100	100	100	100	100	100

（三）涌浪

涌浪多年平均频率不高，为 11.96%。春季最大，为 22.75%，其次为夏季（19.19%），秋季和冬季较小，分别为 4.97%和 3.89%。详见表 17-3-3。

全年涌浪多出现在 SE—SW 向，其中 SSW 向最多（47.58%），其次是 S 向（21.99%）。春季涌浪多出现在 SE—SSW 向，其中 SSW 向最多（49.48%），其次是 S 向（25.92%）；夏季涌浪多出现在 S—SW 向，其中 SSW 向最多（57.81%），其次是 S 向（19.98%）；秋季涌浪多出现在 ESE—SW 向，其中 SSW 向最多（25.00%），其次是 SE 向（18.28%）；冬季涌浪多出现在 E—SSW 向，其中 S 向最多（19.69%），其次是 SE 向（17.88%）。详见图 17-3-2。

表 17-3-3　涠洲站涌浪频率年变化

	1月	2月	3月	4月	5月	6月	7月	8月	9月	10月	11月	12月	春季	夏季	秋季	冬季	全年
频率/%	4.16	6.50	17.39	25.91	25.13	22.18	18.17	17.22	8.66	3.89	2.79	1.67	22.75	19.19	4.97	3.89	11.96

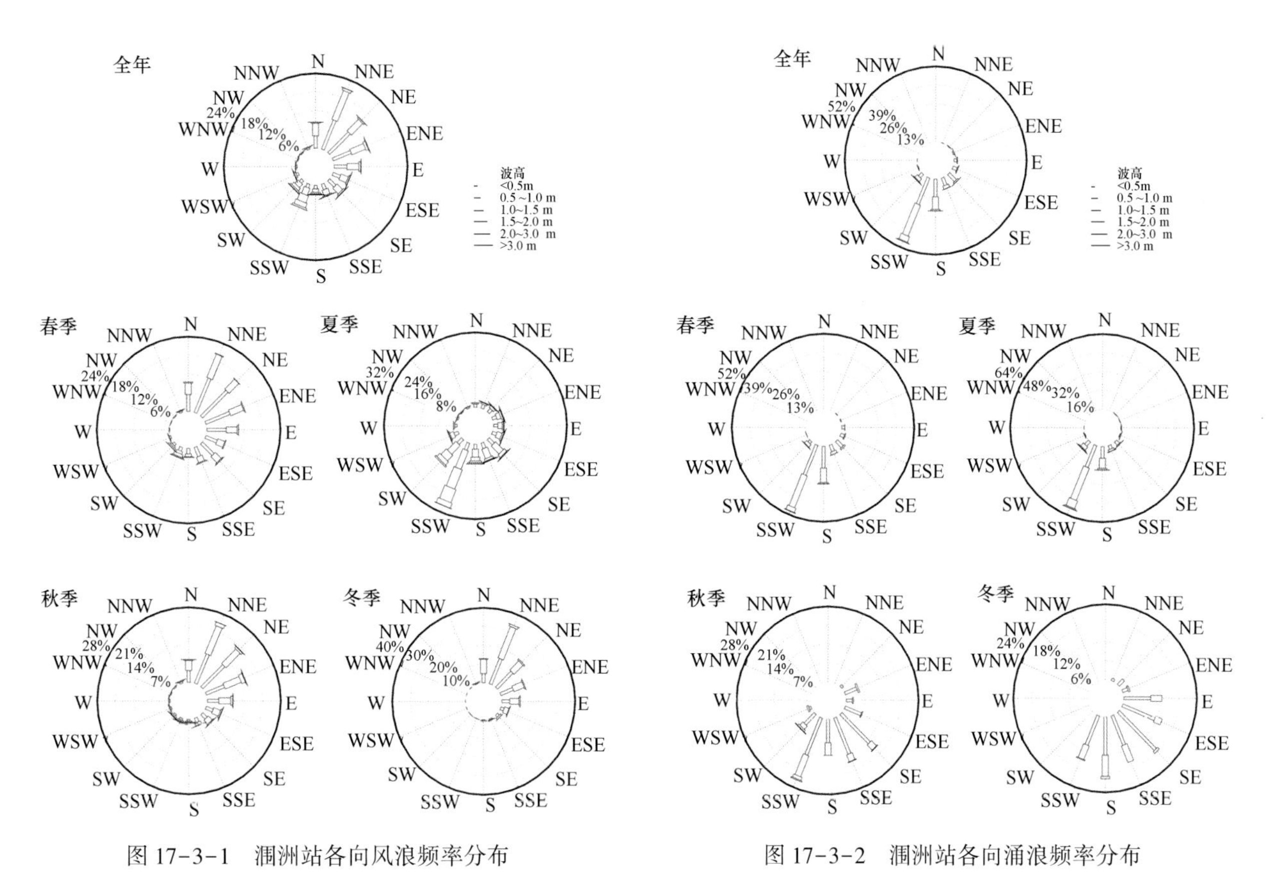

图 17-3-1　涠洲站各向风浪频率分布

图 17-3-2　涠洲站各向涌浪频率分布

（四）波高

1. 平均波高和最大波高

多年平均波高为 0.6 m。6—8 月平均波高较大，均大于多年平均波高，最大平均波高出现在 7 月，为 1.0 m，其余各月相差不大，为 0.4~0.6 m（图 17-3-3）。夏季平均波高最大，春季平均波高最小。6—8 月和 2 月最大波高均在 5.0 m 以上，其中 8 月最大，为 6.1 m，其余月份最大波高为 2.1~4.7 m。详见表 17-3-4。

历年平均波高最大为 0.7 m，出现在 2003 年；最小为 0.5 m，出现在 2014 年和 2016 年，多年变幅为 0.2 m。历年最大波高差异较大，在 2.2~6.1 m 之间，多出现在 6—10 月。涠洲站近岸观测到的最大波高

6.1 m，出现在2013年8月3日11时，是受1309号台风“飞燕”的影响。详见图17-3-4。

表17-3-4　涠洲站平均波高和最大波高年变化　　单位：m

	1月	2月	3月	4月	5月	6月	7月	8月	9月	10月	11月	12月	全年
平均波高	0.5	0.5	0.5	0.4	0.5	0.8	1.0	0.7	0.5	0.5	0.6	0.6	0.6
最大波高	2.5	5.8	2.1	3.3	2.8	5.0	5.8	6.1	4.2	4.4	4.7	2.5	6.1

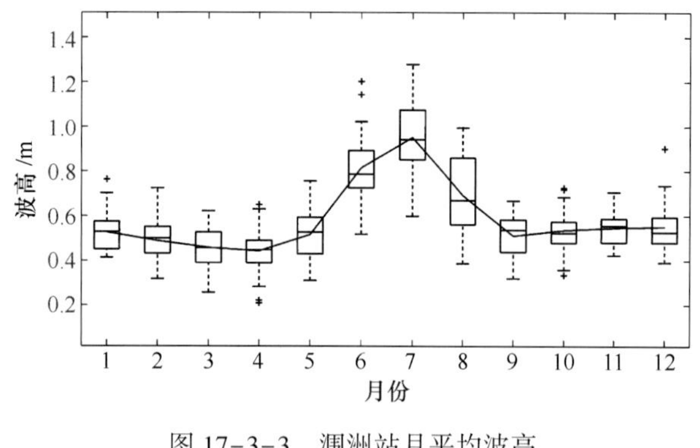

图17-3-3　涠洲站月平均波高

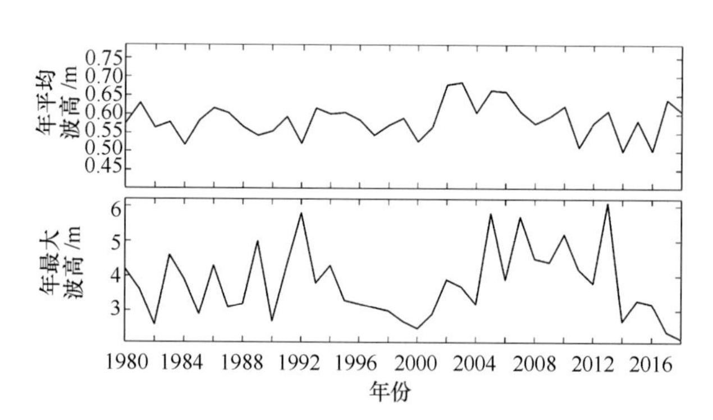

图17-3-4　涠洲站年平均和年最大波高

2. 各向平均波高和最大波高

全年各向平均波高在0.4~0.9 m之间，其中SSW向和SW向较大，为0.9 m，其余各向多年平均波高为0.4~0.7 m。春季SSW向和SW向平均波高最大，为0.7 m；夏季以SSW向最大，为1.1 m；秋季E向、ESE向、S向、SSW向和SW向最大，为0.7 m；冬季W向较大，为0.8 m。详见表17-3-5。

全年各向最大波高相差较大，在1.9~5.8 m之间，其中以ESE向最大，为5.8 m，其次是SE向，为5.0 m。春季以SSW向最大，为2.7 m；夏季以ESE向最大，为5.8 m；秋季以S向最大，为3.7 m；冬季W向最大，为2.5 m。详见表17-3-6。

表17-3-5　涠洲站全年及四季各向平均波高　　单位：m

	N	NNE	NE	ENE	E	ESE	SE	SSE	S	SSW	SW	WSW	W	WNW	NW	NNW
全年	0.6	0.6	0.5	0.6	0.6	0.6	0.6	0.6	0.7	0.9	0.9	0.6	0.5	0.5	0.4	0.6
春季	0.5	0.5	0.5	0.5	0.5	0.5	0.5	0.5	0.5	0.7	0.7	0.5	0.3	0.3	0.3	0.6
夏季	0.5	0.6	0.6	0.8	0.7	0.8	0.8	0.8	0.9	1.1	1.0	0.7	0.5	0.5	0.5	0.4
秋季	0.6	0.6	0.6	0.6	0.7	0.7	0.6	0.5	0.7	0.7	0.7	0.6	0.4	0.5	0.4	0.6
冬季	0.6	0.6	0.5	0.6	0.6	0.6	0.5	0.5	0.5	0.5	0.5	0.3	0.8	0.4	0.6	0.7

表17-3-6　涠洲站全年及四季各向最大波高　　单位：m

	N	NNE	NE	ENE	E	ESE	SE	SSE	S	SSW	SW	WSW	W	WNW	NW	NNW
全年	2.4	2.7	3.1	3.9	3.2	5.8	5.0	4.8	4.6	4.3	3.9	2.4	2.5	2.2	1.9	2.3
春季	1.8	2.0	1.6	2.4	2.2	1.9	2.1	2.0	2.0	2.7	2.3	1.6	0.7	0.8	0.7	1.4
夏季	1.7	2.3	2.7	3.9	3.2	5.8	5.0	4.8	4.6	4.3	3.9	2.4	1.6	2.0	1.9	1.1
秋季	2.4	2.7	3.1	3.3	3.0	2.9	3.2	3.2	3.7	3.0	3.2	1.4	2.0	2.2	1.3	2.3
冬季	1.9	2.2	2.0	2.1	2.0	2.3	1.6	1.4	1.3	1.3	1.2	0.6	2.5	0.6	1.2	1.7

第四节　表层海水温度和盐度

（一）表层海水温度

涠洲岛所处纬度较低，表层海水温度较高，变幅相对较小。涠洲站年平均海温为 24.9℃，平均海温年较差 12.5℃；夏季最高，其次是秋季和春季，冬季最低。平均海温的年变化在太阳辐射和气象因素作用下呈较规则的一峰一谷型，其谷值在 2 月，为 17.9℃；7 月和 8 月平均海温最高，为 30.4℃。2—7 月平均海温逐月迅速上升，6—9 月都在 29.5℃以上，10 月至翌年 2 月逐月迅速下降（图 17-4-1）。5—10 月最高海温均在 30℃以上，6 月最高，为 33.3℃，其余月份在 23.3～29.5℃之间。11 月至翌年 4 月最低海温都在 18.6℃以下，1 月最低，为 12.5℃；5—10 月为 19.5～26.9℃。详见表 17-4-1。

历年平均海温最高为 25.9℃（1987 年），最低为 23.8℃（1985 年和 2011 年）。历年最高海温均大于 31℃，最高值为 33.3℃（2007 年 6 月 23 日 16 时）。年最高海温多出现在 6—8 月。历年最低海温均小于 18.5℃，最低值为 12.5℃（1984 年 1 月 30 日 19 时）。年最低海温多出现在 12 月至翌年 2 月，个别年份出现在 3 月。详见图 17-4-2。

表 17-4-1　涠洲站表层海水温度年变化　　单位:℃

	1月	2月	3月	4月	5月	6月	7月	8月	9月	10月	11月	12月	全年
平均温度	18.2	17.9	19.5	22.9	27.1	29.8	30.4	30.4	29.6	27.4	24.4	20.7	24.9
最高温度	23.3	23.6	25.6	29.5	32.3	33.3	33.2	33.0	32.4	30.9	28.8	27.8	33.3
最低温度	12.5	12.9	14.3	16.0	19.5	26.1	26.8	26.9	24.5	21.2	18.5	15.7	12.5

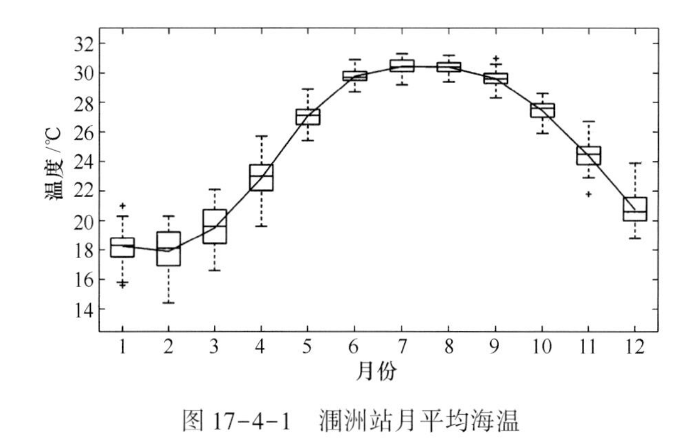

图 17-4-1　涠洲站月平均海温

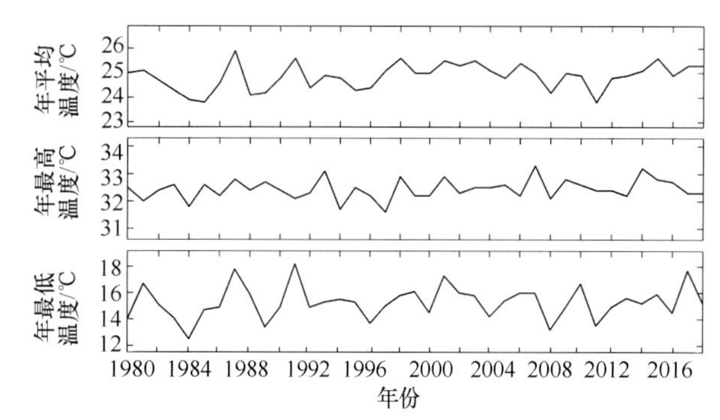

图 17-4-2　涠洲站年平均、年最高和年最低海温

（二）表层海水盐度

涠洲站受陆地江河径流影响较小，盐度较高，变幅较小，多年平均表层海水盐度为 31.81。平均盐度的年变化受北部湾混合水和沿岸水制约，大体上呈单峰型（图 17-4-3）。1—5 月受混合水控制，盐度相对较高，月平均盐度都在 32 以上，最大值出现在 2 月，为 32.26；6—12 月受沿岸水影响，盐度相对较低，月平均盐度都在 31.9 以下，最小值出现于雨量高峰月 8 月，为 31.10。各月最高盐度均在 33.9 以上，1 月最高，为 34.99。各月最低盐度均在 28.30 以下，其中 4—9 月在 24 以下，7 月最低，为 11.3。详见表 17-4-2。

历年平均盐度均超过 30.28，最高为 33.54（2004 年），最低为 30.29（2012 年）。历年最高盐度均大于 32.0，最高值为 34.99（1998 年 1 月 24 日 14 时）。各月均出现过年最高盐度。历年最低盐度均小于 31.2，最低值为 11.3（2018 年 7 月 24 日 6 时）。年最低盐度多出现在 7—9 月，个别年份出现在 1 月、4—6 月和 10—12 月。详见图 17-4-4。

表 17-4-2　涠洲站表层海水盐度年变化

	1月	2月	3月	4月	5月	6月	7月	8月	9月	10月	11月	12月	全年
平均盐度	32.11	32.26	32.15	32.17	32.18	31.88	31.54	31.10	31.23	31.66	31.64	31.77	31.81
最高盐度	34.99	33.95	34.92	34.54	34.92	34.9	34.5	34.84	34.92	34.9	34.3	34.97	34.99
最低盐度	26.37	28.24	27.96	23.151	22.24	23.1	11.3	21.25	23.9	25.7	27.8	27.06	11.3

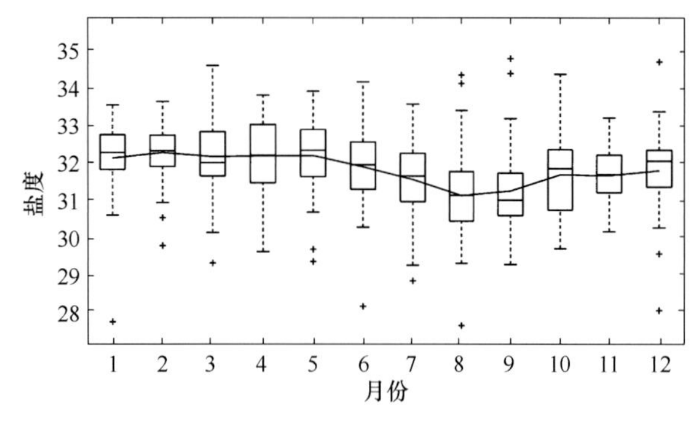

图 17-4-3　涠洲站月平均盐度

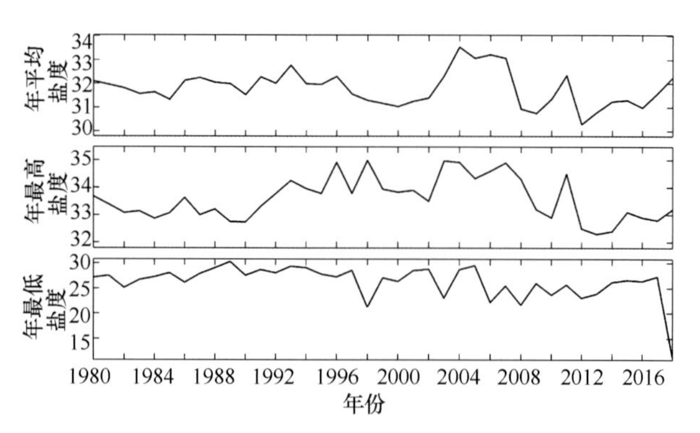

图 17-4-4　涠洲站年平均、年最高和年最低盐度

第十八章　北海站

第一节　概　况

北海海洋环境监测站（简称北海站）位于广西壮族自治区北海市。北海市位于广西南部、北海湾东海岸，北和东北方向 100 km 处有六万大山和云开大山，山脉呈东北—西南走向；其余地区为丘陵地带；沿海地形为台地。北海市境内大陆部分是一个呈犀牛角状的半岛，地势总体呈北高南低，地形平坦开阔，海拔一般较低，属滨海平原；海岛部分地势南高北低，海拔一般比大陆部分稍高，属火山岩台地。北海市西南端有冠头岭耸立海边，主峰望楼岭海拔 120 m，南湾、冠头岭至岭底沿海海拔 10~20 m。东面的雷州半岛北部呈东北—西南走向。北海半岛三面环海，北面是北海湾，西面和南面濒临北部湾。北海站位于北部湾东北部，该站附近海岸线大体呈东—西走向，附近海区水深较浅，近岸 10 km 内水深小于 10 m。北海站位于北部湾湾顶，这种地理环境形成了北海站潮汐的正规全日潮性质和潮差大、台风风暴潮显著的特征。

北海站始建于 1959 年 3 月，隶属于国家海洋局南海分局，2019 年 7 月后隶属于自然资源部南海局。该站现设有气象观测场、验潮井和温盐井，观测项目主要有潮汐、表层海水温度、表层海水盐度、海浪、海发光、海面有效能见度、降水量、相对湿度、气温、气压和风等。

验潮点位于北海市石步岭深水码头，廉州湾南部，距站部约 6 km。验潮井周围底质为砂质，最低潮位时水深大于1 m。温盐测点位于深水码头，三面为人工填海造成的码头，偏北面与外海相通，最低潮时水深超过 1 m，底质为砂质。码头经常有货轮停靠，大船排水会影响温盐数值，台风与强降雨对温盐影响较明显。海浪测点位于站部东南部，银滩公园内，距站部约 6 km；测点附近海域水深较浅，海底平坦，海面视野开阔。气象观测场位于银滩公园内，距站部约 6 km，距验潮站约 12 km。站部位于市中心北海海洋环境监测中心站办公楼内，距北海市政府约 2 km，距火车站 1 km，交通方便①。

图 18-1-1　北海站验潮室

北海站有关测点见图 18-1-1。

第二节　潮　汐

（一）潮高基准面和潮汐类型

北海站潮位从井内水尺零点起算，井内水尺零点为本站的潮高基准面。本站全日分潮与半日分潮振幅之比 $(H_{K_1}+H_{O_1})/H_{M_2}=4.1$，属于正规全日潮。在一个太阳日内出现一次高潮和一次低潮。

（二）潮位

北海站多年平均潮位为 259.1 cm。平均潮位的年变化呈单峰型，峰值出现在 10 月，月平均潮位 272.5 cm；谷值出现在 2 月，月平均潮位 248.6 cm（图 18-2-1）。平均潮位的年变幅为 23.9 cm。6—

① 自然资源部南海局：北海站业务工作档案，2018 年。

11 月平均潮位高于年平均潮位，12 月至翌年 5 月平均潮位低于年平均潮位。各月最高潮位均在 490 cm 以上，其中 6—7 月和 10 月至翌年 1 月最高潮位较大，均在 555 cm 以上，7 月最大，为 593 cm；2—4 月最高潮位较小，均在 530 cm 以下，3 月最小，为 493 cm。各月最低潮位均在 15 cm 以下，4 月最低潮位为 14 cm，明显大于其他月份，其他月份最低潮位为 -35 ~ 8 cm，9 月最低，为 -35 cm。详见表18-2-1。

平均潮位的多年变化不规则，历年平均潮位均大于 253 cm，最高值为 266.0 cm（2012 年），最低值为 253.2 cm（1985 年），多年变幅为 12.8 cm。历年最高潮位均大于 514 cm，最高值为 593 cm（1986 年 7 月 21 日 17 时 10 分）。年最高潮位多出现在 6—7 月和 11—12 月，个别年份出现在 1 月、5 月和 9—10 月。历年最低潮位均低于 51 cm，最低值为-35 cm（2005 年 9 月 26 日 22 时 54 分）。年最低潮位除 7 月和 10 月外，其余各月均出现过，其中以 1 月和 11—12 月居多。详见图 18-2-2。

表 18-2-1　北海站潮位年变化　　单位：cm

	1 月	2 月	3 月	4 月	5 月	6 月	7 月	8 月	9 月	10 月	11 月	12 月	全年
平均潮位	250.8	248.6	250.5	254.0	257.3	260.8	262.4	261.7	264.6	272.5	267.2	258.1	259.1
最高潮位	556	526	493	528	550	558	593	553	552	556	562	559	593
最低潮位	-9	-8	-17	14	4	5	6	6	-35	8	-6	-8	-35

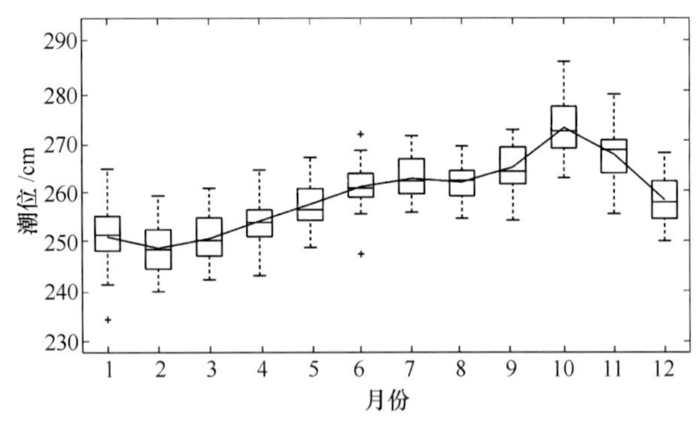

图 18-2-1　北海站月平均潮位

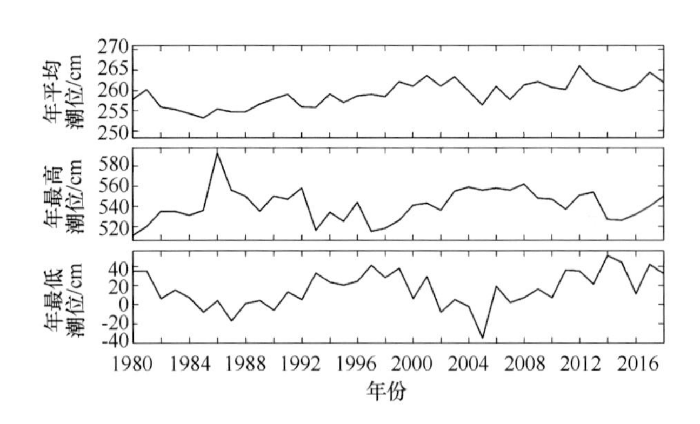

图 18-2-2　北海站年平均、年最高和年最低潮位

（三）潮差

北海站年平均潮差为 242.2 cm，潮差的年变幅较大，为 47.0 cm。平均潮差年变化呈双峰型，峰值出现在 6 月和 12 月，分别为 263.2 cm 和 265.8 cm；谷值出现在 3 月和 9 月，分别为 218.8 cm 和 225.8 cm（图 18-2-3）。1 月、5—8 月和 11—12 月的最大潮差在 515 cm 以上，1 月最大，为 556 cm；其余月份均小于 500 cm，3 月最小，为 445 cm。详见表 18-2-2。

历年平均潮差最大为 272.3 cm（2006 年），最小为 216.9 cm（1997 年），多年变幅为 55.4 cm。年平均潮差 1980—1988 年呈增大趋势，1988—1997 年呈下降趋势，1997—2006 年逐年增大，2006—2015 年逐年减小。历年最大潮差均在 440 cm 以上，其中最大值为 556 cm（2005 年 1 月）。年最大潮差多出现在 1 月和 12 月，个别年份出现在 5—7 月和 11 月。详见图 18-2-4。

表 18-2-2　北海站潮差年变化　　单位：cm

	1 月	2 月	3 月	4 月	5 月	6 月	7 月	8 月	9 月	10 月	11 月	12 月	全年
平均潮差	251.6	221.1	218.8	230.0	253.1	263.2	257.4	230.9	225.8	238.3	254.3	265.8	242.2
最大潮差	556	495	445	481	527	549	528	507	469	492	517	537	556

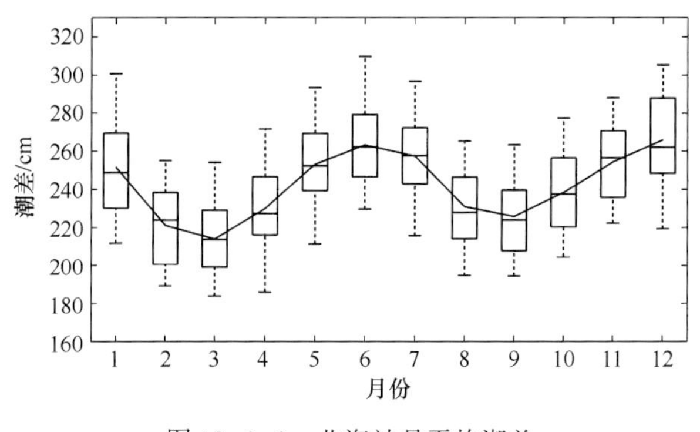

图 18-2-3　北海站月平均潮差

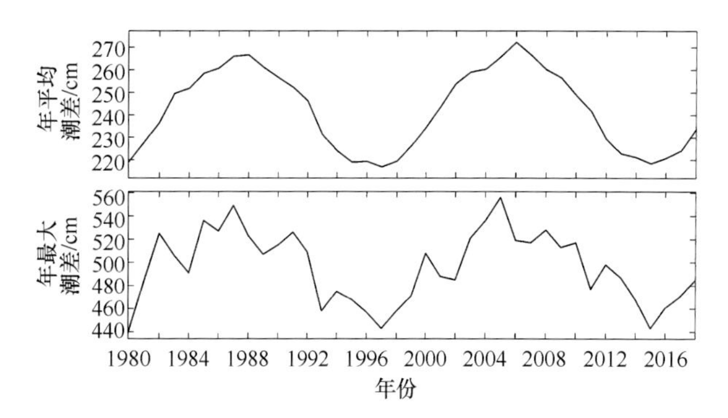

图 18-2-4　北海站年平均和年最大潮差

第三节　海　浪

（一）海况

北海站附近海区的海况一般为 4 级以下，年频率高达 99.06%，其中，0~2 级海况最多，占 50.83%，其次是 3 级海况，占 40.00%，4 级海况占 8.23%，5 级及以上海况频率仅占 0.94%。一年中，0~2 级海况在春季出现最多，秋季次之。3 级海况冬季出现最多，秋季次之，春季和夏季最少。4 级和 5 级海况夏季出现最多，春季最少。6 级海况仅出现在夏季和秋季。无 7 级及以上海况。详见表 18-3-1。

最大海况 6 级出现在 2008 年 9 月 22 日 14 时，2013 年 8 月 3 日 8 时，2013 年 11 月 11 日 11 时，2014 年 7 月 19 日 8 时、11 时、14 时、17 时和 2014 年 9 月 16 日 14 时、17 时，分别是由于 0814 号台风"黑格比"、1309 号台风"飞燕"、1330 号台风"海燕"、1409 号台风"威马逊"和 1415 号台风"海鸥"经过引起的。

表 18-3-1　北海站四季及全年各级海况频率

	0~2 级	3 级	4 级	5 级	6 级	≥7 级
春季	59.41%	36.41%	3.91%	0.27%	—	—
夏季	45.57%	37.86%	14.51%	1.95%	0.10%	—
秋季	53.69%	40.96%	4.69%	0.56%	0.11%	—
冬季	43.64%	45.74%	9.91%	0.71%	—	—
全年	50.83%	40.00%	8.23%	0.89%	0.05%	—

"—"表示未出现。

（二）风浪

多年平均风浪频率为 99.98%。从季节上看，春季、秋季和冬季的风浪出现频率均为 100%，夏季风浪出现频率最小，为 99.91%。详见表 18-3-2。

表 18-3-2　北海站风浪频率年变化

	1月	2月	3月	4月	5月	6月	7月	8月	9月	10月	11月	12月	春季	夏季	秋季	冬季	全年
频率/%	100	100	100	100	100	99.77	100	99.93	100	100	100	100	100	99.91	100	100	99.98

全年风浪多出现在 N—NE 向、ESE 向和 SW 向，其中 NNE 向风浪最多（22.54%），其次是 ESE 向（16.55%）。春季风浪多出现在 N—NE 向和 ESE—S 向，其中 ESE 向最多（23.01%），其次是 NNE 向（17.47%）；夏季风浪多出现在 ESE—WSW 向，其中 SW 向最多（20.47%），其次是 SSW 向（12.38%）；

秋季风浪多出现在 N—NE 向和 ESE 向，其中 NNE 向最多（25.37%），其次是 ESE 向（14.29%）；冬季风浪多出现在 N—NE 向和 ESE 向，其中 NNE 向最多（40.97%），其次是 ESE 向（19.27%）。详见图 18-3-1。

（三）涌浪

北海站近岸出现涌浪不多，全年涌浪出现频率为 1.44%。从季节上看，夏季出现涌浪相对较多，春季次之，其次为秋季，冬季无涌浪。详见表 18-3-3。

表 18-3-3　北海站涌浪频率年变化

	1月	2月	3月	4月	5月	6月	7月	8月	9月	10月	11月	12月	春季	夏季	秋季	冬季	全年
频率/%	0.00	0.00	0.07	0.55	3.77	6.44	3.50	2.89	0.69	0.31	0.06	0.00	1.58	4.26	0.34	0.00	1.44

全年涌浪多出现在 SSW—SW 向，其中 SW 向最多（76.74%），其次是 SSW 向（18.60%）；春季涌浪多出现在 SSW—SW 向，其中 SW 向最多（75.38%），其次是 SSW 向（15.38%）；夏季涌浪多出现在 SSW—SW 向，其中 SW 向最多（80.23%），其次是 SSW 向（16.38%）；秋季涌浪多出现在 SSW—SW 向，其中 SSW 向最多（56.25%），其次是 SW 向（43.75%）；冬季无涌浪。详见图 18-3-2。

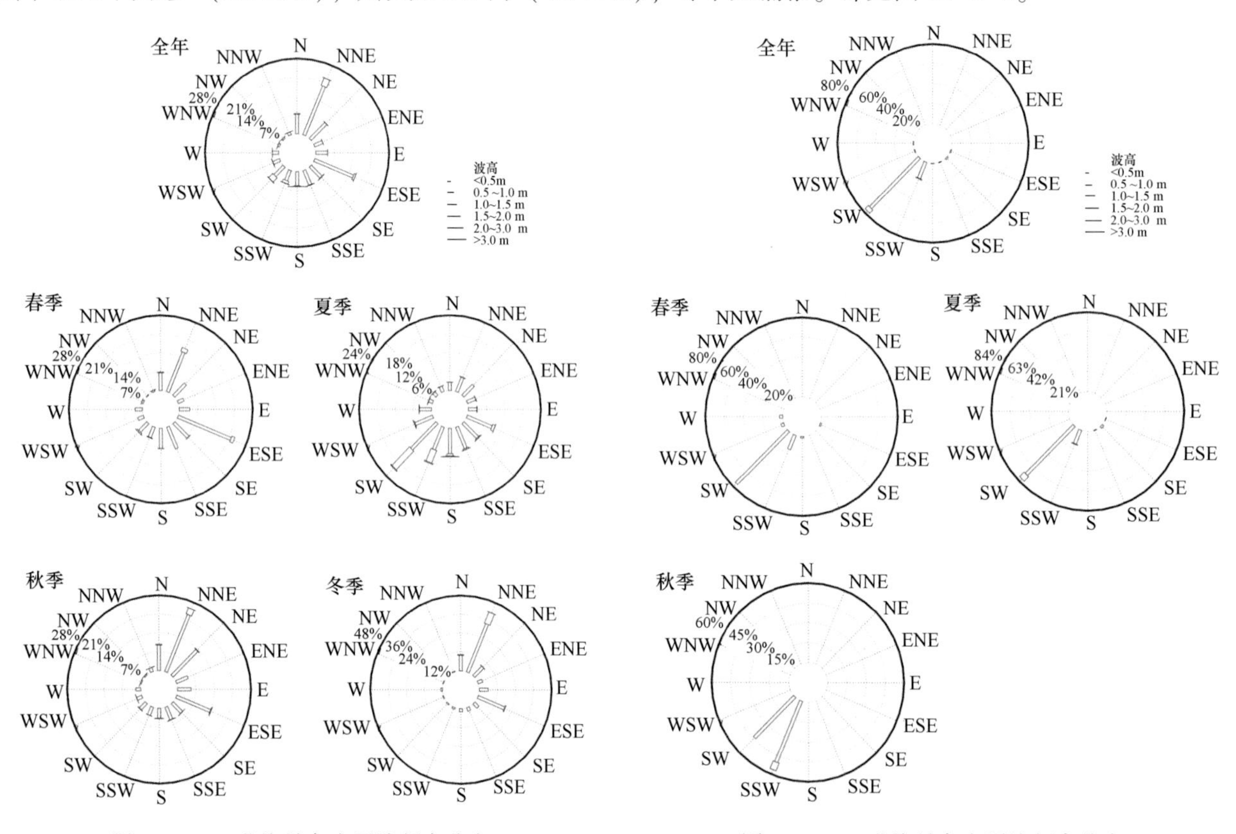

图 18-3-1　北海站各向风浪频率分布　　　图 18-3-2　北海站各向涌浪频率分布

（四）波高

1. 平均波高和最大波高

多年平均波高为 0.3 m。月平均波高变化较小，为 0.3~0.4 m，最大平均波高出现在 6 月和 7 月，为 0.4 m，其余各月均为 0.3 m（图 18-3-3）。5—9 月最大波高均在 1.6 m 以上，7 月最大波高为 4.0 m，其余月份为 1.1~1.5 m。详见表 18-3-4。

历年平均波高变化较小，为 0.2~0.3 m。历年最大波高差异较大，在 1.2~4.0 m 之间，多出现在 7—10 月，个别年份出现在 1 月和 6 月。北海站近岸观测到的最大波高 4.0 m，出现在 2014 年 7 月 19 日 8 时，是受1409号台风“威马逊”的影响。详见图18-3-4。

表18-3-4　北海站平均波高和最大波高年变化　单位：m

	1月	2月	3月	4月	5月	6月	7月	8月	9月	10月	11月	12月	全年
平均波高	0.3	0.3	0.3	0.3	0.3	0.4	0.4	0.3	0.3	0.3	0.3	0.3	0.3
最大波高	1.3	1.3	1.2	1.1	1.6	1.8	4.0	2.1	1.7	1.5	1.5	1.5	4.0

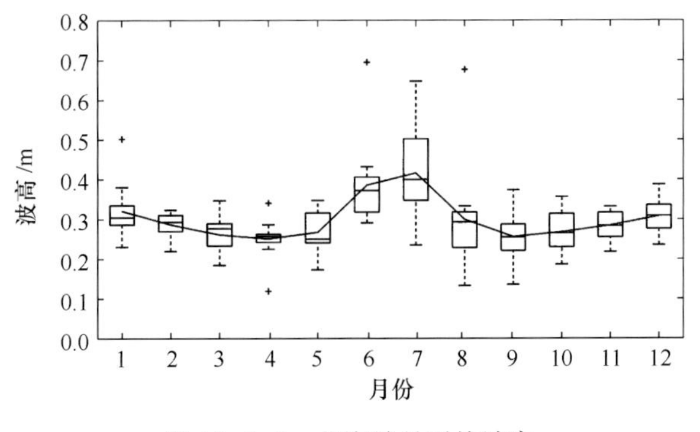

图18-3-3　北海站月平均波高

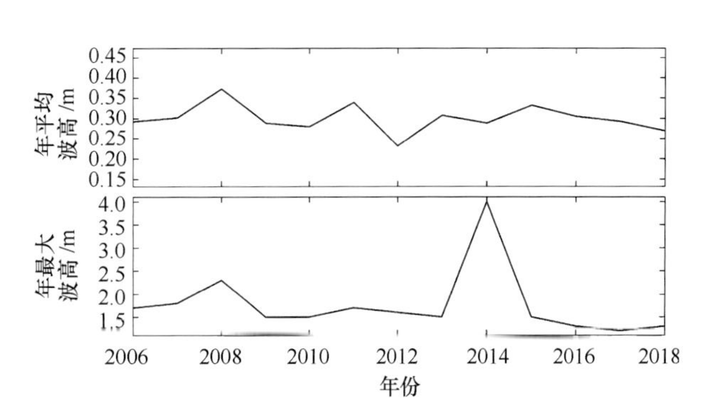

图18-3-4　北海站年平均和年最大波高

2. 各向平均波高和最大波高

全年各向平均波高为0.2~0.4 m，各向平均波高相差不大，其中NNE向和SSW—SW向相对较大，均为0.4 m。各季节各向平均波高相差不大。春季各向变化较小，为0.2~0.3 m；夏季SSW—SW向最大，均为0.5 m；秋季NNE向最大，为0.4 m；冬季NNE向最大，为0.4 m。详见表18-3-5。

全年各向最大波高相差较大，为0.8~4.0 m，NNE向、ESE—SE向和S—WNW向全年最大波高较大，均在1.5 m以上，其中以S向最大，为4.0m。春季NNE向、ESE向、SW向和WNW向较大，均在1.1 m以上，其中SW向最大，为1.3 m。夏季ESE—WNW向较大，均在1.4 m以上，其中S向最大，为4.0 m，其余各向为0.7~0.9 m。秋季NNE向、ESE—SE向、S向、WNW向和NNW向较大，均在1.5 m以上，其中SE向最大，为1.7 m，其余各向为0.7~1.4 m。冬季NNE向和ESE向较大，均在1.0 m以上，其中NNE向最大，为1.5 m，其余各向为0.3~0.9 m。详见表18-3-6。

表18-3-5　北海站全年及四季各向平均波高　单位：m

	N	NNE	NE	ENE	E	ESE	SE	SSE	S	SSW	SW	WSW	W	WNW	NW	NNW
全年	0.3	0.4	0.3	0.2	0.3	0.3	0.3	0.3	0.3	0.4	0.4	0.3	0.3	0.3	0.3	0.3
春季	0.3	0.3	0.3	0.2	0.3	0.3	0.3	0.2	0.2	0.3	0.3	0.2	0.2	0.3	0.3	0.3
夏季	0.3	0.3	0.2	0.3	0.3	0.4	0.3	0.3	0.4	0.5	0.5	0.3	0.3	0.3	0.3	0.3
秋季	0.3	0.4	0.3	0.2	0.3	0.3	0.3	0.3	0.3	0.2	0.3	0.3	0.2	0.3	0.3	0.3
冬季	0.3	0.4	0.3	0.2	0.3	0.3	0.3	0.2	0.2	0.2	0.2	0.2	0.2	0.2	0.2	0.3

表18-3-6　北海站全年及四季各向最大波高　单位：m

	N	NNE	NE	ENE	E	ESE	SE	SSE	S	SSW	SW	WSW	W	WNW	NW	NNW
全年	1.2	1.5	0.9	0.8	0.9	1.6	1.7	1.4	4.0	1.6	1.6	1.6	1.7	1.7	1.3	1.5
春季	0.9	1.2	0.7	0.6	0.7	1.1	0.8	0.7	0.8	0.9	1.3	0.6	0.6	1.1	0.6	0.7

续表

	N	NNE	NE	ENE	E	ESE	SE	SSE	S	SSW	SW	WSW	W	WNW	NW	NNW
夏季	0.8	0.8	0.7	0.8	0.9	1.6	1.6	1.4	4.0	1.6	1.6	1.6	1.7	1.7	0.8	0.9
秋季	1.2	1.5	0.9	0.7	0.8	1.6	1.7	1.3	1.5	0.9	1.1	1.4	0.7	1.5	1.3	1.5
冬季	0.9	1.5	0.8	0.6	0.7	1.2	0.7	0.6	0.5	0.5	0.4	0.4	0.6	0.4	0.3	0.6

第四节　表层海水温度和盐度

(一) 表层海水温度

北海站多年平均表层海水温度为24.1℃，夏季最高，其次是秋季和春季，冬季最低。平均海温的年变化呈单峰型，峰值出现在8月，为30.3℃；谷值出现在1月，为15.8℃。平均海温的年较差为14.5℃。1—6月，平均海温逐月迅速上升，6—9月都在29℃以上，9月至翌年1月逐月迅速下降（图18-4-1）。5—9月最高海温均在33℃以上，7月最高，为34.8℃，其他月份在22.2~31.6℃之间。11月至翌年4月最低海温都在15.5℃以下，2月最低，为7.8℃，其他月份最低海温为20.5~26.1℃。详见表18-4-1。

历年平均海温最高为25.1℃（2015年），最低为23.0℃（1984年和1985年）。历年最高海温均大于32℃，最高值为34.8℃（2009年7月11日14时）。年最高海温多出现在6—9月。历年最低海温均小于14℃，最低值为7.8℃（2008年2月2日13时）。年最低海温多出现在12月和1—2月。详见图18-4-2。

表18-4-1　北海站表层海水温度年变化

单位:℃

	1月	2月	3月	4月	5月	6月	7月	8月	9月	10月	11月	12月	全年
平均温度	15.8	16.3	19.0	23.6	27.8	29.9	30.2	30.3	29.3	26.7	22.8	18.3	24.1
最高温度	22.2	24.5	27.6	31.6	33.7	34.4	34.8	33.8	33.1	31.4	28.1	25.2	34.8
最低温度	8.2	7.8	8.9	15.2	20.5	24.2	26.1	24.3	21.3	18.8	12.5	9.4	7.8

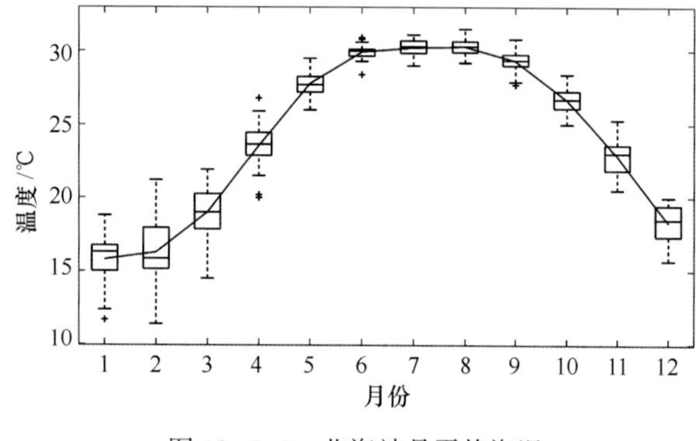

图18-4-1　北海站月平均海温

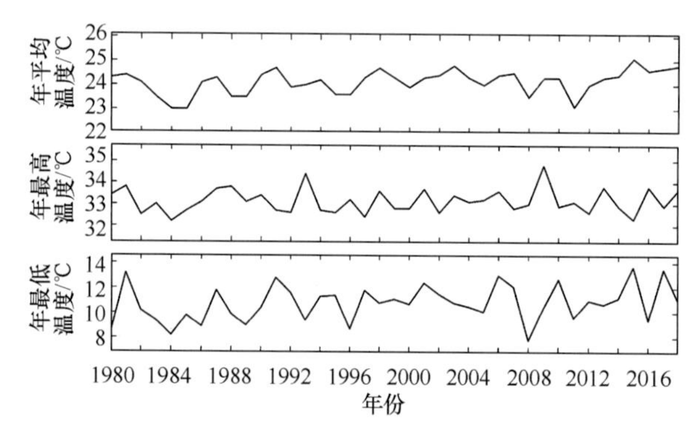

图18-4-2　北海站年平均、年最高和年最低海温

(二) 表层海水盐度

北海站平均海表盐度较低，变幅较大，年平均盐度为27.72。平均盐度的年变化呈单峰型，1—4月平均盐度较高，均在28.7以上，峰值出现在3月，为29.12；6—9月盐度较低，谷值出现于雨量高峰的8月，为24.78（图18-4-3）。平均盐度的年较差为4.34。各月最高盐度均在32以上，其中2月、4月和11月最高盐度都在34以上。各月最低盐度均在18以下，其中4—10月在9以下，其余月份不低于12。详见表18-4-2。

表 18-4-2　北海站表层海水盐度年变化

	1月	2月	3月	4月	5月	6月	7月	8月	9月	10月	11月	12月	全年
平均盐度	28.72	29.02	29.12	28.78	28.28	27.17	25.38	24.78	26.40	27.53	28.19	28.24	27.72
最高盐度	32.8	34.96	33.8	34.5	33.04	33.56	32.9	32.49	32.47	33.62	34.72	32.7	34.96
最低盐度	17.0	17.5	17.93	1.5	6.77	5.8	4.1	3.44	8.3	4.41	13.1	12.3	1.5

历年平均盐度均超过 25.35，最高为 29.80（2004 年），最低为 25.36（2009 年）。历年最高盐度均超过 31.2，最高值为 34.96（1996 年 2 月 11 日 14 时）。11 月至翌年 7 月均出现过年最高盐度，以 4—6 月居多。历年最低盐度均小于 21.8，最低值为 1.5（2007 年 4 月 7 日 6 时）。年最低盐度出现在 3—10 月。详见图 18-4-4。

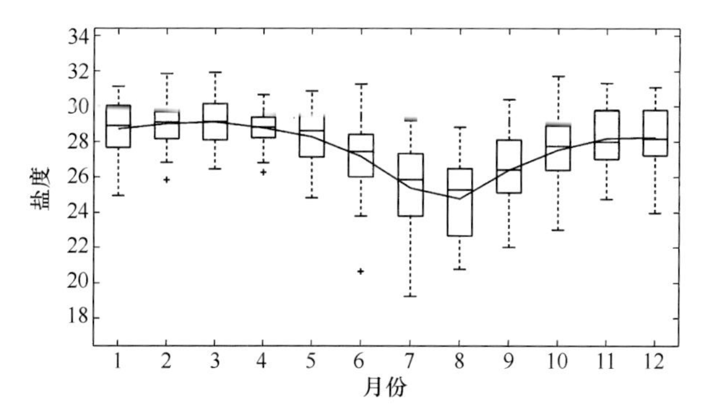

图 18-4-3　北海站月平均盐度

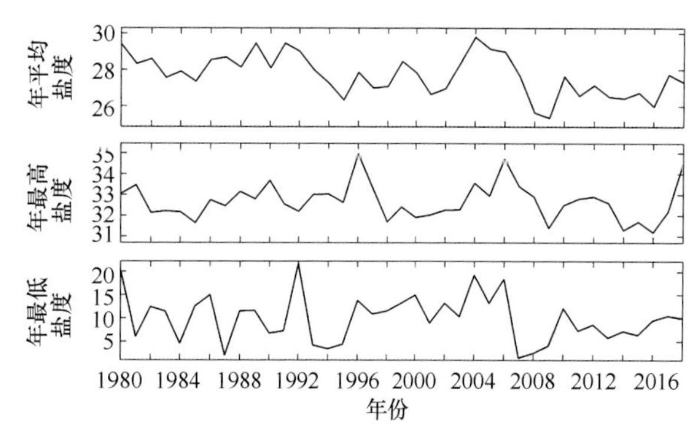

图 18-4-4　北海站年平均、年最高和年最低盐度

第十九章　钦州站

第一节　概　况

钦州海洋环境监测站（简称钦州站）位于广西壮族自治区钦州市钦州港区兴港路。钦州市地处广西南部沿海，北部湾北岸，东与北海市和玉林市相连，南临钦州湾，西与防城港市毗邻。钦州港地势偏低，自西北向东南倾斜，港区东、西、北三面为低丘滨海岗地和平原区，南部为浅滩和海域。钦州港为泥沙、淤泥底质，水深 2.5 m。

图 19-1-1　钦州站潮汐和温盐观测场

钦州站成立于 2006 年 12 月，隶属于国家海洋局南海分局，2019 年 7 月后隶属于自然资源部南海局。该站设有验潮井、温盐井和简易气象观测场，主要观测项目有潮汐、表层海水温度、表层海水盐度、气温、气压、相对湿度和降水量等。

验潮站位于钦州港鹰领作业区天盛油气装车站内，西临天头栈桥，北靠天盛油气码头，南面临海。验潮井水深最低潮时有 1 m 以上，防波性能好，邻近码头有时会有停靠船只，底质为泥沙、淤泥。

验潮室设置温盐井，与外海水流畅通，因位于茅尾海与金鼓江交汇处，温盐数据易受江水影响，在台风、强降水期间尤为明显①。

钦州站有关测点见图 19-1-1。

第二节　潮　汐

（一）潮高基准面和潮汐类型

钦州站潮位从井内水尺零点起算，井内水尺零点为本站的潮高基准面。本站全日分潮与半日分潮振幅之比 $(H_{K_1}+H_{O_1})/H_{M_2}=4.4$，属于正规全日潮。在一个太阳日内出现一次高潮和一次低潮。

（二）潮位

钦州站多年平均潮位为 327.0 cm。平均潮位的年变化呈单峰型，峰值出现在 10 月，为 340.3 cm；谷值出现在 2 月，为 315.2 cm（图 19-2-1）。1 月、5—8 月和 10—12 月最高潮位超过 600 cm，6 月最大，为 639 cm；2—4 月和 9 月最高潮位不超过 599 cm，3 月最小，为 551 cm。8 月、9 月最低潮位明显大于其余月份，分别为 100 cm 和 118 cm；其余月份为 50~84 cm，3 月最低，为 50 cm。详见表 19-2-1。

历年平均潮位均大于 323 cm，最高值为 332 cm（2012 年），最低值为 323.4 cm（2011 年），多年变幅为 8.6 cm。历年最高潮位均大于 580 cm，最高值为 639 cm（2013 年 6 月 23 日 17 时 4 分），主要受 1305 号台风“贝碧嘉”的影响。年最高潮位多出现在 1 月、6 月和 11—12 月。历年最低潮位均低于 115 cm，最低值为 50 cm（2010 年 3 月 25 日 11 时 33 分）。年最低潮位多出现在 1 月和 3—6 月。详见图 19-2-2。

---

① 自然资源部南海局：钦州站业务工作档案，2018 年。

表 19-2-1　钦州站潮位年变化　　单位：cm

	1月	2月	3月	4月	5月	6月	7月	8月	9月	10月	11月	12月	全年
平均潮位	317.2	315.2	317.3	322.5	327.4	330.6	332.0	330.1	334.0	340.3	334.1	323.3	327.0
最高潮位	610	581	551	599	614	639	622	601	597	604	629	621	639
最低潮位	54	80	50	64	52	77	84	100	118	72	78	61	50

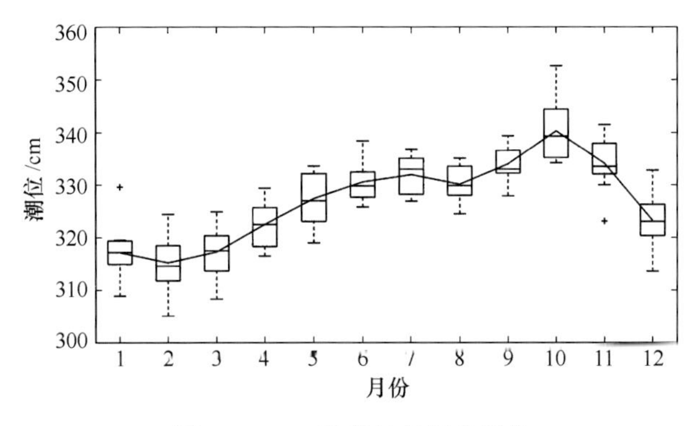

图 19-2-1　钦州站月平均潮位

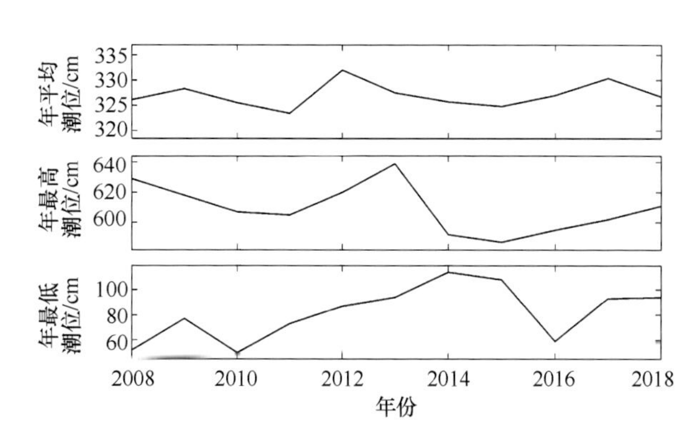

图 19-2-2　钦州站年平均、年最高和年最低潮位

（三）潮差

钦州站多年平均潮差为 239.4 cm。平均潮差年变化呈双峰型，峰值出现在 6 月和 12 月，分别为 261.8 cm 和 262.9 cm；谷值出现在 3 月和 9 月，分别为 210.7 cm 和 221.0 cm（图 19-2-3）。1 月、5—7 月和 11—12 月的最大潮差在 510 cm 以上，7 月最大，为 531 cm；其余月份小于 485 cm，3 月最小，为 426 cm。详见表 19-2-2。

表 19-2-2　钦州站潮差年变化　　单位：cm

	1月	2月	3月	4月	5月	6月	7月	8月	9月	10月	11月	12月	全年
平均潮差	247.8	212.3	210.7	232.7	253.6	261.8	252.5	227.7	221.0	236.6	256.8	262.9	239.4
最大潮差	518	472	426	451	520	530	531	482	432	466	520	521	531

历年平均潮差最大为 266.1 cm（2008 年），最小为 222.6 cm（2015 年），多年变幅为 43.5 cm。年平均潮差 2008—2015 年逐年减小，2015—2018 年逐年增大。历年最大潮差均在 440 cm 以上，最大值为 531 cm（2008 年 7 月）。年最大潮差出现在 1 月、6—7 月和 11—12 月。详见图 19-2-4。

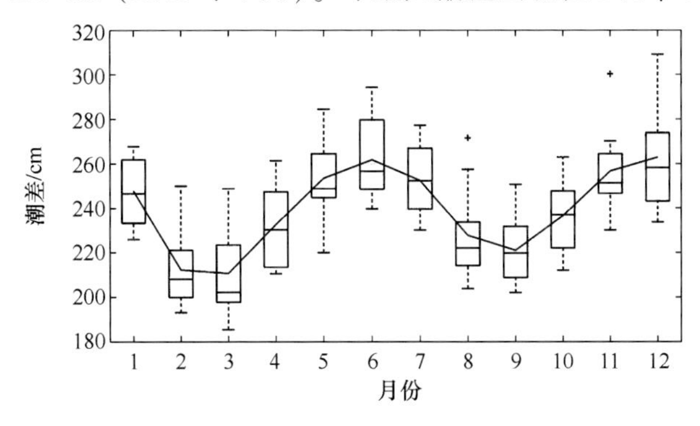

图 19-2-3　钦州站月平均潮差

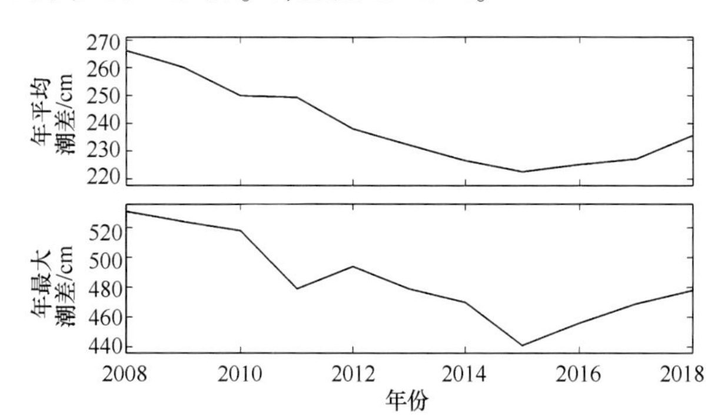

图 19-2-4　钦州站年平均和年最大潮差

第三节　表层海水温度和盐度

（一）表层海水温度

钦州站多年平均表层海水温度为24.0℃，夏季最高，其次是秋季和春季，冬季最低。2—6月平均海温逐月迅速上升，6—8月平均海温都在30℃以上，且缓慢上升，8月达到最高，为30.5℃，9月至翌年1月逐月迅速下降，1月降到最低，为14.6℃（图19-3-1）。5—10月的最高海温均在31℃以上，7月最高，为35.0℃，其余月份为20.8~28.7℃。11月至翌年4月最低海温都在15℃以下，2月最低，为7.3℃，5—10月为20.2~25.8℃。详见表19-3-1。

历年平均海温最高为24.7℃（2009年），最低为23.0℃（2011年）。历年最高海温均大于31℃，最高值为35.0℃（2012年7月22日14时）。年最高海温出现在5—9月。历年最低海温均小于15℃，最低值为7.3℃（2008年2月14日23时）。年最低海温出现在1—2月和12月。详见图19-3-2。

表19-3-1　钦州站表层海水温度年变化　　单位：℃

	1月	2月	3月	4月	5月	6月	7月	8月	9月	10月	11月	12月	全年
平均温度	14.6	15.0	18.3	23.1	28.2	30.2	30.3	30.5	29.9	26.9	22.8	17.5	24.0
最高温度	20.8	25.1	24.9	28.7	34.1	33.4	35.0	34.1	34.7	31.7	27.7	26.2	35.0
最低温度	7.9	7.3	12.5	14.7	22.3	25.8	25.4	25.6	24.9	20.2	14.2	12.3	7.3

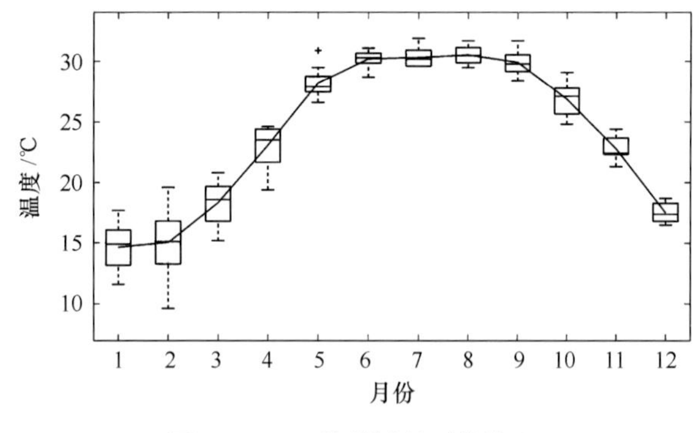

图19-3-1　钦州站月平均海温

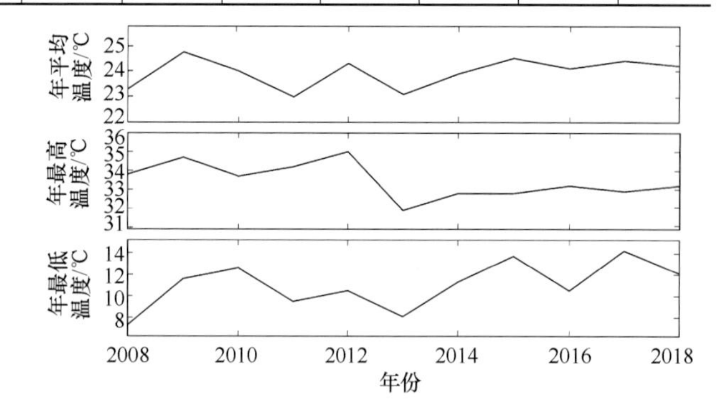

图19-3-2　钦州站年平均、年最高和年最低海温

（二）表层海水盐度

钦州站多年平均表层海水盐度为24.20。平均盐度的年变化呈单峰型，峰值出现在3月，为27.76；谷值出现在7月，为17.60（图19-3-3）。2—5月和10月最高盐度均大于34，2月和3月最高，为34.5，其余月份为29.7~33.7。4月和6—11月最低盐度均小于10，7月最小，为1.2，其余月份为11.8~16.7。详见表19-3-2。

历年平均盐度均超过21.97，最高为27.47（2007年），最低为21.98（2013年）。历年最高盐度均大于29，最高值为34.5（2008年3月30日0时和2009年2月11日14时）。年最高盐度多出现在2—4月，个别年份出现在6月和12月。历年最低盐度均小于7，最低值为1.2（2015年7月31日10时）。年最低盐度出现在6—9月。详见图19-3-4。

表19-3-2　钦州站表层海水盐度年变化

	1月	2月	3月	4月	5月	6月	7月	8月	9月	10月	11月	12月	全年
平均盐度	26.38	26.97	27.76	27.50	26.22	22.18	17.60	19.05	21.80	24.42	24.62	25.86	24.20
最高盐度	32.5	34.5	34.5	34.3	34.3	33.6	31.7	32.5	33.7	34.3	29.7	31.3	34.5
最低盐度	16.1	16.7	13.5	7.4	11.8	3.6	1.2	1.4	1.6	7.0	9.9	14.9	1.2

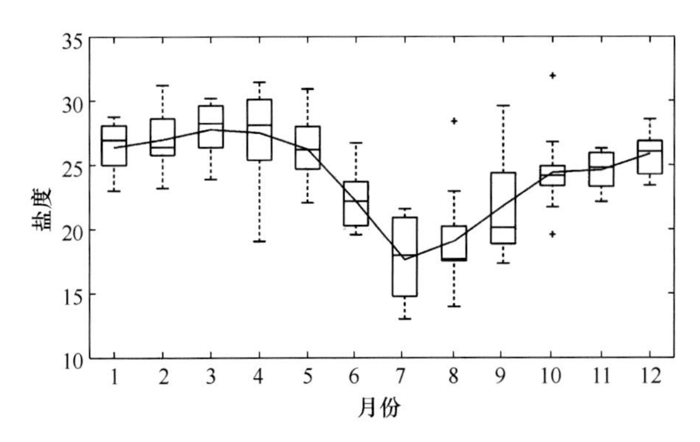

图 19-3-3 钦州站月平均盐度

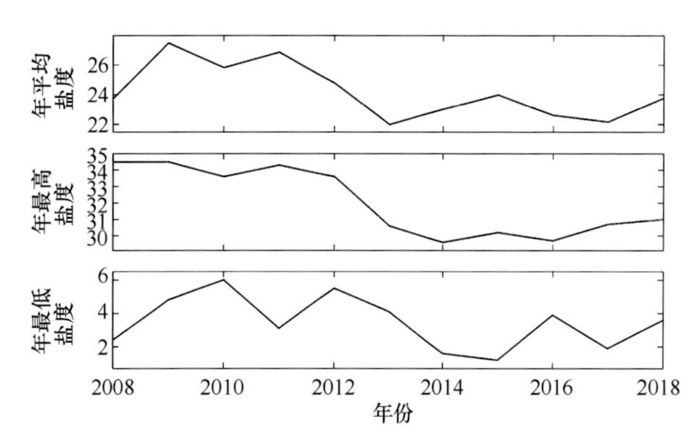

图 19-3-4 钦州站年平均、年最高和年最低盐度

第二十章　防城港站

第一节　概　况

防城港海洋环境监测站（简称防城港站）位于广西壮族自治区防城港市港口区。防城港市位于中国大陆海岸线的最西南端，东与钦州市毗邻，西与宁明县接壤，南临北部湾，西南与越南交界。防城港站所在的防城湾，三面丘陵环抱，湾口朝南，口门宽约 10.4 km，分为东湾和西湾两个海湾，西湾位于防城港市中心城区，南部与北部湾相连，北接防城江。该湾大部分海域水深较浅，滩涂宽阔。

防城港站建于 1995 年，隶属于国家海洋局南海分局，2019 年 7 月后隶属于自然资源部南海局。设有气象观测场、验潮井和温盐井等，观测要素有潮位、海浪、表层海水温度、表层海水盐度、风、气压、气温、相对湿度、降水量、海面有效能见度和雾等。验潮站位于防城港市港务集团公司码头第八泊位，底质为泥沙，井内淤积少，最低潮位时水深超过 1 m，周围无浅滩，风浪对其无影响。温盐测点与验潮站在一处，测点附近水深约 12 m，底质为泥沙，与外海水流畅通。温盐测点下游约 50 m 处有一排污口，仅作雨天排水使用，在台风和强降水期间，对温盐数值影响较明显。另外，防城江江水对温盐数据有影响，6—9 月影响较大。海浪目测测点位于站部南面 7 km 处，防城港港务集团码头第 28 泊位，底质为沙质，水深约 12 m。2016 年 6 月由人工观测转为自动观测，测波仪观测点位于白龙尾横岭，观测点西北面 350 m 为海关雷达，西南面 150 m 为航标灯塔，东南沿海，观测场开阔度 180°，海面视野开阔。气象观测场最初位于港口区巴望路风球岭，2011 年搬迁至防城港龙孔墩，距站部 2.2 km，距验潮站 2.9 km。GPS 测点位于防城港站部的办公楼楼顶①。

图 20-1-1　防城港站潮汐观测场

防城港站有关测点见图 20-1-1。

第二节　潮　汐

（一）潮高基准面和潮汐类型

防城港站潮位从井内水尺零点起算，井内水尺零点为本站的潮高基准面。本站全日分潮与半日分潮振幅之比 $(H_{K_1}+H_{O_1})/H_{M_2}=4.7$，属于正规全日潮。在一个太阳日内出现一次高潮和一次低潮。

（二）潮位

防城港站多年平均潮位为 235.1 cm，平均潮位的年变化呈单峰型，峰值出现在 10 月，为 249.3 cm；

① 自然资源部南海局：防城港站业务工作档案，2018 年。

谷值出现在2月，为222.6 cm（图20-2-1）。平均潮位的年变幅为26.7 cm。6—11月平均潮位高于年平均潮位，12月至翌年5月平均潮位低于年平均潮位。各月最高潮位均在460 cm以上，其中6—8月和11月至翌年1月较大，均在520 cm以上，6月最大，为534 cm；2—4月最高潮位不超过500 cm，3月最小，为460 cm。各月最低潮位均在7 cm以下，1月最低，为-33 cm。详见表20-2-1。

历年平均潮位均大于228 cm，最高值为241.9 cm（2012年），最低值为229.2 cm（1996年），多年变幅为12.7 cm。历年最高潮位均大于475 cm，最高值为534 cm（2013年6月23日17时30分）。年最高潮位多出现在6—7月和11—12月，个别年份出现在1月和8月。历年最低潮位均低于40 cm，最低值为-33 cm（2005年1月12日17时21分）。年最低潮位除7月、8月和10月外，在其余各月均有出现，其中以1月和12月居多。详见图20-2-2。

表20-2-1　防城港站潮位年变化　单位：cm

	1月	2月	3月	4月	5月	6月	7月	8月	9月	10月	11月	12月	全年
平均潮位	225.2	222.6	225.4	229.2	233.7	237.8	240.6	238.6	241.5	249.3	243.2	232.6	235.1
最高潮位	521	490	460	500	516	534	522	528	502	514	532	527	534
最低潮位	-33	-1	-18	1	-19	-5	-9	6	-31	14	-27	-31	-33

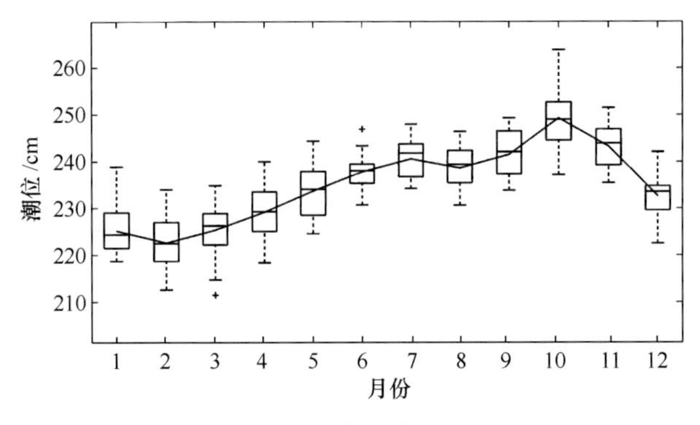

图20-2-1　防城港站月平均潮位

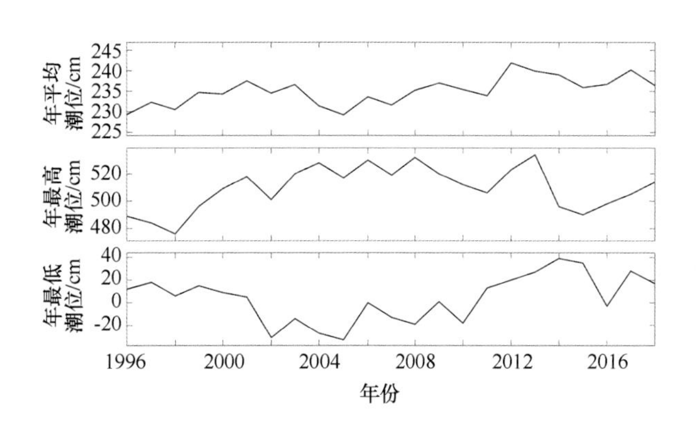

图20-2-2　防城港站年平均、年最高和年最低潮位

（三）潮差

防城港站多年平均潮差为236.3 cm，潮差的年变幅较大。平均潮差的年变化呈双峰型，峰值出现在6月和12月，分别为260.2 cm和261.4 cm；谷值出现在3月和9月，分别为206.0 cm和218.2 cm（图20-2-3）。1月、5—8月和11—12月的最大潮差在495 cm以上，1月最大，为535 cm；其他月份均小于480 cm，3月最小，为434 cm。详见表20-2-2。

历年平均潮差最大为264.9 cm（2007年），最小为214.0 cm（2015年），多年变幅为50.9 cm。1996—2007年呈增大趋势，2007—2015年逐年减小。历年最大潮差均在420 cm以上，其中最大值为535 cm（2005年1月）。年最大潮差多出现在1月和12月，个别年份出现在5—7月和11月。详见图20-2-4。

表20-2-2　防城港站潮差年变化　单位：cm

	1月	2月	3月	4月	5月	6月	7月	8月	9月	10月	11月	12月	全年
平均潮差	248.4	210.8	206.0	223.8	247.4	260.2	252.1	224.8	218.2	233.2	249.9	261.4	236.3
最大潮差	535	478	434	437	501	513	510	505	442	471	497	525	535

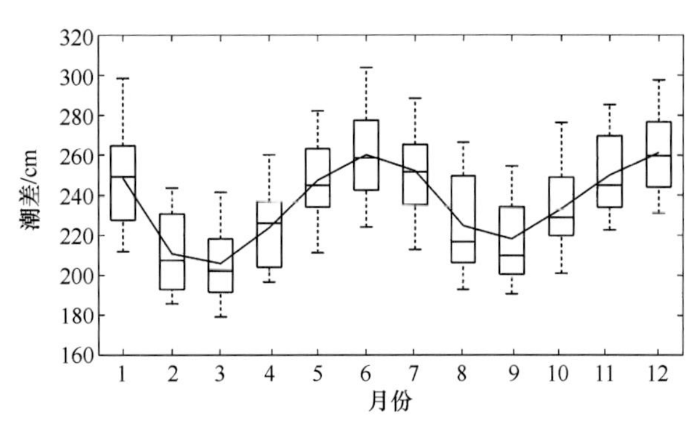

图 20-2-3　防城港站月平均潮差

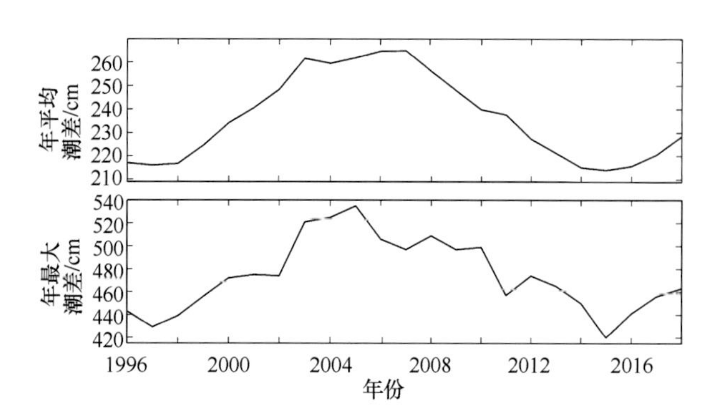

图 20-2-4　防城港站年平均和年最大潮差

第三节　海　浪

（一）海况

防城港站附近海区的海况一般为 4 级以下，年频率高达 98.70%，其中，0～2 级海况最多，占 61.23%，其次是 3 级海况，占 25.80%，4 级海况占 11.67%，5 级及以上海况频率仅占 1.31%。一年中，0～2 级海况在春季出现最多，夏季次之。3 级海况秋季最多，其次是冬季和夏季，春季最少。4 级海况冬季出现最多，其次为秋季和夏季，春季最少。5 级海况夏季出现最多，其次为冬季。6 级及以上海况夏季出现频率较高，这是由夏季热带气旋伴随狂风大浪引起的。详见表 20-3-1。

最大海况 7 级出现在 2007 年 7 月 5 日和 2014 年 7 月 19 日，这是受 0703 号热带风暴“桃芝”和 1409 号台风“威马逊”影响。

表 20-3-1　防城港站四季及全年各级海况频率

	0～2 级	3 级	4 级	5 级	6 级	≥7 级
春季	68.78%	22.67%	7.70%	0.83%	0.02%	—
夏季	63.09%	24.40%	10.59%	1.77%	0.08%	0.06 %
秋季	59.02%	27.95%	11.83%	1.20%	—	—
冬季	53.80%	27.29%	17.51%	1.40%	—	—
全年	61.23%	25.80%	11.67%	1.26%	0.03%	0.02%

“—”表示未出现。

（二）风浪

防城港站多年平均风浪频率为 99.98%。从季节上看，春季、秋季和冬季的频率为 100%，夏季频率为 99.95%。详见表 20-3-2。

全年风浪多出现在 NNE—NE 向和 SSW—SW 向，其中 NNE 向最多（40.07%），其次是 SSW 向（10.46%）。春季风浪多出现在 NNE—NE 向和 S—SW 向，其中 NNE 向最多（29.99%），其次是 SSW 向（12.79%）。夏季风浪多出现在 SSE—SW 向和 NNE 向，其中 SSW 向最多（23.43%），其次是 SW 向（18.96%）。秋季风浪多出现在 N—ENE 向，其中 NNE 向最多（50.31%），其次是 NE 向（13.40%）。冬季风浪多出现在 N—NE 向，其中 NNE 向最多（71.28%），其次是 N 向（9.40%）。详见图 20-3-1。

表 20-3-2　防城港站风浪频率年变化

	1 月	2 月	3 月	4 月	5 月	6 月	7 月	8 月	9 月	10 月	11 月	12 月	春季	夏季	秋季	冬季	全年
频率/%	100	100	100	100	100	100	100	99.86	100	100	100	100	100	99.95	100	100	99.98

（三）涌浪

防城港站近岸出现涌浪不多，全年涌浪出现频率为 8.13%，从季节上看，夏季出现涌浪相对较多，春季次之，再次为秋季，冬季较少。详见表 20-3-3。

全年涌浪多出现在 SE—SSW 向，其中 SE 向涌浪频率最大（26.31%），其次是 S 向（20.47%）和 SSW 向（18.88%）。春季涌浪多出现在 SE—SSW 向，其中 S 向最多（26.39%），其次是 SSE 向（25.56%）和 SE 向（23.61%）。夏季涌浪多出现在 SSE—SSW 向，其中 SSW 向最多（32.40%），其次是 S 向（21.35%）和 SSE 向（18.16%）。秋季涌浪多出现在 ESE—SE 向和 S 向，其中 SE 向最多（33.88%），其次是 S 向（22.45%）和 ESE 向（16.33%）。冬季涌浪多出现在 SE—SSE 向，其中 SE 向最多（75.0%），其次是 SSE 向（16.67%）。详见图 20-3-2。

表 20-3-3 防城港站涌浪频率年变化

	1月	2月	3月	4月	5月	6月	7月	8月	9月	10月	11月	12月	春季	夏季	秋季	冬季	全年
频率/%	1.85	7.69	11.25	7.95	8.32	14.42	15.08	14.33	6.67	8.87	7.41	6.45	9.18	13.72	7.65	4.91	8.13

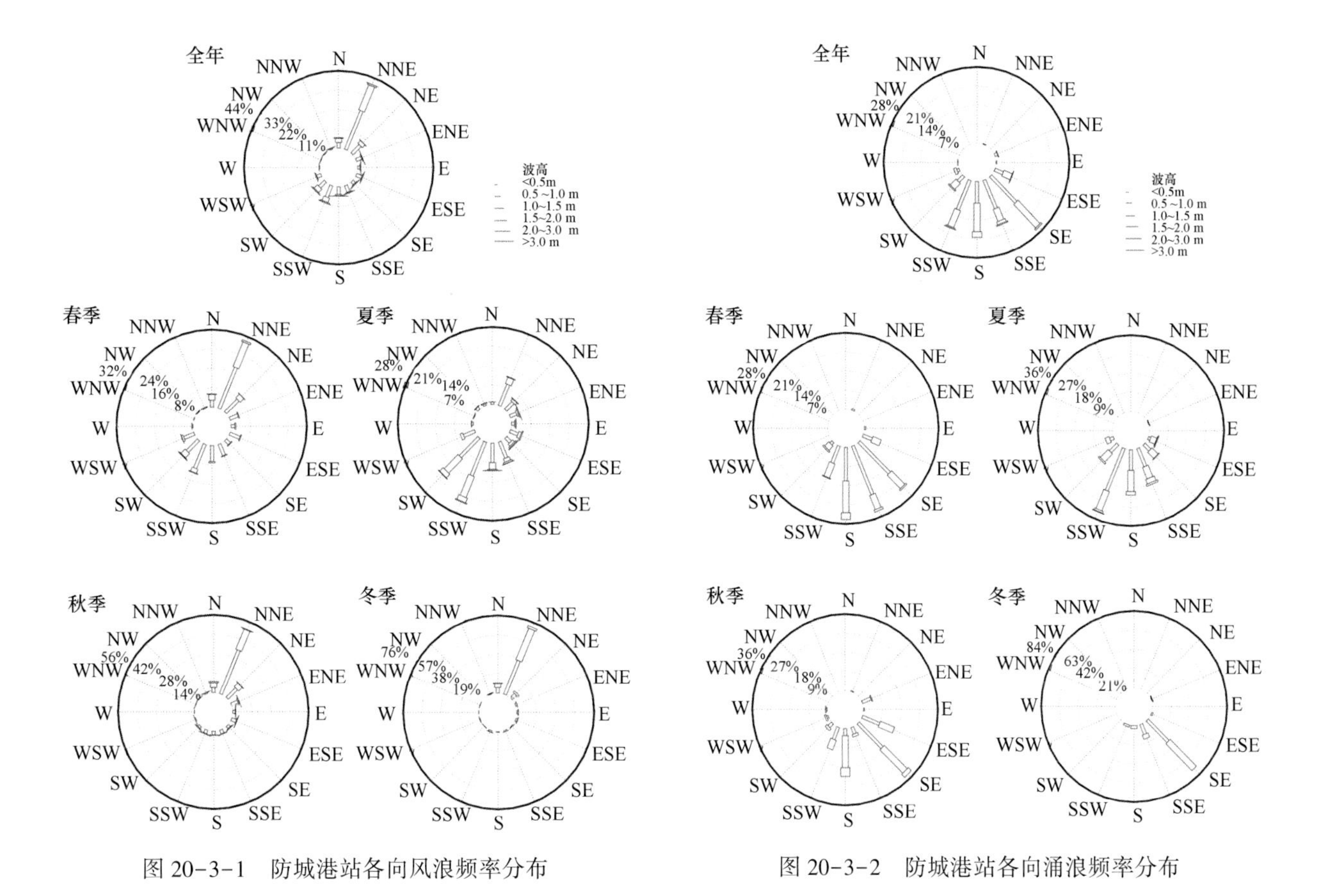

图 20-3-1 防城港站各向风浪频率分布　　图 20-3-2 防城港站各向涌浪频率分布

（四）波高

1. 平均波高和最大波高

多年平均波高为 0.5 m。6—7 月和 12 月，月平均波高较大，均大于多年平均波高；最大平均波高出现在 7 月，为 0.7 m（图 20-3-3）。夏季平均波高最大，其次为冬季，春季和秋季平均波高最小。7—9 月和 12 月至翌年 2 月最大波高均在 4.0 m 以上，12 月和 1 月最大波高分别为 5.3 m 和 5.1 m，其他月份为 1.6~3.6 m。详见表 20-3-4。

年平均波高最大为 0.6 m，出现在 2018 年；最小为 0.4 m，出现在 2014 年，多年变幅为 0.2 m。历年最大波高差异较大，在 1.4~5.3 m 之间，多出现在 6—9 月。历史最大波高为 5.3 m，出现在 2011 年 12 月 1 日 14 时。详见图 20-3-4。

表 20-3-4 防城港站平均波高和最大波高年变化 单位：m

	1 月	2 月	3 月	4 月	5 月	6 月	7 月	8 月	9 月	10 月	11 月	12 月	全年
平均波高	0.5	0.4	0.4	0.4	0.4	0.6	0.7	0.4	0.4	0.5	0.5	0.6	0.5
最大波高	5.1	4.3	1.6	1.7	2.3	2.9	4.0	4.4	4.0	2.8	3.6	5.3	5.3

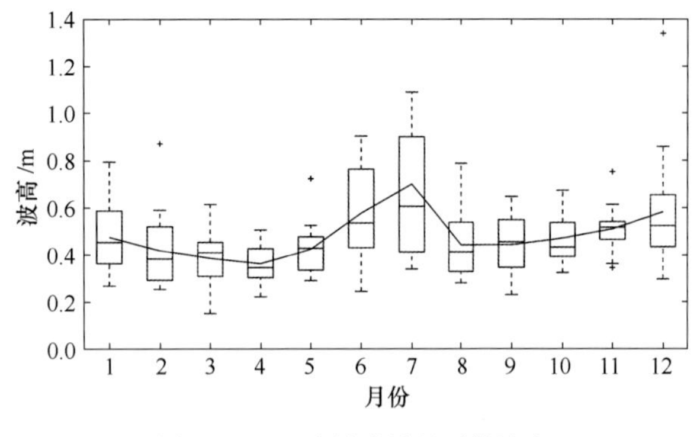

图 20-3-3 防城港站月平均波高

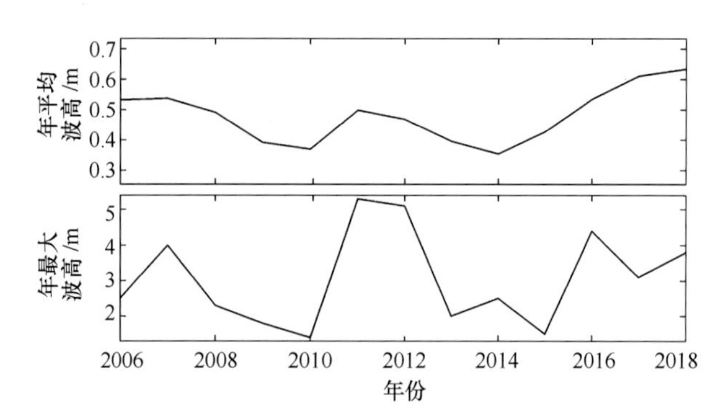

图 20-3-4 防城港站年平均和年最大波高

2. 各向平均波高和最大波高

全年各向平均波高在 0.5~0.6 m 之间，其中 N 向和 SW 向较大。春季 N 向和 NNW 向较大，为0.6 m；夏季 SE 向最大，为 0.7 m；秋季 NW 向和 WNW 向较大，分别为 0.9 m 和 0.8 m；冬季 N 向和 NNE 向较大，均为 0.6 m。详见表 20-3-5。

全年各向最大波高在 1.1~4.0 m 之间，其中以 S 向最大，为 4.0 m，其次是 ENE 向，为 3.0 m。春季以 SW 向最大，为 2.3 m；夏季以 S 向最大，为 4.0 m；秋季以 E 向最大，为 2.8 m；冬季以 NNE 向最大，为 1.6 m。详见表 20-3-6。

表 20-3-5 防城港站全年及四季各向平均波高 单位：m

	N	NNE	NE	ENE	E	ESE	SE	SSE	S	SSW	SW	WSW	W	WNW	NW	NNW
全年	0.6	0.5	0.5	0.5	0.5	0.5	0.5	0.5	0.5	0.5	0.6	0.5	0.5	0.5	0.5	0.5
春季	0.6	0.5	0.5	0.4	0.4	0.4	0.4	0.4	0.4	0.5	0.5	0.5	0.5	0.4	0.5	0.6
夏季	0.6	0.5	0.5	0.6	0.6	0.6	0.7	0.6	0.5	0.6	0.6	0.5	0.4	0.5	0.5	0.5
秋季	0.6	0.5	0.5	0.4	0.5	0.5	0.5	0.4	0.5	0.5	0.5	0.4	0.5	0.8	0.9	0.5
冬季	0.6	0.6	0.4	0.4	0.4	0.4	0.5	0.4	0.4	0.4	0.5	0.5	0.4	0.5	—	0.5

“—”表示未出现。

表 20-3-6 防城港站全年及四季各向最大波高 单位：m

	N	NNE	NE	ENE	E	ESE	SE	SSE	S	SSW	SW	WSW	W	WNW	NW	NNW
全年	2.0	2.3	1.6	3.0	2.8	2.3	2.5	2.6	4.0	2.5	2.3	1.5	1.1	1.5	1.1	1.3
春季	1.8	1.6	1.6	1.1	0.9	1.1	1.5	1.5	1.8	1.6	2.3	1.3	1.0	0.5	0.9	1.0
夏季	2.0	1.6	1.6	3.0	1.7	1.9	2.5	2.6	4.0	2.5	2.0	1.4	1.1	1.0	1.0	1.2
秋季	1.6	2.3	1.5	1.8	2.8	2.3	1.6	1.4	2.3	2.2	1.8	1.5	0.9	1.5	1.1	1.3
冬季	1.4	1.6	1.1	0.9	0.9	0.9	1.3	1.2	1.1	1.2	0.7	0.7	0.6	0.7	—	1.0

“—”表示未出现。

第四节　表层海水温度和盐度

（一）表层海水温度

防城港站多年平均表层海水温度为 23.7℃，夏季最高，其次是秋季和春季，冬季最低。平均海温的年变化呈单峰型（图 20-4-1），峰值出现在 8 月，为 30.1℃；谷值出现在 1 月，为 15.1℃。平均海温的年较差为 15℃。1—6 月平均海温逐月上升，6—9 月都在 29.2℃以上，8 月至翌年 1 月逐月迅速下降。5—9 月最高海温均在 32℃以上，9 月最高，为 34.6℃，其余月份在 22.8~31.9℃之间。11 月至翌年 4 月最低海温都在 14.5℃以下，2 月最低，为 8.6℃，5—9 月最低海温为 20.3~24.7℃。详见表 20-4-1。

历年平均海温最高为 24.7℃（2015 年和 2018 年），最低为 22.5℃（2011 年）。历年最高海温均大于 31.3℃，最高值为 34.6℃（2018 年 9 月 7 日 18 时）。年最高海温多出现在 7—8 月，个别年份出现在 6 月和 9 月。历年最低海温均小于 14.2℃，最低值为 8.6℃（2008 年 2 月 2 日 11 时）。年最低海温多出现在 12 月、1 月和 2 月。详见图 20-4-2。

表 20-4-1　防城港站表层海水温度年变化　　单位：℃

	1月	2月	3月	4月	5月	6月	7月	8月	9月	10月	11月	12月	全年
平均温度	15.1	15.4	18.3	23.2	27.6	29.4	29.6	30.1	29.2	26.6	22.2	17.3	23.7
最高温度	22.8	24.2	26.0	29.2	32.5	33.4	33.2	34.3	34.6	31.9	28.1	25.0	34.6
最低温度	9.4	8.6	11.0	14.2	22.6	24.7	24.0	24.4	20.3	19.5	14.2	11.4	8.6

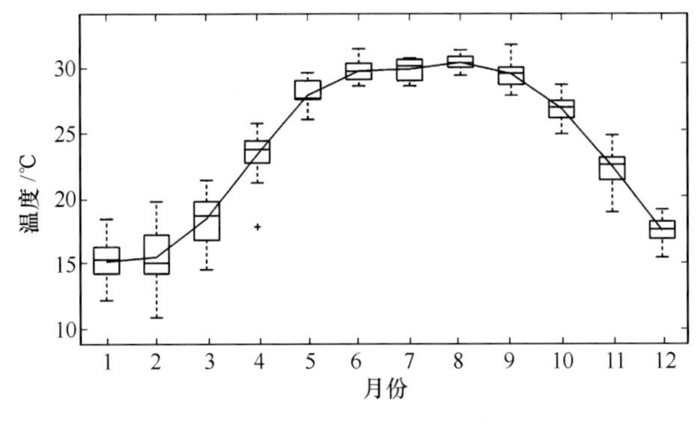

图 20-4-1　防城港站月平均海温

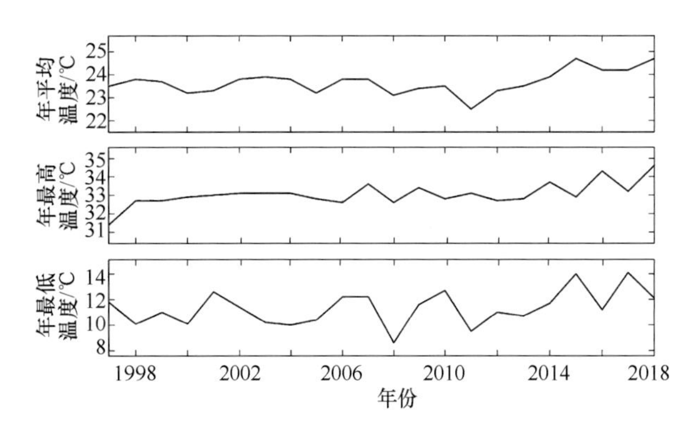

图 20-4-2　防城港站年平均、年最高和年最低海温

（二）表层海水盐度

防城港站多年平均表层海水盐度较低，为 23.85。平均盐度的年变化呈“V”形，12 月至翌年 4 月平均盐度较高，都在 26 以上，峰值出现在 3 月，月平均盐度为 27.72；6—9 月平均盐度较低，谷值出现于 7 月，为 15.89（图 20-4-3）。各月最高盐度均在 29.3 以上，其中 1 月和 3 月都在 34 以上。各月最低盐度均在 19 以下，其中 4—11 月在 7 以下，其余月份不低于 11.7。详见表 20-4-2。

表 20-4-2　防城港站表层海水盐度年变化

	1月	2月	3月	4月	5月	6月	7月	8月	9月	10月	11月	12月	全年
平均盐度	26.97	27.61	27.72	27.34	25.39	20.82	15.89	17.73	20.79	24.26	25.21	26.52	23.85
最高盐度	34.6	33.89	34.09	33.71	32.34	33.54	29.3	30.5	32.7	33.9	31.6	33.21	34.6
最低盐度	14.0	17.6	18.6	6.9	1.7	1.6	1.3	1.1	1.2	1.9	3.8	11.7	1.1

历年平均盐度均超过 20.88，最高为 27.81（2006 年），最低为 20.89（2016 年）。历年最高盐度均大

于 28.8，最高值为 34.6（2011 年 1 月 25 日 14 时）。年最高盐度在 10 月至翌年 5 月均有出现。历年最低盐度均小于 14，最低值为 1.1（2008 年 8 月 9 日 9 时）。年最低盐度多出现在 7—8 月，个别年份出现在 6 月和 9 月。详见图 20-4-4。

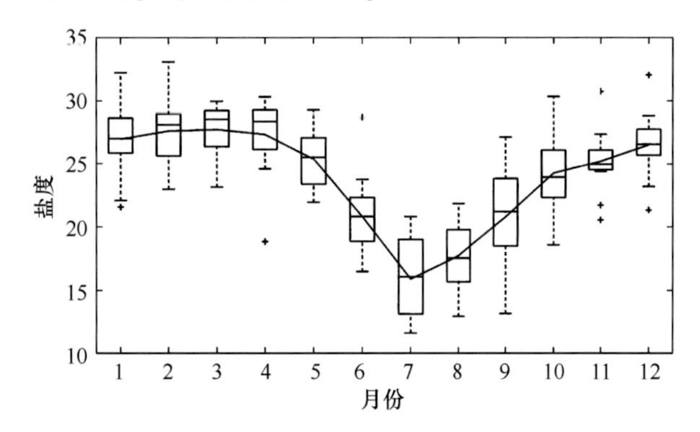

图 20-4-3　防城港站月平均盐度

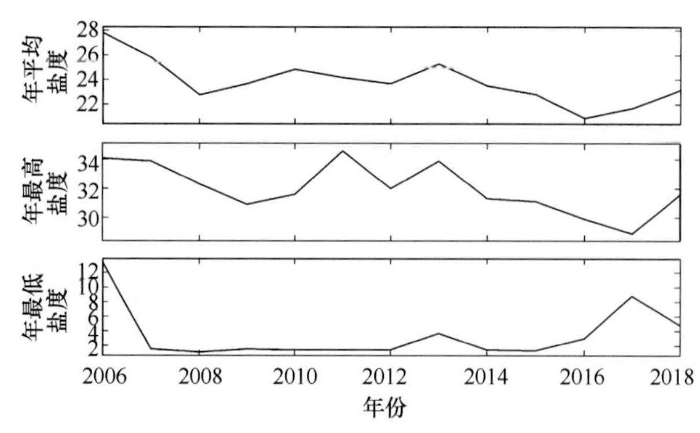

图 20-4-4　防城港站年平均、年最高和年最低盐度

海南海区

海南省海区海洋站分布于海南岛沿岸和南沙群岛、西沙群岛，现有12个站（点），本书涉及其中的9个站（点），详见海南海区主要海洋站分布示意图。除南沙站和西沙站外，其余站均设在沿岸。

海洋站观测资料表明：除海口秀英港至东方八所港海域潮汐为正规全日潮外，海南岛沿岸其他海域以及南沙群岛和西沙群岛海域潮汐为不正规全日潮。月平均潮位存在明显的季节变化。除西沙站和南沙站外，其余各站在9—11月为高水位，月平均潮位最高值出现在10月，在3—7月为低水位，最低值多出现在6月、7月。西沙站月平均潮位最高值出现在8月，最低值出现在1—2月；南沙站月平均潮位最高值出现在9月，最低值出现在1月。除西沙站和南沙站外，其余各站最高潮位多出现在9—12月，最低潮位多出现在6—7月。西沙站最高潮位多出现在5—9月，最低潮位多出现在1—3月和11—12月；南沙站最高潮位多出现在6—8月，最低潮位多出现在1月和12月。平均潮差年变化大部分呈现双峰型。

莺歌海站和东方站多年平均波高均为0.7 m，南沙站和西沙站均为1.3 m。除南沙站风浪频率为83.62%外，其余各站风浪频率都在99%以上，东方站达100%。除莺歌海站外，其余各站风浪向冬季盛行NNE—ENE向，夏季盛行SSW—SW向；莺歌海站风浪向冬季盛行NNW向和SE向，夏季盛行SE—SSE向。各站涌浪频率均在40%以下。除莺歌海站外，各站涌浪向冬季盛行NNE—ENE向，夏季盛行S—SW向；莺歌海站涌浪向冬季盛行S向和WNW向，夏季盛行SSW—SW向。各站最大波高和海况多出现在6—10月，主要是由台风引起。

海南岛沿岸属热带海洋气候，全年暖热、雨量充沛、干湿季节明显，台风活动频繁，气候资源多样。全岛降雨充沛，东多西少，中部和东部相对湿润，西南部沿海相对干燥。多年平均表层海温为25.2~27.4℃。月平均海温、最高海温和最低海温存在明显的季节变化。各站月平均海温最高值为29.4~30.4℃，出现在6月和8—9月；月平均海温最低值为19.4~23.5℃，出现在1—2月。最高海温为33.1~35.4℃，出现在6—9月；最低海温为12.6~18.7℃，出现在12月和2月。最低盐度多出现在7—8月和10—11月，主要是受雨季和台风影响。

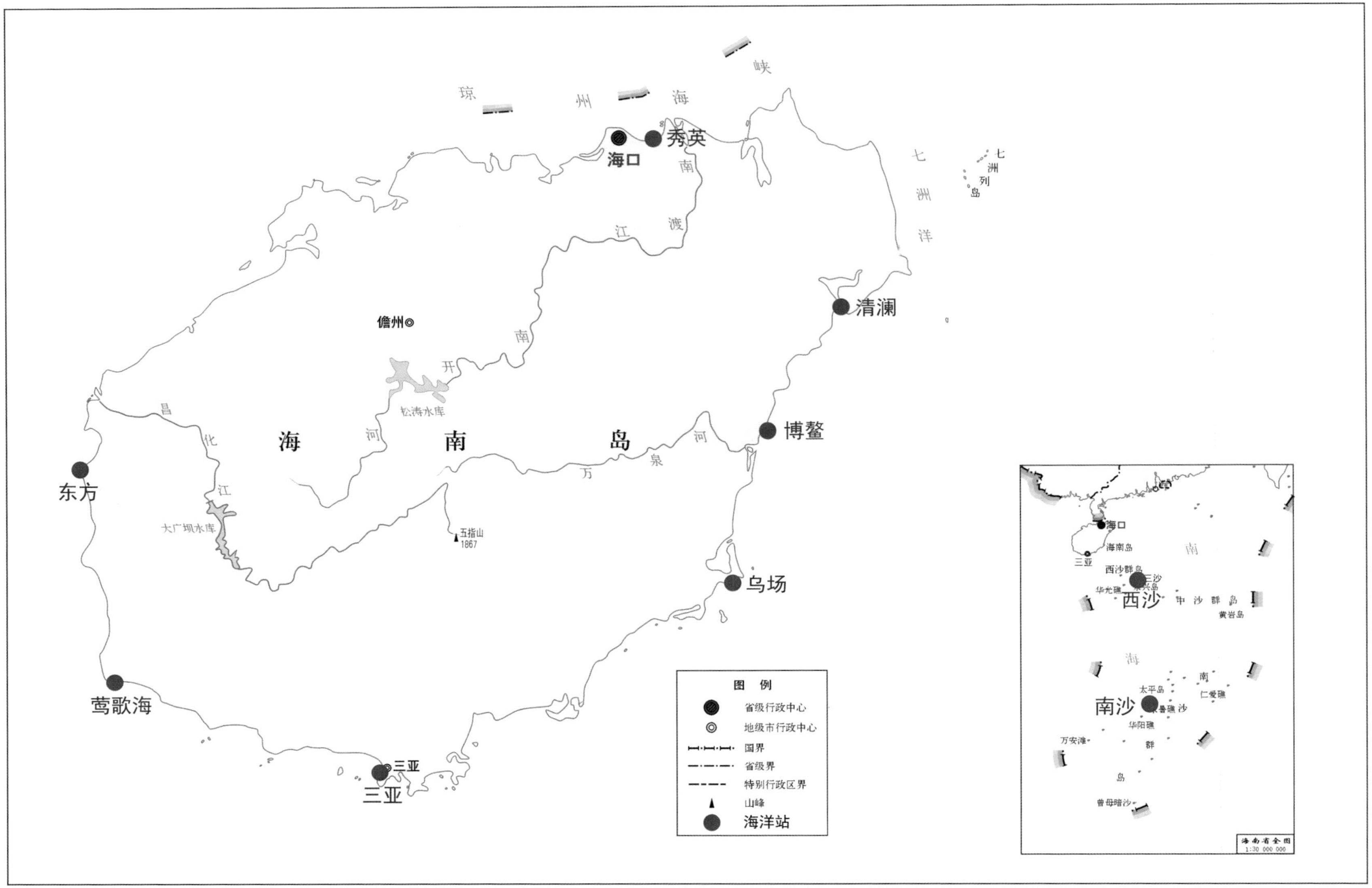

海南海区主要海洋站分布示意图

第二十一章　秀英站

第一节　概　况

秀英海洋环境监测站（简称秀英站）位于海南省海口市秀英港码头南面约 500 m 处。海口市地处海南岛北部，与广东省湛江市徐闻县海安镇隔琼州海峡相望。琼州海峡呈东西走向，东连南海北部、西接北部湾，东西长约 80 km，南北最大宽度 39.5 km，最窄 19.4 km。海峡的南侧是弯曲的海岸，秀英港处在新海至白沙角一段长约 20 km 的湾口中部。秀英港东北方 5~10 km 是海南岛的第一大河——南渡江的入海口。秀英港附近是大片平坦地带，距金鸡岭 46 km。

秀英港底质以泥沙为主，个别地段为沙泥、沙贝和沙石。其东、西两侧均是较平缓的弧形海岸线。港池水深 4~5 m，航道水深 3~4 m。

秀英站始建于 1959 年，最初隶属于广东省气象局，1966 年 1 月至 1989 年 6 月隶属于国家海洋局南海分局，1989 年 7 月至 1996 年 9 月隶属于海南省海洋局，1996 年 10 月后隶属于国家海洋局南海分局，2019 年 7 月后隶属于自然资源部南海局。设有验潮井、温盐井和气象观测场。目前，主要观测项目有：潮汐、海浪、海面有效能见度、表层海水温度、表面海水盐度、海发光、气温、相对湿度、降水量、风、气压和雾等。验潮室位于秀英港一区码头西北角，底质为泥沙，水深为 1~3 m。温盐测点与潮汐测点在一起，温盐井安装在码头边上，水深在 1 m 以上，泥沙底质，与外海畅通，温盐测点左侧不远处有一排水口，排水时对温度和盐度有一定影响；遇到洪水时，南渡江的大量淡水入海，对近岸温度和盐度有影响；测点附近常有游艇停泊，停泊船只较多时，其排污对温度和盐度亦有影响。遥测波浪浮标位于粤海铁路码头附近海域，观测区域开阔。风向风速传感器和海况视频安装在验潮室屋顶上，气压传感器安装在验潮室的采集器内①。

图 21-1-1　秀英站验潮室、气象观测场

秀英站有关测点见图 21-1-1。

第二节　潮　汐

（一）潮高基准面和潮汐类型

秀英站潮位从井内水尺零点起算，井内水尺零点为本站的潮高基准面。本站全日分潮与半日分潮振幅之比 $(H_{K_1}+H_{O_1})/H_{M_2}=4.2$，属于正规全日潮。在一个太阳日内出现一次高潮和一次低潮。

（二）潮位

秀英站多年平均潮位为 160.8 cm。平均潮位年变化呈单峰型，峰值出现在 10 月，为 177.6 cm；谷值出现在 2 月，为 153.9 cm（图 21-2-1）。平均潮位的年变幅为 23.7 cm。9—12 月平均潮位高于年平均潮位，1—8 月平均潮位低于年平均潮位。各月最高潮位均在 263 cm 以上，其中 6—12 月均在 302 cm 以上，

① 自然资源部南海局：秀英站业务工作档案，2018 年。

9 月最大，为 452 cm；1—5 月最高潮位较小，不超过 296 cm，2 月最小，为 263 cm。各月最低潮位均在 25 cm 以下，10 月最高，为 24 cm；其余月份为-33~20 cm，6 月最低，为-33 cm。详见表 21-2-1。

平均潮位的多年变化不规则，整体呈升高趋势。历年平均潮位均大于 148.5 cm，最高值为 171.5 cm（2017 年），最低值为 148.8 cm（1983 年），多年变幅 22.7 cm。历年最高潮位均大于 265 cm，最高值为 452 cm（2014 年 9 月 16 日 10 时 50 分）。年最高潮位多出现在 9—11 月，个别年份出现在 6—8 月和 12 月。历年最低潮位均低于 40 cm，最低值为-33 cm（1992 年 6 月 29 日 2 时 53 分）。年最低潮位除 3 月、8 月和 10—11 月外，其余各月均有出现，以 6 月和 1 月居多。详见图 21-2-2。

表 21-2-1　秀英站潮位年变化　　单位：cm

	1月	2月	3月	4月	5月	6月	7月	8月	9月	10月	11月	12月	全年
平均潮位	156.7	153.9	154.5	155.2	156.4	156.5	155.8	158.8	166.5	177.6	172.5	164.9	160.8
最高潮位	289	263	269	278	296	302	401	362	452	332	308	310	452
最低潮位	-5	-3	20	10	-6	-33	-5	-1	-9	24	18	-2	-33

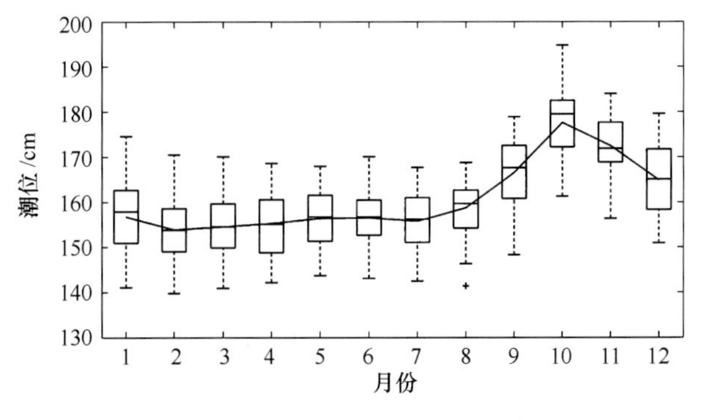

图 21-2-1　秀英站月平均潮位

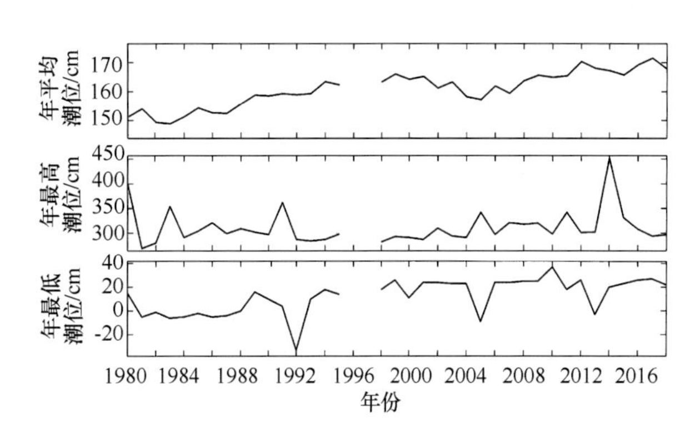

图 21-2-2　秀英站年平均、年最高和年最低潮位

（三）潮差

秀英站多年平均潮差为 110.8 cm。平均潮差 7 月最大，可达 119.5 cm，4 月最小，为 101.6 cm，年较差为 17.9 cm，其余各月为 103.1~117.3 cm（图 21-2-3）。1 月、5—8 月和 11—12 月的最大潮差均在 261 cm 以上，其中 12 月最大，为 274 cm；其他月份均不超过 256 cm，3 月最小，为 213 cm。详见表 21-2-2。

历年平均潮差最大为 120.8 cm（2006 年），最小为 99.6 cm（1998 年），多年变幅为 21.2 cm。年平均潮差 1980—1984 年呈增大趋势，1984—1990 年变化不大，1990—1994 年呈减小趋势，1998—2006 年呈增大趋势，2006—2015 年逐年减小。历年最大潮差均在 221 cm 以上，最大值为 274 cm（2011 年 7 月）。年最大潮差除 2—4 月外其余各月均有出现，其中以 1 月、6 月和 11—12 月居多。详见图 21-2-4。

表 21-2-2　秀英站潮差年变化　　单位：cm

	1月	2月	3月	4月	5月	6月	7月	8月	9月	10月	11月	12月	全年
平均潮差	116.0	105.4	103.1	101.6	104.9	115.9	119.5	114.6	112.7	110.5	108.0	117.3	110.8
最大潮差	273	251	213	242	266	270	274	261	256	256	268	274	274

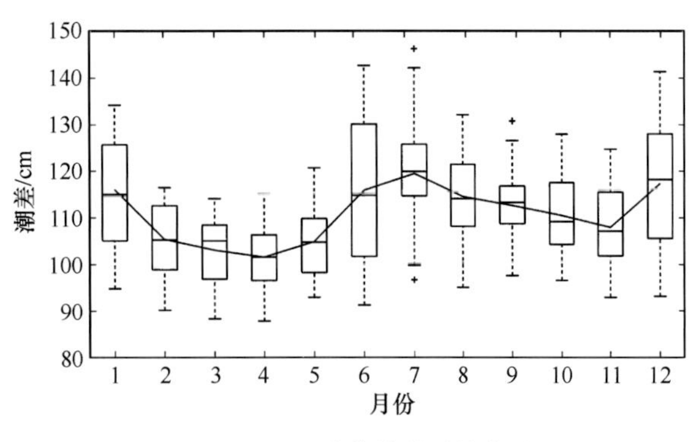

图 21-2-3　秀英站月平均潮差

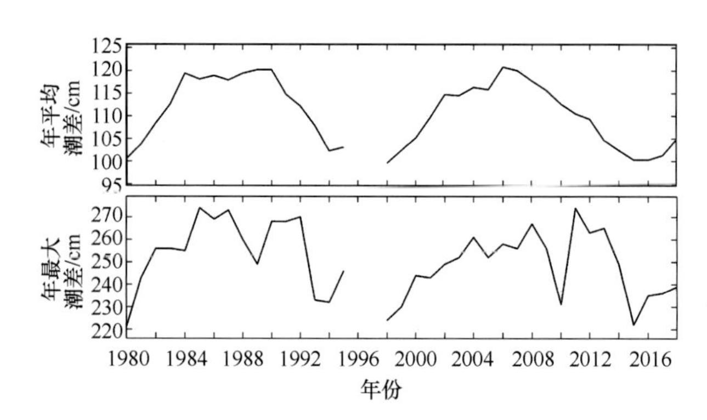

图 21-2-4　秀英站年平均和年最大潮差

第三节　表层海水温度和盐度

（一）表层海水温度

秀英站多年平均表层海水温度为 25.2℃，夏季最高，冬季最低。平均海温的年变化呈单峰型，峰值出现在 8 月，为 30.1℃；谷值出现在 2 月，为 19.4℃（图 21-3-1）。平均海温的年较差为 10.7℃。2—6 月平均海温逐月上升，6—9 月都在 29.2℃以上，8 月至翌年 2 月逐月下降。各月最高海温 5—9 月均在 32℃以上，7 月最高，为 34.5℃，其他月份在 23.5～31.3℃之间。11 月至翌年 4 月最低海温不超过 18.6℃，2 月最低，为 12.7℃，5—9 月最低海温为 22.0～26.4℃。详见表 21-3-1。

历年平均海温最高为 26.1℃（2015 年），最低为 24.2℃（1984 年）。历年最高海温均大于 30.9℃，最高值为 34.5℃（1986 年 7 月 2 日 14 时）。年最高海温多出现在 7—8 月，个别年份出现于 6 月和 9 月。历年最低海温均小于 19.2℃，最低值为 12.7℃（1980 年 2 月 9 日 8 时）。年最低海温多出现在 1—2 月和 12 月，个别年份出现在 3 月。详见图 21-3-2。

表 21-3-1　秀英站表层海水温度年变化　　单位:℃

	1月	2月	3月	4月	5月	6月	7月	8月	9月	10月	11月	12月	全年
平均温度	19.5	19.4	21.0	23.8	27.3	29.4	30.0	30.1	29.2	27.3	24.6	21.3	25.2
最高温度	23.9	23.5	26.4	31.1	32.2	33.5	34.5	33.8	33.6	31.3	29.0	25.8	34.5
最低温度	13.3	12.7	13.6	17.8	22.0	26.3	26.4	25.9	25.4	20.3	18.6	13.9	12.7

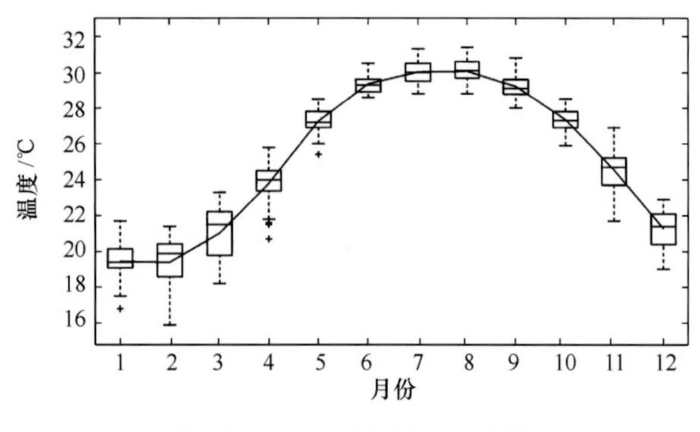

图 21-3-1　秀英站月平均海温

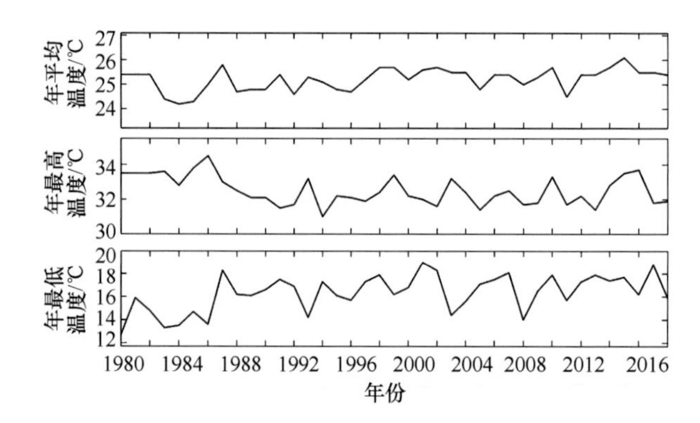

图 21-3-2　秀英站年平均、年最高和年最低海温

（二）表层海水盐度

秀英站平均海表盐度较低，多年平均盐度为 28.44。峰值出现在 3 月，为 29.64，谷值出现在 10 月，

为 26.76，年较差 2.88。6—7 月和 10 月至翌年 3 月平均盐度逐月上升，4—6 月和 7—10 月平均盐度逐月下降（图 21-3-3）。各月最高盐度均在 32.9 以上，其中 2—5 月、7 月和 11—12 月都在 34 以上。各月最低盐度均不超过 16.5，2 月和 4—11 月在 14.5 以下，其中 2 月低至 7.08。详见表 21-3-2。

历年平均盐度均超过 24.1，最高为 30.79（2018 年），最低为 24.2（2002 年）。历年最高盐度均大于 29.9，最高值为 34.7（2009 年 11 月 11 日 4 时）。年最高盐度除 10 月外，其余月份均有出现，其中以 2—4 月居多。历年最低盐度均小于 22.3，最低值为 7.08（1994 年 2 月 25 日 14 时）。年最低盐度多出现在 6 月和 8—10 月，个别年份出现在 1—2 月、4 月和 11 月。详见图 21-3-4。

表 21-3-2　秀英站表层海水盐度年变化

	1月	2月	3月	4月	5月	6月	7月	8月	9月	10月	11月	12月	全年
平均盐度	28.81	28.96	29.64	29.45	28.64	28.13	28.59	28.17	27.38	26.76	28.01	28.69	28.44
最高盐度	33.3	34.0	34.3	34.46	34.5	33.2	34.2	33.8	33.6	32.9	34.7	34.0	34.7
最低盐度	16.2	7.08	15.75	13.5	8.91	9.48	14.2	12.61	11.7	9.45	12.77	16.5	7.08

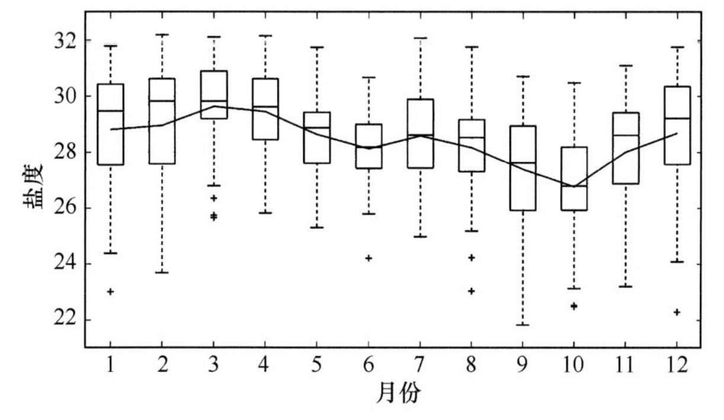

图 21-3-3　秀英站月平均盐度

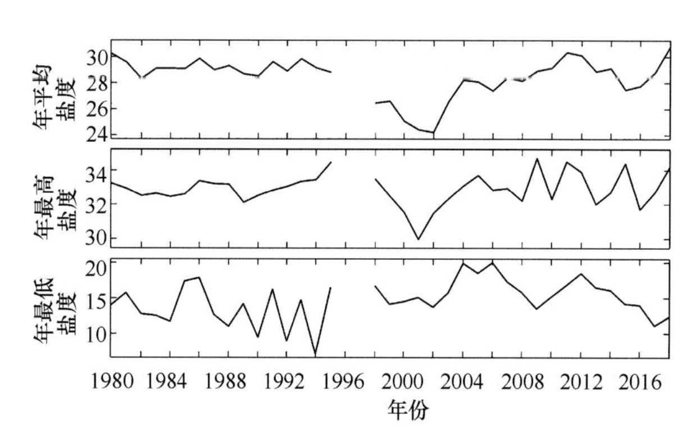

图 21-3-4　秀英站年平均、年最高和年最低盐度

第二十二章　清澜站

第一节　概　况

清澜海洋环境监测站（简称清澜站）位于海南省文昌市文城镇清澜港附近。清澜港位于海南省文昌市东南部，港区附近地势平坦，植被茂密，四周 20 km 内无明显山丘，仅东北面约 24 km 处有一海拔高度为 338 m 的铜鼓岭。东南面约 4 km 以外是浩瀚的大海。北面的八门湾是似三角形的近于封闭的浅水港，八门湾四周浅滩，文昌河和文教河分别由西北角和东北角汇集于湾内。八门湾湾口至外海间是一条长达 7~8 km较平直的航道，其走向为北西北—南东南。清澜港是指清澜镇至外海间长约 4 km 的航道，主航道的水深低潮时大于 3. 5 m，最深处可达 11. 4 m。港口 1 500 m 以外水深大于 5 m，2 500 m 以外水深大于 10 m，其西侧附近尚有一大片低潮时可露出水面的沙洲。

清澜站始建于 1959 年 9 月，曾隶属于广东省气象局、国家海洋局南海分局、海南省海洋局，2019 年 7 月后隶属于自然资源部南海局。清澜站设有气象观测场、验潮井和温盐井等。观测项目主要有：潮汐、表层海水温度、表层海水盐度、海发光、气温、气压、相对湿度、降水量、风、雾、海面有效能见度和 GPS 等。清澜站表层海水温度、表层海水盐度和海发光测点位于清澜港西岸，水深 2~4 m，底质为泥沙质。测点的南、北两侧各有一淡水溪流出口，此外汇集于八门湾的淡水也经此入海，受径流量影响较大，雨季表层海水盐度显著降低，盐度值可接近 0。潮汐测点位于清澜站北面清澜港西岸码头桥上，距离站址约 1 000 m，验潮井类型为岛式，底质为泥土，最低潮时水深约 2 m，与外海通畅，有泥沙淤积现象；测点进水口前方约 100 m 处有一小沙滩，低潮时对潮位有影响。气象测点设在站部上，观测场四周附近有高度不等的树木和建筑物，对风向、风速资料均有影响①。

图 22-1-1　清澜站验潮室

清澜站有关测点见图 22-1-1。

第二节　潮　汐

（一）潮高基准面和潮汐类型

清澜站潮位从井内水尺零点起算，井内水尺零点为本站的潮高基准面。本站全日分潮与半日分潮振幅之比 $(H_{K_1} + H_{O_1}) / H_{M_2} = 2.1$，属于不正规全日潮。在一个朔望月的大多数日子里，一天只出现一次高潮和一次低潮，有少数日子一天出现两次高潮和两次低潮。

（二）潮位

清澜站多年平均潮位为 106. 0 cm。平均潮位的年变化呈单峰型，峰值出现在 10 月，为 127. 3 cm；谷值出现在 6 月和 7 月，为 94. 9 cm（图 22-2-1）。平均潮位的年变幅为 32. 4 cm。9—12 月平均潮位高于年平均潮位，1—8 月平均潮位低于年平均潮位。各月最高潮位均在 200 cm 以上，其中 5—12 月较大，均在

① 自然资源部南海局：清澜站业务工作档案，2018 年。

232 cm 以上，9 月最大，为 315 cm；1—4 月最高潮位较小，均在 227 cm 以下，3 月最小，为 200 cm。各月最低潮位均在 28 cm 以下，最低潮位-28~27 cm，6 月最低，为-28 cm。详见表 22-2-1。

平均潮位的多年变化不规则，历年平均潮位均大于 96 cm，最高值为 116.3 cm（2017 年），最低值为 96.3 cm（1993 年），多年变幅为 20 cm。历年最高潮位均大于 212 cm，最高值为 315 cm（2005 年 9 月 26 日 3 时 34 分）。年最高潮位多出现在 9—12 月，个别年份出现在 1—2 月、5 月和 7—8 月。历年最低潮位均低于 5 cm，最低值为-28 cm（2005 年 6 月 23 日 19 时 38 分）。年最低潮位多出现在 6—7 月，个别年份出现于 1 月和 5 月。详见图 22-2-2。

表 22-2-1　清澜站潮位年变化　　单位：cm

	1 月	2 月	3 月	4 月	5 月	6 月	7 月	8 月	9 月	10 月	11 月	12 月	全年
平均潮位	105.8	100.9	99.7	98.8	98.5	94.9	94.9	100.7	114.1	127.3	121.5	114.7	106.0
最高潮位	226	219	200	212	232	241	274	259	315	268	232	234	315
最低潮位	-17	-13	-4	-2	-14	-28	-24	-23	9	27	5	-9	-28

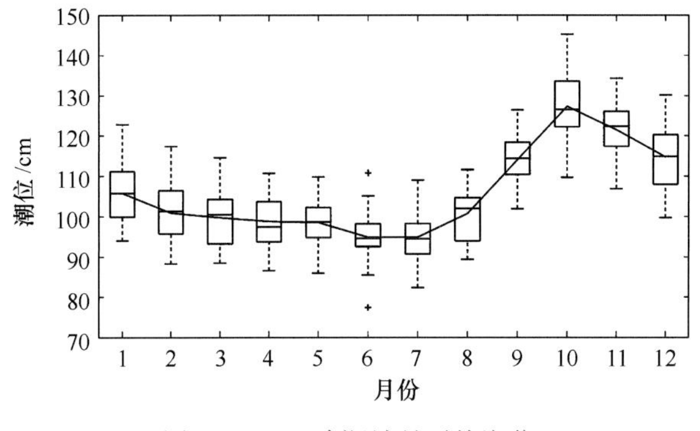

图 22-2-1　清澜站月平均潮位

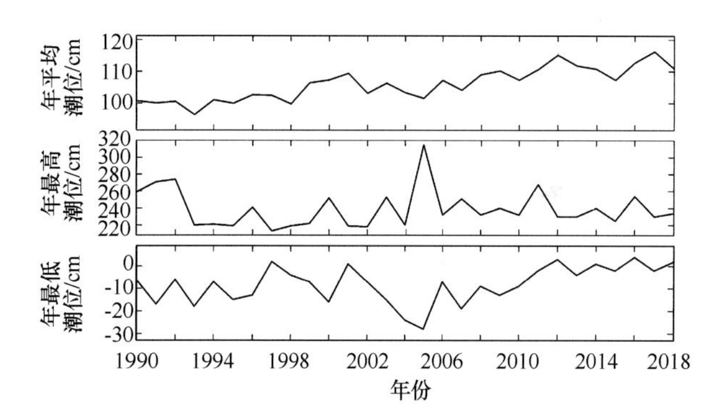

图 22-2-2　清澜站年平均、年最高和年最低潮位

（三）潮差

清澜站潮差较小，多年平均潮差为 80.5 cm，潮差的年变幅较小，年较差为 1.7 cm。平均潮差最大值出现于 1 月，为 81.3 cm；最小值出现于 3 月和 7 月，均为 79.6 cm（图 22-2-3）。1 月、5—8 月和 11—12 月最大潮差在 202 cm 以上，12 月最大，为 212 cm，其次为 1 月和 6 月，均为 211 cm；其余月份均小于 195 cm，3 月最小，为 164 cm。详见表 22-2-2。

表 22-2-2　清澜站潮差年变化　　单位：cm

	1 月	2 月	3 月	4 月	5 月	6 月	7 月	8 月	9 月	10 月	11 月	12 月	全年
平均潮差	81.3	80.3	79.6	80.3	80.5	80.2	79.6	80.5	80.5	80.0	80.8	80.2	80.5
最大潮差	211	193	164	185	203	211	208	203	171	182	202	212	212

历年平均潮差最大为 90.5 cm（2006 年），最小为 72.7 cm（1996 年和 2016 年），多年变幅为 17.8 cm。年平均潮差 1990—1996 年呈减小趋势，1996—2006 年呈增大趋势，2006—2017 年逐年减小。历年最大潮差均在 180 cm 以上，其中最大值为 212 cm（2004 年 12 月）。年最大潮差多出现在 1 月和 12 月，个别年份出现在 5—7 月和 11 月。详见图 22-2-4。

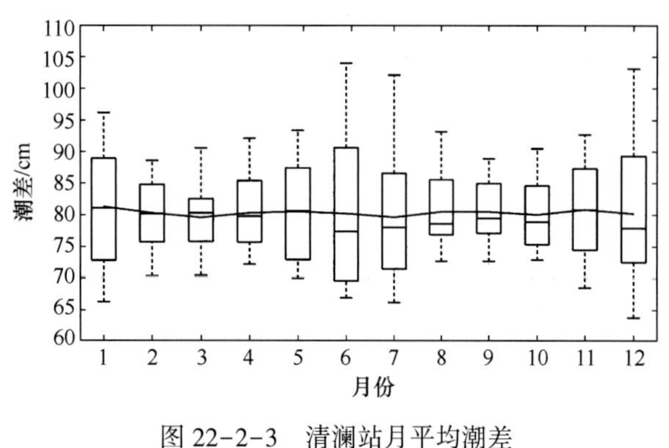

图 22-2-3　清澜站月平均潮差

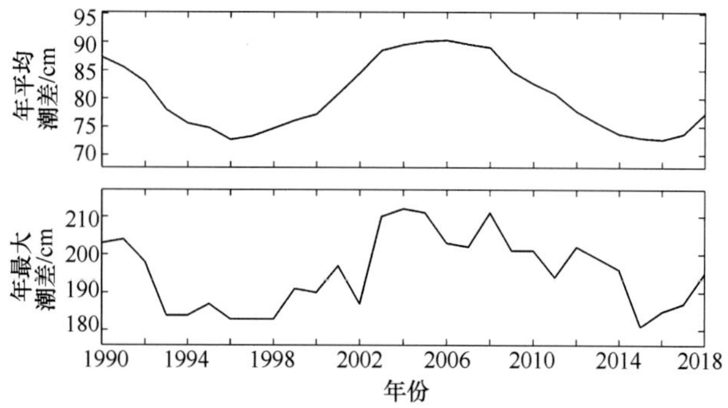

年平均潮差/cm
年最大潮差/cm
年份

图 22-2-4　清澜站年平均和年最大潮差

第三节　表层海水温度和盐度

（一）表层海水温度

清澜站多年平均表层海水温度为 26.3℃。夏季最高，其次是秋季和春季，冬季最低。平均海温的年变化呈单峰型（图 22-3-1），峰值出现在 8 月，为 30.3℃；谷值出现在 1 月，为 20.6℃。平均海温的年较差为 9.7℃。1—5 月平均海温逐月迅速升高，5—9 月平均海温都在 29.2℃以上，8 月至翌年 1 月逐月迅速下降。5—10 月最高海温均在 33℃以上，8 月最高，为 34.7℃，其他月份在 26.2~31.9℃之间。12 月至翌年 3 月最低海温都在 15℃以下，2 月最低，为 13.9℃，5—11 月为 18.8~25.6℃。详见表 22-3-1。

历年平均海温最高为 27.5℃（1998 年），最低为 25.4℃（1984 年）。历年最高海温均大于 32℃，最高值为 34.7℃（2017 年 8 月 1 日 16 时）。年最高海温多出现在 6—8 月，个别年份出现在 5 月和 9 月。历年最低海温均小于 18.2℃，最低值为 13.9℃（2008 年 2 月 15 日 7 时）。年最低海温多出现于 1—2 月和 12 月，个别年份出现在 3 月。详见图 22-3-2。

表 22-3-1　清澜站表层海水温度年变化　　单位：℃

	1月	2月	3月	4月	5月	6月	7月	8月	9月	10月	11月	12月	全年
平均温度	20.6	21.4	23.7	26.7	29.2	30.2	30.2	30.3	29.5	27.4	24.7	21.6	26.3
最高温度	26.2	28.1	29.7	31.9	33.5	34.5	34.0	34.7	34.4	33.0	30.4	28.5	34.7
最低温度	14.5	13.9	14.6	18.9	23.8	25.6	25.3	24.9	23.9	21.0	18.8	14.8	13.9

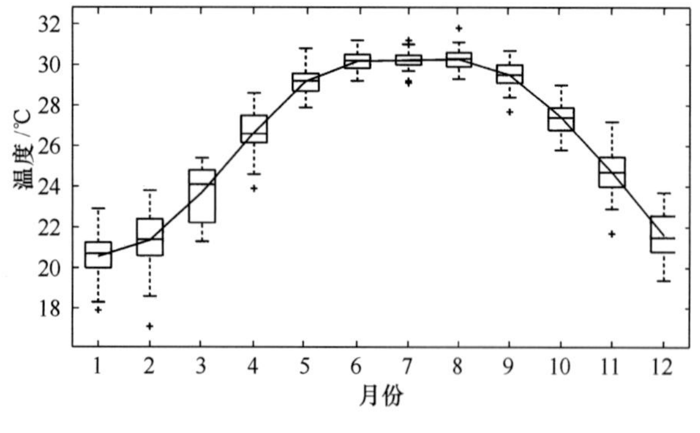

图 22-3-1　清澜站月平均海温

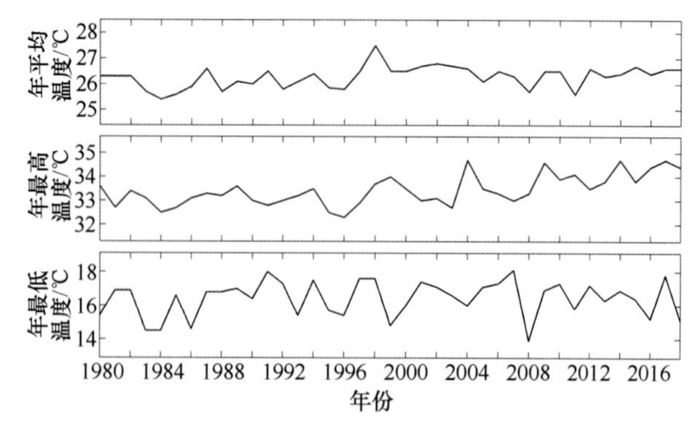

图 22-3-2　清澜站年平均、年最高和年最低海温

（二）表层海水盐度

清澜站平均表层海水盐度较低，变幅较大，多年平均值为 25.56。平均盐度的年变化呈“V”形，

1—4 月平均盐度相对较高，都在 29 以上，最大值出现在 3 月，为 30. 28；6—11 月盐度较低，谷值出现于 10 月，为 17. 54（图 22-3-3）。各月最高盐度均在 33. 3 以上，其中 4 月最高，为 34. 941。各月最低盐度均在 16 以下，其中 1 月和 4—12 月小于 3. 5，6 月最低，为 0. 5。详见表 22-3-2。

历年平均盐度均超过 21. 58，最高为 31. 2（1987 年），最低为 21. 59（1997 年）。历年最高盐度均大于 31. 8，最高值为 34. 941（2005 年 4 月 16 日 14 时）。除 10 月外，其余月份均出现过年最高盐度，其中 3—5 月和 7 月居多。历年最低盐度均小于 12. 2，最低值为 0. 5（2017 年 6 月 24 日 17 时）。除 2—3 月外，其余月份均出现过年最低盐度，其中以 9—10 月居多。详见图 22-3-4。

表 22-3-2　清澜站表层海水盐度年变化

	1 月	2 月	3 月	4 月	5 月	6 月	7 月	8 月	9 月	10 月	11 月	12 月	全年
平均盐度	29. 39	29. 97	30. 28	29. 60	26. 92	24. 56	24. 94	22. 76	18. 79	17. 54	24. 47	27. 73	25. 56
最高盐度	34. 9	34. 5	34. 9	34. 941	34. 9	34. 9	34. 8	34. 7	34. 9	33. 3	34. 8	34. 8	34. 941
最低盐度	1. 0	15. 8	11. 23	2. 0	2. 23	0. 5	0. 8	0. 91	1. 0	1. 7	2. 0	3. 38	0. 5

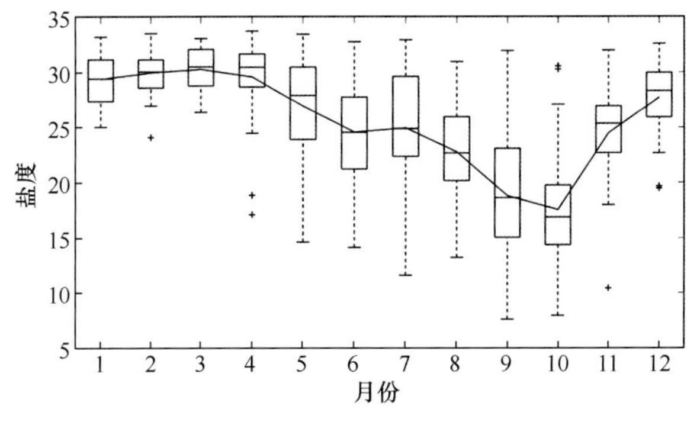

图 22-3-3　清澜站月平均盐度

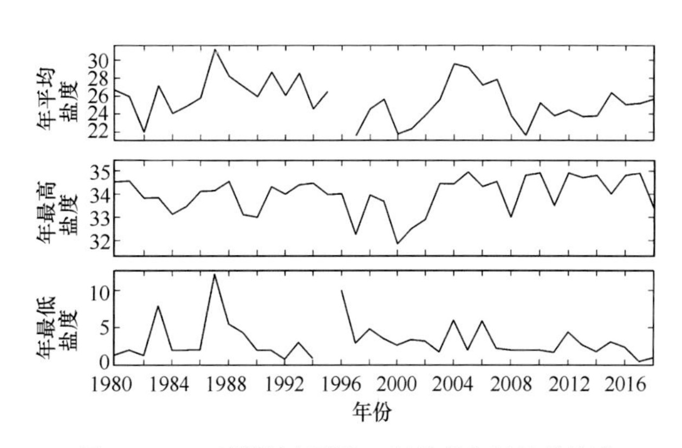

图 22-3-4　清澜站年平均、年最高和年最低盐度

第二十三章　博鳌站

第一节　概　况

博鳌海洋环境监测站（简称博鳌站）位于海南省琼海市博鳌镇排园村东南。琼海市位于海南省东部，万泉河中下游，北距海口市 78 km，南距万宁市 60 km、三亚市 163 km，西连定安县、屯昌县，东濒文昌清澜港。

博鳌站成立于 2008 年 1 月，隶属于国家海洋局南海分局，2019 年 7 月后隶属于自然资源部南海局。博鳌站由秀英站管理，全部自动化监测，目前观测项目主要有潮汐、表层海水温度、表层海水盐度、气压、风和海浪等。

验潮井为岛式验潮井，钢筋混凝土结构，设置于离岸边 208 m 的礁石上，中间由栈桥连接，稳定性好，底质为岩石，水深大于 1.5 m；验潮井与外海畅通，无泥沙淤积，受风浪影响较为明显，风浪大时，消波效果受到影响。温盐传感器安装在温盐井内，附近无排水排污管道影响，水质良好，代表性好①。

图 23-1-1　博鳌站潮汐和温盐观测场

博鳌站有关测点见图 23-1-1。

第二节　潮　汐

（一）潮高基准面和潮汐类型

博鳌站潮位从井内水尺零点起算，井内水尺零点为本站的潮高基准面。本站全日分潮与半日分潮振幅之比 $(H_{K_1}+H_{O_1})/H_{M_2}=2.5$，属于不正规全日潮。在一个朔望月的大多数日子里，一天只出现一次高潮和一次低潮，有少数日子一天出现两次高潮和两次低潮。

（二）潮位

博鳌站多年平均潮位为 126.0 cm。平均潮位的年变化呈单峰型，峰值出现在 10 月，为 147.9 cm；谷值出现在 6 月，为 114.0 cm。平均潮位的年较差为 33.9 cm（图 23-2-1）。9—12 月最高潮位均超过 240 cm，10 月最大，为 286 cm；1—8 月均不超过 234 cm，3 月最小，为 209 cm。10 月最低潮位为 55 cm，其余月份为 4~48 cm，6 月最低，为 4 cm。详见表 23-2-1。

表 23-2-1　博鳌站潮位年变化　　单位：cm

	1月	2月	3月	4月	5月	6月	7月	8月	9月	10月	11月	12月	全年
平均潮位	127.3	121.7	120.5	119.7	118.3	114.0	114.1	119.4	132.7	147.9	141.3	135.1	126.0
最高潮位	234	219	209	224	225	234	230	220	253	286	242	244	286
最低潮位	21	30	40	27	22	4	9	24	41	55	48	10	4

历年平均潮位均大于 120 cm，最高值为 131.5 cm（2012 年），最低值为 120.7 cm（2015 年），多年

① 自然资源部南海局：博鳌站业务工作档案，2018 年。

变幅为 10.8 cm。历年最高潮位均大于 230 cm，最高值为 286 cm（2011 年 10 月 4 日 1 时 32 分）。年最高潮位多出现在 9—12 月。历年最低潮位均低于 26 cm，最低值为 4 cm（2017 年 6 月 25 日 18 时 1 分）。年最低潮位多出现在 5—7 月。详见图 23-2-2。

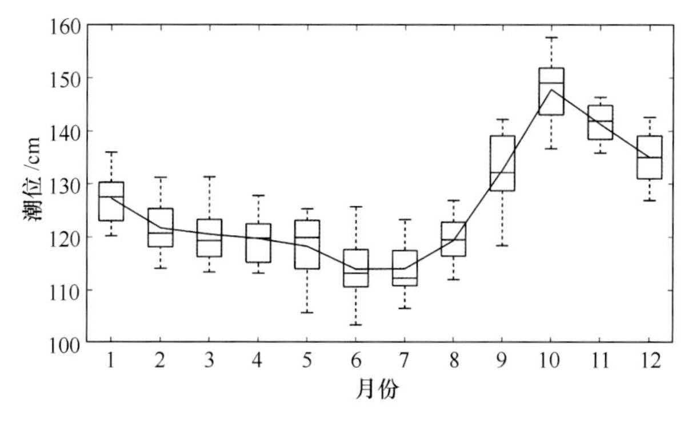

图 23-2-1　博鳌站月平均潮位

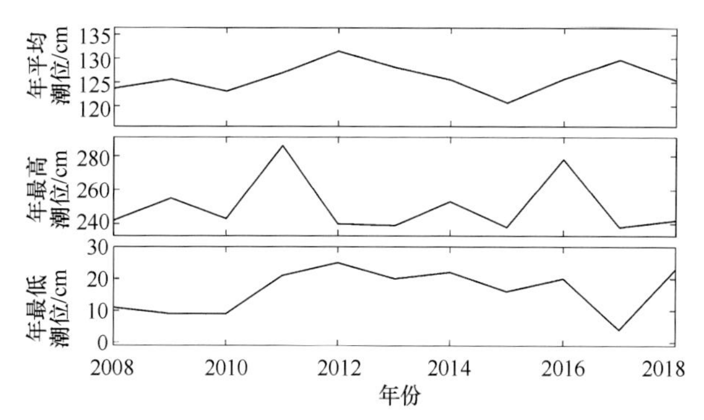

图 23-2-2　博鳌站年平均、年最高和年最低潮位

（三）潮差

博鳌站多年平均潮差为 81.9 cm。月平均潮差峰值出现在 6 月和 12 月，分别为 91.6 cm 和 97.9 cm；3 月和 10 月出现谷值，分别为 72.6 cm 和 73.9 cm（图 23-2-3）。1 月、5—7 月和 11—12 月的最大潮差在 187 cm 以上，12 月最大，为 199 cm；其余月份均小于 180 cm，3 月最小，为 143 cm。详见表 23-2-2。

历年平均潮差最大为 93.3 cm（2008 年），最小为 74.6 cm（2016 年），多年变幅为 18.7 cm。年平均潮差 2008—2016 年逐年减小，2016—2018 年逐年增大。历年最大潮差在 160 cm 以上，最大值为 199 cm（2008 年 12 月）。年最大潮差多出现在 1 月和 12 月，其次出现在 6 月和 7 月。详见图 23-2-4。

表 23-2-2　博鳌站潮差年变化　　单位：cm

	1 月	2 月	3 月	4 月	5 月	6 月	7 月	8 月	9 月	10 月	11 月	12 月	全年
平均潮差	89.5	77.4	72.6	76.3	84.8	91.6	86.0	79.1	74.3	73.9	84.7	97.9	81.9
最大潮差	198	170	143	167	192	195	187	177	151	159	188	199	199

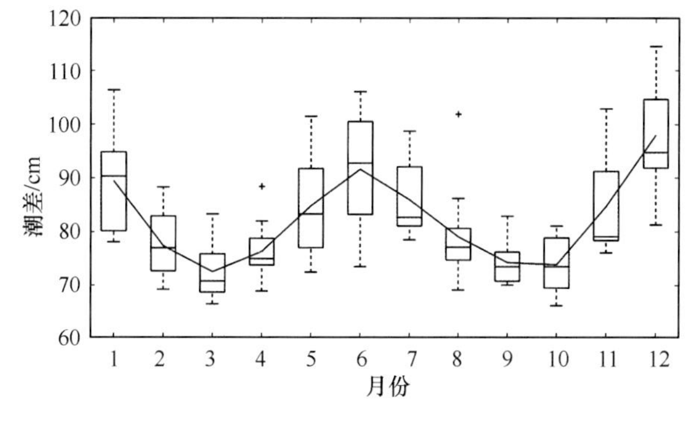

图 23-2-3　博鳌站月平均潮差

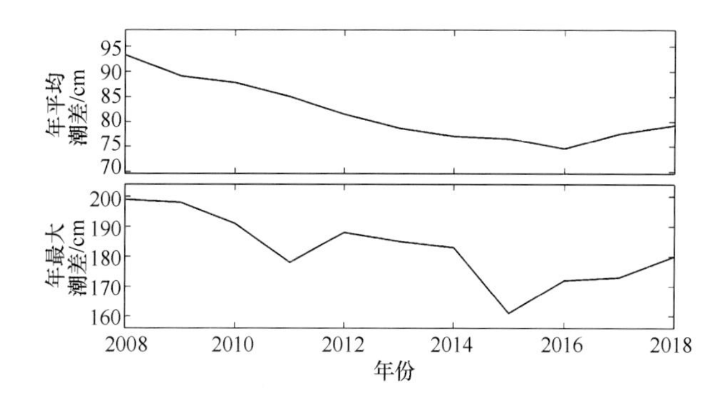

图 23-2-4　博鳌站年平均和年最大潮差

第三节　表层海水温度和盐度

（一）表层海水温度

博鳌站多年平均表层海水温度为 25.6℃，夏季最高，其次是秋季和春季，冬季最低。1—5 月平均海温逐月迅速上升，5—9 月平均海温都在 27℃以上，且缓慢上升，9 月达到最高，为 29.4℃，9 月至翌年 1

月逐月迅速下降，1月降到最低，为20.6℃（图23-3-1）。5—10月最高海温均在32℃以上，9月最高，为33.7℃，其余月份在25.8~30.8℃之间。11月至翌年4月最低海温均在19℃以下，2月最低，为14.0℃，5—10月为21.8~24.9℃。详见表23-3-1。

历年平均海温最高为26.4℃（2018年），最低为25.0℃（2011年）。历年最高海温均大于32℃，最高值为33.7℃（2012年9月12日16时）。年最高海温多出现在7—9月。历年最低海温均小于17.6℃，最低值为14.0℃（2008年2月14日7时）。年最低海温多出现在1—3月和12月。详见图23-3-2。

表23-3-1 博鳌站表层海水温度年变化

单位:℃

	1月	2月	3月	4月	5月	6月	7月	8月	9月	10月	11月	12月	全年
平均温度	20.6	21.0	23.5	25.5	27.5	27.6	27.9	28.9	29.4	27.8	25.6	22.3	25.6
最高温度	25.8	27.2	28.2	30.6	32.3	33.0	33.6	33.5	33.7	33.2	30.8	28.5	33.7
最低温度	14.3	14.0	17.6	18.6	22.9	22.4	21.8	22.8	24.9	22.5	18.5	16.9	14.0

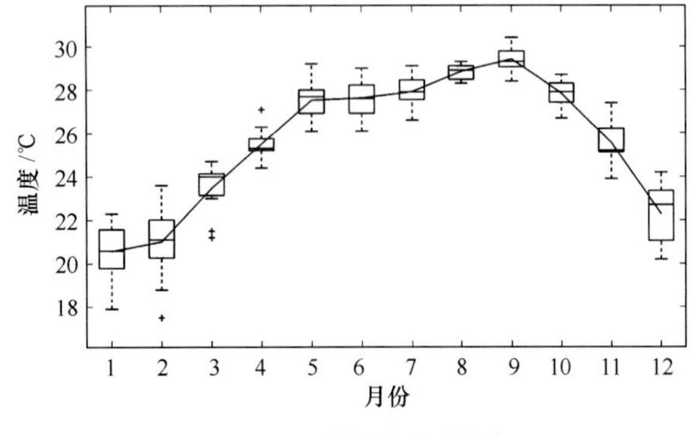

图23-3-1 博鳌站月平均海温

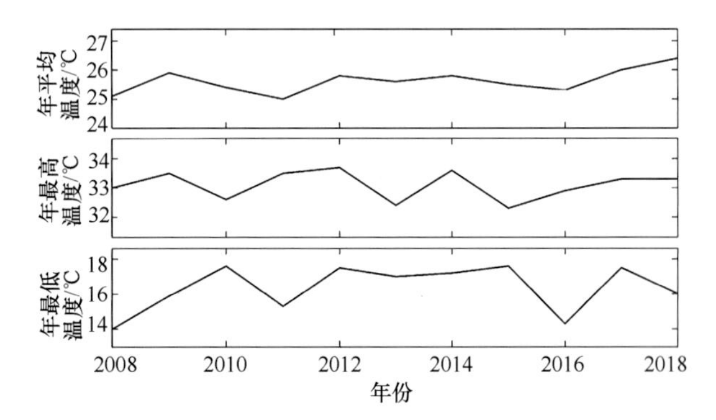

图23-3-2 博鳌站年平均、年最高和年最低海温

（二）表层海水盐度

博鳌站多年平均表层海水盐度为29.39。月平均盐度最低值出现在10月，为26.88，10—12月平均盐度逐月变大，1月平均盐度最高，为31.36，1—6月平均盐度逐渐减小（图23-3-3）。各月最高盐度为33.7~34.9，3月最高，为34.9。1月和4—11月最低盐度均低于14，11月最低，为2.0，其余月份为18.2~21.3。详见表23-3-2。

历年平均盐度均超过27.62，最高为30.68（2008年），最低为27.63（2010年）。历年最高盐度均大于33，最高值为34.9（2008年3月22日4时）。年最高盐度出现在2—5月和7—10月。历年最低盐度均小于13，最低值为2.0（2014年11月11日17时）。年最低盐度多出现在9—11月，个别年份出现在1月和4月。详见图23-3-4。

表23-3-2 博鳌站表层海水盐度年变化

	1月	2月	3月	4月	5月	6月	7月	8月	9月	10月	11月	12月	全年
平均盐度	31.36	30.86	30.31	29.17	29.11	28.42	28.66	28.55	28.34	26.88	29.65	31.35	29.39
最高盐度	33.9	34.1	34.9	34.8	34.8	34.7	34.7	34.0	34.8	34.8	34.2	33.7	34.9
最低盐度	12.0	21.3	18.2	10.2	10.1	12.2	8.2	13.2	3.5	2.3	2.0	19.1	2.0

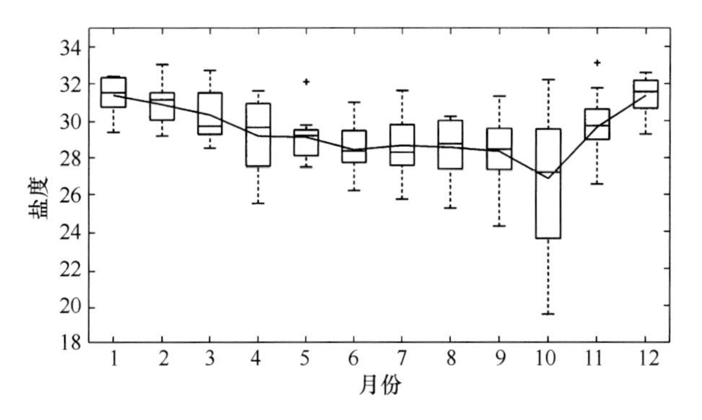

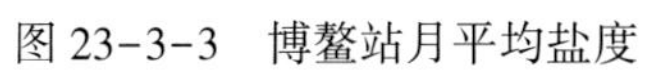
图 23-3-3　博鳌站月平均盐度

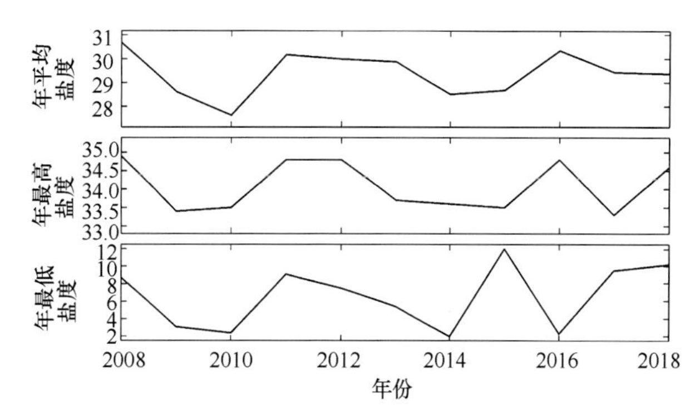

图 23-3-4　博鳌站年平均、年最高和年最低盐度

第二十四章　乌场站

第一节　概　况

乌场海洋环境监测站（简称乌场站）位于海南省万宁市北坡镇乌场村。万宁市位于海南省东南部沿海，东濒南海，西毗琼中，南邻陵水，北与琼海接壤。乌场站测点位于乌场村乌场港，港口东西两面各有高 60 m 的小山头，港口位于乌场湾内，受季节性季风影响涌浪大、波峰线长。底质为砂质，流沙量大，海岸线较直，水深 2 m，往外海约 15 km 处水深约 100 m。

图 24-1-1　乌场站潮汐和温盐观测场

乌场站于 1992 年建站，隶属于国家海洋局南海分局，2019 年 7 月后隶属于自然资源部南海局。乌场站开展有风、气压、表层海水温度和表层海水盐度等观测工作。温盐测点在码头东面，水深 2 m，受潮汐影响较大；测点周围淤泥较多，与外海畅通不佳，易受生活污水影响，港内渔船众多，对测点安全设施影响大①。

乌场站有关测点见图 24-1-1。

第二节　表层海水温度

乌场站多年平均表层海水温度为 26.3℃，夏季最高，其次是秋季和春季，冬季最低。1 月平均海温最低，为 21.5℃，1—6 月平均海温逐月迅速上升，6 月达到 29.2℃，7 月有所下降，8—9 月缓慢上升，9 月达到最高值，为 29.4℃，9 月至翌年 1 月逐月迅速下降（图 24-2-1）。各月最高海温，3—11 月均在 30℃以上，6 月最高，为 35.2℃，其他月份为 26.1~28.8℃。全年月最低海温都在 17℃以上，2 月最低，为 17.1℃，5—10 月为 23.0~25.2℃。详见表 24-2-1。

表 24-2-1　乌场站表层海水温度年变化　　单位:℃

	1月	2月	3月	4月	5月	6月	7月	8月	9月	10月	11月	12月	全年
平均温度	21.5	21.9	24.1	26.3	28.8	29.2	28.6	28.9	29.4	27.9	25.9	23.2	26.3
最高温度	26.1	27.3	30.6	32.0	34.3	35.2	33.2	33.2	33.6	32.8	31.0	28.8	35.2
最低温度	17.3	17.1	18.4	19.7	23.0	23.1	23.4	24.0	25.2	24.2	21.6	19.2	17.1

历年平均海温最高为 26.8℃（2012 年），最低为 25.9℃（2016 年）。历年最高海温均大于 32℃，最高值为 35.2℃（2006 年 6 月 24 日 14 时）。年最高海温出现在 5—6 月和 8—9 月。历年最低海温均小于 20℃，最低值为 17.1℃（2008 年 2 月 4 日 8 时）。年最低海温出现在 1—3 月和 12 月。详见图 24-2-2。

① 自然资源部南海局：乌场站业务工作档案，2018 年。

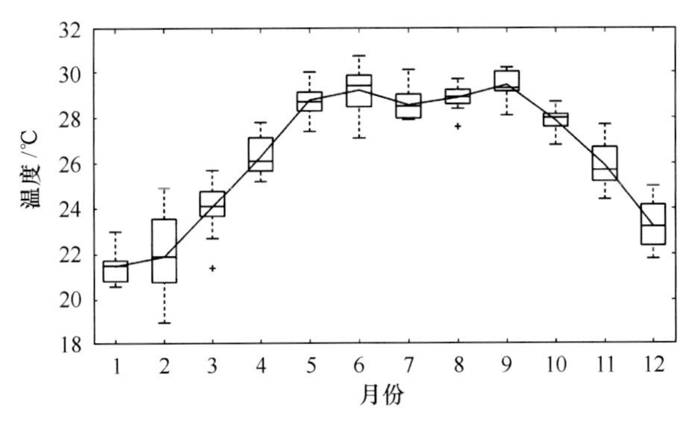

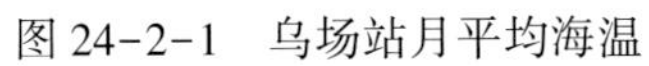

图 24-2-1　乌场站月平均海温

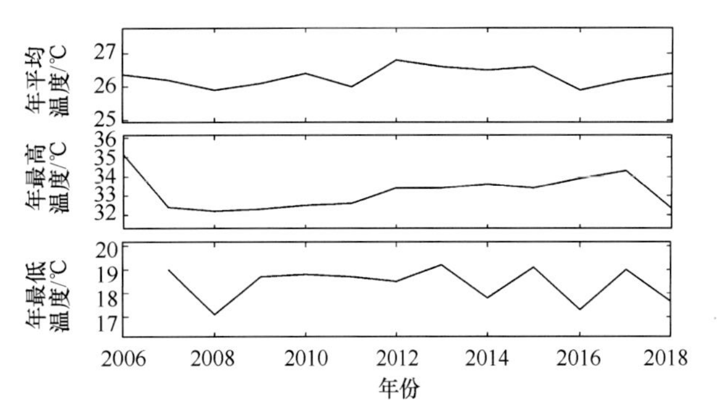

图 24-2-2　乌场站年平均、年最高和年最低海温

第二十五章　三亚站

第一节　概　况

三亚海洋环境监测站（简称三亚站）位于海南省三亚市和平路海洋局大院内。三亚市位于海南岛南端，三面环山，南临南海。三亚站东南面约 500 m 为三亚水产码头，西南面约 200 m 为三亚湾白排人工岛（凤凰岛），西北面为通往人工岛的跨海大桥（三亚湾大桥），南面紧临三亚湾。

图 25-1-1　三亚站位置和温盐、潮汐观测场

三亚站建成于 1992 年，隶属于三亚市海洋局，现隶属于自然资源部南海局。该站设有气象观测场、验潮井和温盐井，主要观测项目有潮汐、表层海水温度、表层海水盐度、风、气温、气压、降水量、海面有效能见度、海发光和 GPS 等。

验潮井和温盐井位于三亚港内北侧，底质为泥沙，水深为 1~3 m，潮汐测点 20 m 内水深最大 4 m 左右，岸滩有泥沙淤积，与外海畅通，受波浪影响较小，但受三亚河排放污水影响，水质较差。气象观测场、GPS 测点和海况视频监测点均位于站部，紧靠三亚湾海边①。

三亚站有关测点见图 25-1-1。

第二节　潮　汐

（一）潮高基准面和潮汐类型

三亚站潮位从井内水尺零点起算，井内水尺零点为本站的潮高基准面。本站全日分潮与半日分潮振幅之比 $(H_{K_1}+H_{O_1})/H_{M_2}=2.7$，属于不正规全日潮。在一个朔望月的大多数日子里，一天只出现一次高潮和一次低潮，有少数日子一天出现两次高潮和两次低潮。

（二）潮位

三亚站多年平均潮位为 132.0 cm。平均潮位的年变化呈单峰型，峰值出现在 10 月，为 150.3 cm；谷值出现在 7 月，为 119.9 cm（图 25-2-1）。平均潮位的年变幅为 30.4 cm。1 月和 9—12 月平均潮位高于年平均潮位，2—8 月平均潮位低于年平均潮位。各月最高潮位均在 220 cm 以上，其中 1 月、6 月和 9—12 月较大，均在 245 cm 以上，9 月最大，为 275 cm；2—4 月和 7—8 月最高潮位较小，均在 240 cm 以下，3 月最小，为 220 cm。各月最低潮位均在 60 cm 以下，10 月最高，为 59 cm，其余月份为 15~44 cm，7 月最低，为 15 cm。详见表 25-2-1。

年平均潮位在 1997—2005 年呈下降趋势，2005 年后呈上升趋势。历年平均潮位均大于 123.8 cm，最高值为 139.6 cm（2017 年），最低值为 123.9 cm（2005 年），多年变幅为 15.7 cm。历年最高潮位均大于 219 cm，最高值为 275 m（2017 年 9 月 15 日 5 时 41 分）。年最高潮位出现在 9—12 月。历年最低潮位均低于 95 cm，最低值为 15 cm（2000 年 7 月 31 日 18 时 30 分）。年最低潮位多出现在 4—7 月，个别年份出

① 自然资源部南海局：三亚站业务工作档案，2018 年。

现在 12 月。详见图 25-2-2。

表 25-2-1 三亚站潮位年变化 单位：cm

	1 月	2 月	3 月	4 月	5 月	6 月	7 月	8 月	9 月	10 月	11 月	12 月	全年
平均潮位	133.1	128.2	127.3	125.4	124.6	120.4	119.9	124.9	137.2	150.3	148.0	142.8	132.0
最高潮位	245	230	220	235	245	247	239	229	275	274	258	253	275
最低潮位	20	34	40	22	21	19	15	20	44	59	39	30	15

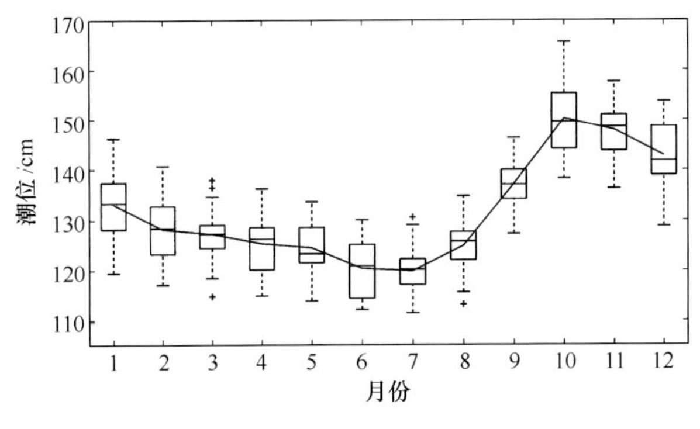

图 25-2-1 三亚站月平均潮位

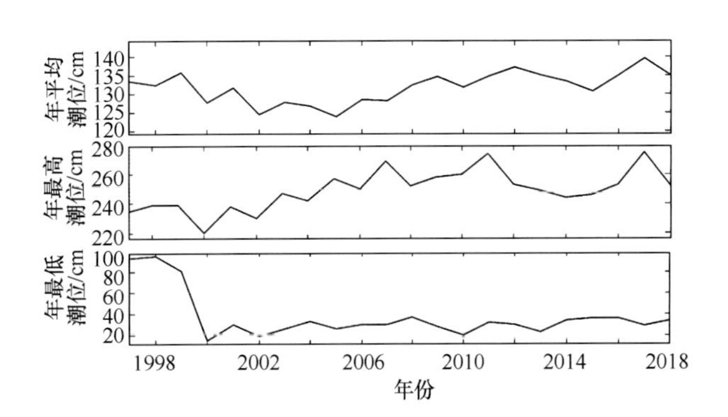

图 25-2-2 三亚站年平均、年最高和年最低潮位

（三）潮差

三亚站多年平均潮差为 79.2 cm。12 月平均潮差最大，可达 92.0 cm，3 月最小，为 71.0 cm，其余各月平均潮差为 72.7~91.6 cm（图 25-2-3）。1 月、5—7 月和 11—12 月最大潮差在 180 cm 以上，1 月最大，为195 cm；其余月份最大潮差均小于 172 cm，3 月最小，为 143 cm。详见表 25-2-2。

历年平均潮差最大为 89.5 cm（2010 年），最小为 52.6 cm（1997 年），多年变幅为 36.9 cm。年平均潮差多年变化不规则，1997—1999 年相对偏低。历年最大潮差均在 117 cm 以上，最大值为 195 cm（2005 年 1 月）。年最大潮差多出现在 1 月和 12 月，个别年份出现在 5—6 月。详见图 25-2-4。

表 25-2-2 三亚站潮差年变化 单位：cm

	1 月	2 月	3 月	4 月	5 月	6 月	7 月	8 月	9 月	10 月	11 月	12 月	全年
平均潮差	84.6	72.9	71.0	74.8	85.2	91.6	85.8	72.7	71.6	74.7	81.9	92.0	79.2
最大潮差	195	170	143	166	180	186	184	171	162	166	189	194	195

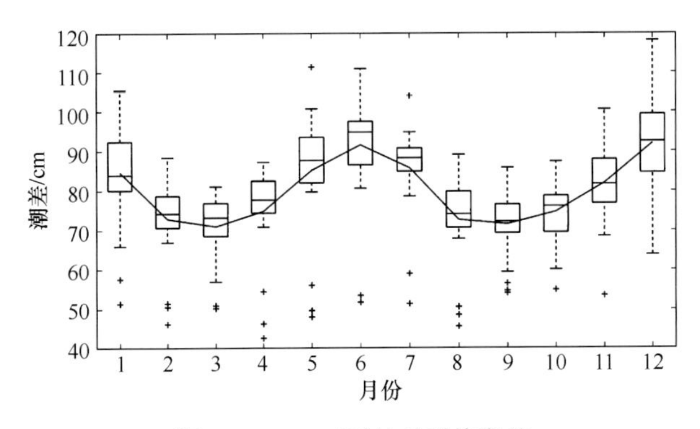

图 25-2-3 三亚站月平均潮差

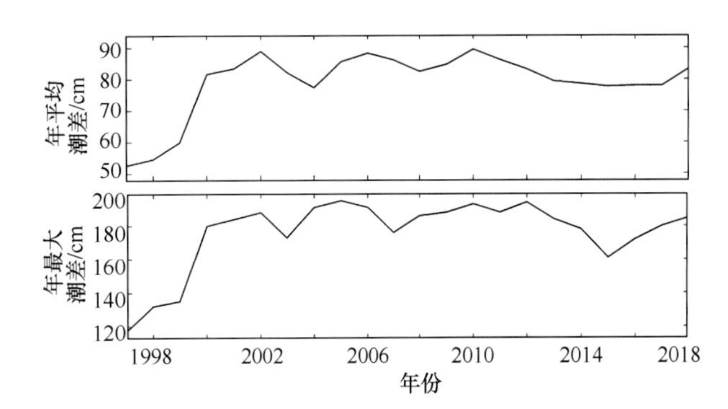

图 25-2-4 三亚站年平均和年最大潮差

第三节　表层海水温度和盐度

（一）表层海水温度

三亚站多年平均表层海水温度为27.4℃，夏季最高，其次是秋季和春季，冬季最低。平均海温的年变化呈单峰型，峰值出现在6月，为30.3℃，谷值出现在1月，为23.5℃。平均海温的年较差为6.8℃。2—5月，平均海温逐月迅速上升，5—9月平均海温都在29.4℃以上，9月至翌年1月平均海温逐月迅速下降（图25-3-1）。各月最高海温，5—9月均在33.5℃以上，6月最高，为35.4℃，其他月份为28.3～32.7℃。11月至翌年4月最低海温都在22.5℃以下，12月最低，为18.7℃，5—10月为23.9～26.1℃。详见表25-3-1。

表25-3-1　三亚站表层海水温度年变化　　单位：℃

	1月	2月	3月	4月	5月	6月	7月	8月	9月	10月	11月	12月	全年
平均温度	23.5	23.6	25.1	27.5	29.8	30.3	29.5	29.4	29.5	28.6	26.8	24.7	27.4
最高温度	28.3	29.2	29.3	32.3	34.3	35.4	34.9	34.7	33.7	32.7	30.9	29.6	35.4
最低温度	19.4	19.4	20.9	22.3	26.1	24.3	24.4	23.9	24.9	25.4	21.8	18.7	18.7

历年平均海温最高为28.1℃（1998年），最低为26.6℃（2011年）。历年最高海温均大于32.8℃，最高值为35.4℃（2016年6月3日17时）。年最高海温多出现在5—9月。历年最低海温均小于22℃，最低值为18.7℃（1999年12月24日8时）。年最低海温多出现在1—2月和12月。详见图25-3-2。

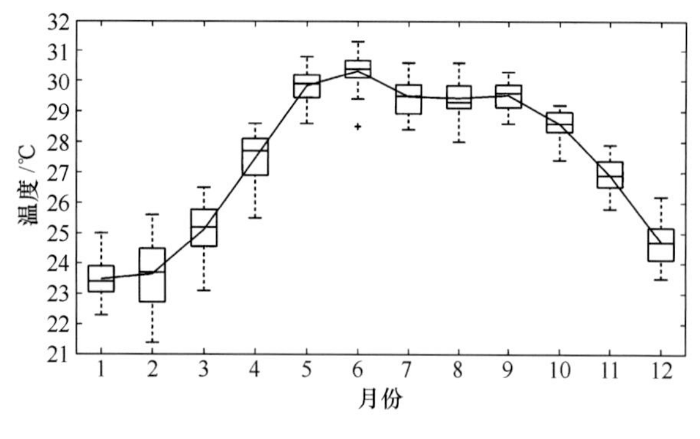

图25-3-1　三亚站月平均海温

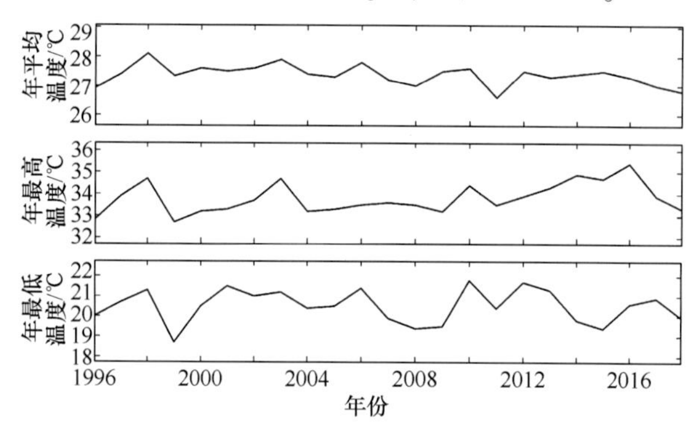

图25-3-2　三亚站年平均、年最高和年最低海温

（二）表层海水盐度

三亚站多年平均表层海水盐度为30.79。峰值出现在3月，为32.56，谷值出现在9月，为28.27，年较差为4.29。9—12月平均盐度逐月上升，1—3月趋于平缓，3—9月逐月下降（图25-3-3）。各月最高盐度均在34.2以上。各月最低盐度均在25.5以下，1月、4月和6—11月均在12以下，4月低至5.3。详见表25-3-2。

表25-3-2　三亚站表层海水盐度年变化

	1月	2月	3月	4月	5月	6月	7月	8月	9月	10月	11月	12月	全年
平均盐度	32.23	32.24	32.56	32.09	31.34	30.62	28.86	28.61	28.27	29.42	31.19	32.03	30.79
最高盐度	34.9	34.98	34.9	34.9	34.985	34.973	34.3	34.856	34.874	34.9	34.9	34.9	34.985
最低盐度	11.1	23.01	25.33	5.3	23.02	9.6	7.2	10.3	11.9	10.3	9.1	24.65	5.3

历年平均盐度均超过29.47，最高为32.41（2007年），最低为29.48（2002年）。历年最高盐度均大于32.8，最高值为34.985（2007年5月12日14时）。除了12月，年最高盐度在各月均有出现，其中以

6 月和 8 月居多。历年最低盐度均小于 21.5，最低值为 5.3（2016 年 4 月 10 日 20 时）。年最低盐度多出现在 7 月和 9—10 月。详见图 25-3-4。

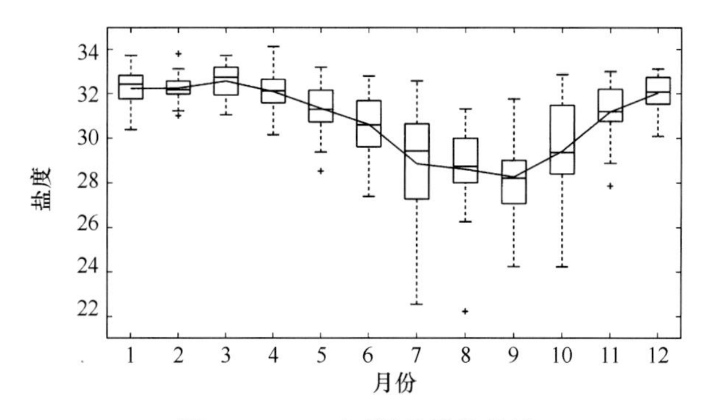

图 25-3-3　三亚站月平均盐度

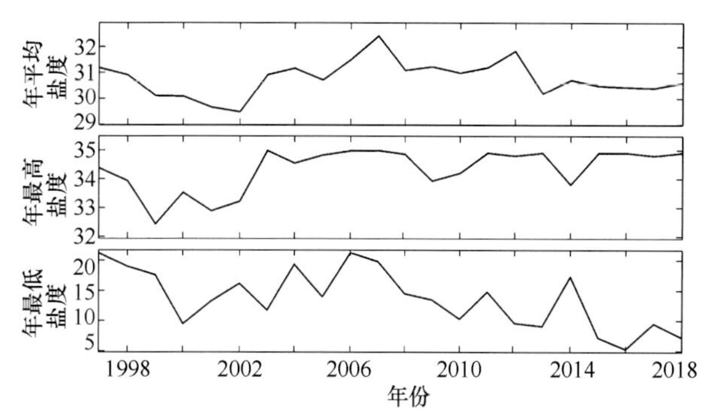

图 25-3-4　三亚站年平均、年最高和年最低盐度

第二十六章　莺歌海站

第一节　概　况

莺歌海海洋环境监测站（简称莺歌海站）位于海南省乐东县莺歌海镇偏南方向的沙丘上。乐东县位于海南岛西南方，西临北部湾。莺歌海站附近有海南岛最大的海水盐场——莺歌海盐场。莺歌海的西面和南面是海洋，北面海岸线基本为南北走向，往北 8 km 处有舟村港河入海；14 km 处有白沙溪入海；27 km 处有南港河入海；39 km 处有感恩河入海。南面岸线基本呈西西北—东东南走向，距莺歌海站约 2.5 km 处为莺歌海盐场的纳潮口；约 20 km 处为望楼河入海口；约 40 km 处为宁远河入海口。莺歌海沿岸为砂质海岸，坡度平缓，沿低潮线一带散布有一些礁石，5 m 等深线与岸线平行。

莺歌海站始建于 1956 年，隶属于国家海洋局南海分局，2019 年 7 月后隶属于自然资源部南海局。设有简易气象观测场、测波室、验潮井和温盐井。观测项目主要有潮汐、海浪、海面有效能见度、表层海水温度、表层海水盐度、海发光、气温、气压、相对湿度、风和雾等。

旧温盐测点位于站部西北方约 300 m 的海域，左前方是一片石壁，右边是一段长约 250 m、呈西北方向延伸的防波堤，此防波堤和水产站码头所围地为一浅海区，测点采水处呈小港湾状，渔船归来停船于此，该处水深受潮汐影响较大，最深时超过 1 m，最浅时只有 0.3~0.5 m，底质为砂质，与外海畅通情况良好。

2014 年 8 月验潮室建成并使用，温盐项目转入温盐井，由人工观测改为自动观测。新测点在站部的偏南方约 300 m 处，与外海畅通情况良好，近岸为岩石结构，底质为淤泥，比较平缓①。

图 26-1-1　莺歌海站新的潮汐和温盐观测场

莺歌海站偏南方约 30 m 处设有一国际灯塔，海浪测点位于该灯塔东南偏南方向约 60 m 的沙丘上，测点前方无暗礁，其西北偏北方约 1 500 m 的海面上有一露面礁石，呈东西向排列，对海浪观测影响不大。

莺歌海站有关测点见图 26-1-1。

第二节　海　浪

（一）海况

莺歌海站全年 3 级海况最多，占 40.44%，其次是 0~2 级海况，占 37.53%，7 级及以上海况最少，仅占 0.08%，仅夏季和秋季出现，这是由夏季和秋季热带气旋伴随狂风大浪引起的。6 级海况夏季最多，冬季最少。5 级海况秋季最多，其次是夏季和冬季，春季最少。4 级海况春季最多，其次是冬季和夏季，秋季最少。3 级海况夏季较多，秋季较少。0~2 级海况秋季最多，其次是冬季，再次为夏季，春季最少。详见表 26-2-1。

① 自然资源部南海局：莺歌海站业务工作档案，2018 年。

最大海况8级出现过4次，分别在1981年7月4日11时和14时、1982年10月17日17时、1989年10月13日11时和1991年7月13日17时，这分别是由8105号台风“Kelly”、8222号台风“Nancy”、8926号台风“Brian”和9106号台风“Zeke”经过引起的。

表26-2-1　莺歌海站四季及全年各级海况频率

	0~2级	3级	4级	5级	6级	≥7级
春季	24.73%	37.76%	35.40%	1.87%	0.24%	—
夏季	28.11%	54.51%	14.62%	2.03%	0.51%	0.22%
秋季	53.29%	33.84%	9.96%	2.32%	0.48%	0.11%
冬季	45.30%	36.17%	16.35%	1.95%	0.23%	—
全年	37.53%	40.44%	19.57%	2.02%	0.36%	0.08%

“—”表示未出现。

（二）风浪

多年平均风浪频率为99.99%。从季节上看，秋季和冬季风浪频率均为100%，春季和夏季风浪频率较小，为99.98%。详见表26-2-2。

全年风浪多出现在ESE—SSE和WNW—N向，其中SE向最多（24.01%），其次是SSE向（14.10%）。春季风浪多出现在ESE—SSE向，其中SE向最多（37.57%），其次是ESE向（20.35%）。夏季风浪多出现在ESE—SSE向，其中SE向最多（25.70 %），其次是SSE向（20.55%）。秋季风浪多出现在WNW—N向和ESE—SSE向，其中NNW向最多（20.43 %），其次是NW向（11.95%）。冬季风浪多出现在WNW—N向和ESE—SSE向，其中NNW向最多（21.62 %），其次是SE向（17.22%）。详见图26-2-1。

表26-2-2　莺歌海站风浪频率年变化

	1月	2月	3月	4月	5月	6月	7月	8月	9月	10月	11月	12月	春季	夏季	秋季	冬季	全年
频率/%	100.00	100.00	99.94	100.00	100.00	99.97	100.00	99.97	100.00	100.00	100.00	100.00	99.98	99.98	100.00	100.00	99.99

（三）涌浪

多年平均涌浪频率为39.22%。夏季出现频率最大，为50.47%，春季最小，为25.57%。详见表26-2-3。

全年涌浪多出现在S—WNW向，其中S向最多（31.12%），其次是SSW向（23.93%）。春季涌浪多出现在S—WNW向，其中S向最多（39.12%），其次是SSW向（19.51%）。夏季涌浪多出现在S—WSW向，其中SW向最多（29.43%），其次是SSW向（29.24%）。秋季涌浪多出现在S—WNW向，其中S向最多（35.28%），其次是SSW向（26.10%）。冬季涌浪多出现在S—WNW向，其中S向最多（33.68%），其次是WNW向（20.20%）。详见图26-2-2。

表26-2-3　莺歌海站涌浪频率年变化

	1月	2月	3月	4月	5月	6月	7月	8月	9月	10月	11月	12月	春季	夏季	秋季	冬季	全年
频率/%	43.83	32.32	27.78	22.56	26.28	40.61	53.29	59.29	48.76	51.40	51.09	50.59	25.57	50.47	49.87	40.60	39.22

（四）波高

1. 平均波高和最大波高

多年平均波高为0.7 m。6—8月平均波高较大，均为0.8 m，其余月份为0.6~0.7 m。从季节上看，夏季平均波高最大，其次为春季和冬季，秋季最小（图 26-2-3）。7—11 月最大波高均在 6.4 m 以上。1—6 月及 12 月，最大波高均不超过 4.7 m。详见表 26-2-4。

表 26-2-4　莺歌海站平均波高和最大波高年变化　　单位：m

	1月	2月	3月	4月	5月	6月	7月	8月	9月	10月	11月	12月	全年
平均波高	0.7	0.7	0.7	0.7	0.7	0.8	0.8	0.8	0.6	0.6	0.6	0.6	0.7
最大波高	2.8	4.0	2.6	2.5	2.9	4.7	7.0	6.4	12.7	8.7	9.6	2.7	12.7

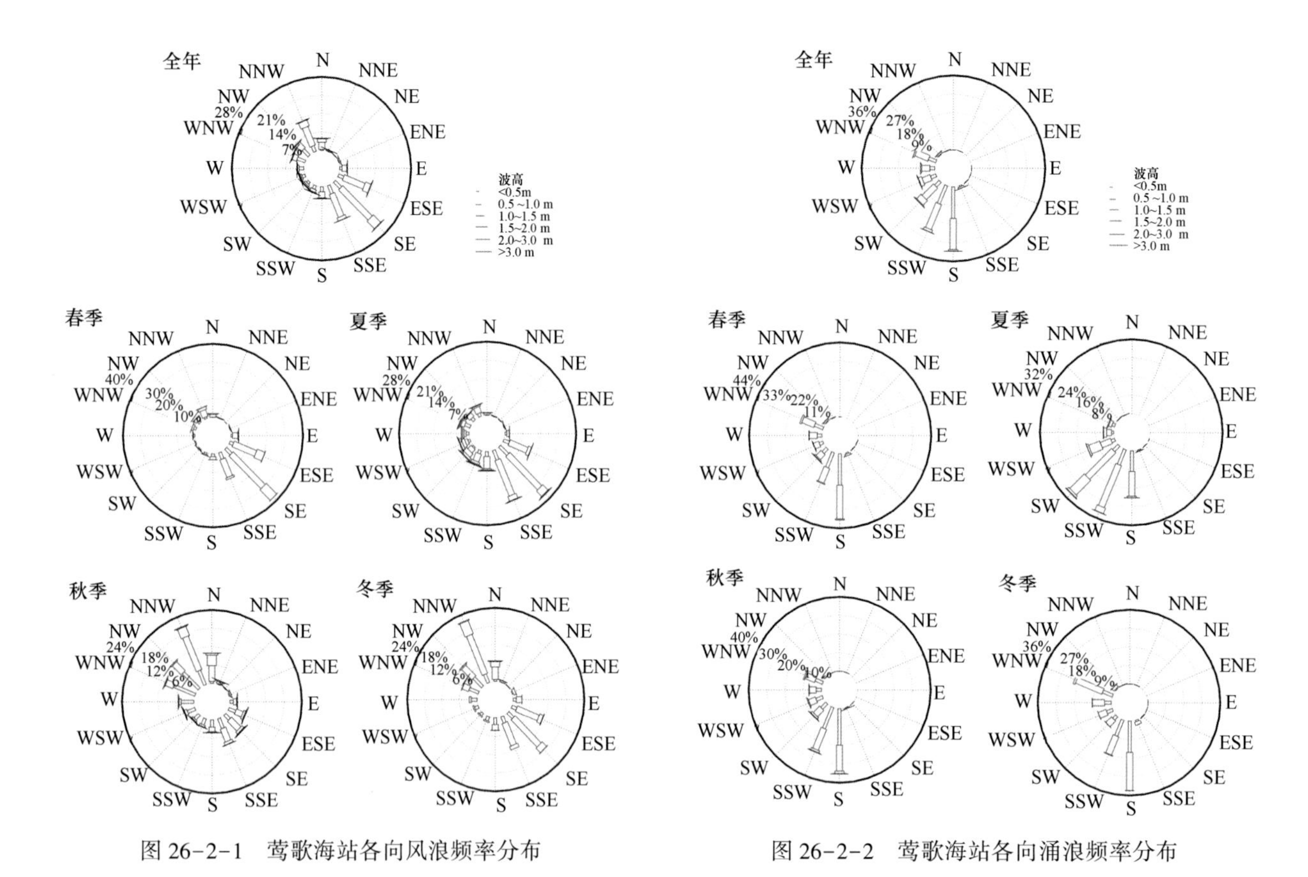

图 26-2-1　莺歌海站各向风浪频率分布　　图 26-2-2　莺歌海站各向涌浪频率分布

历年平均波高变化较小，为 0.6~0.8 m。历年最大波高差异较大，为 1.9~12.7 m，多出现在 6—10 月。历史最大波高为 12.7 m，出现在 2017 年 9 月 15 日 6 时，是受 1719 号热带低气压“杜苏芮”的影响。详见图 26-2-4。

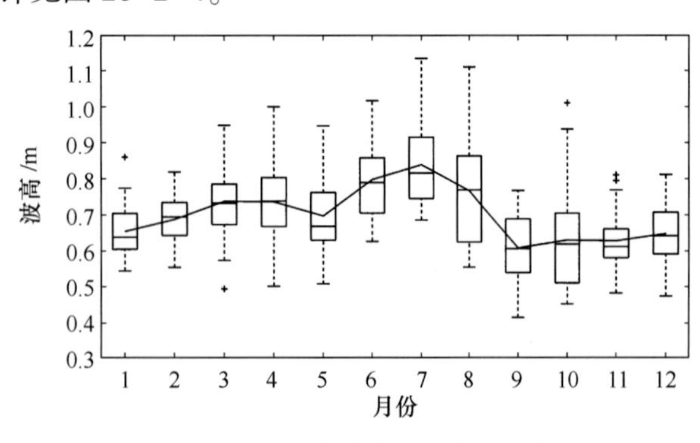

图 26-2-3　莺歌海站月平均波高

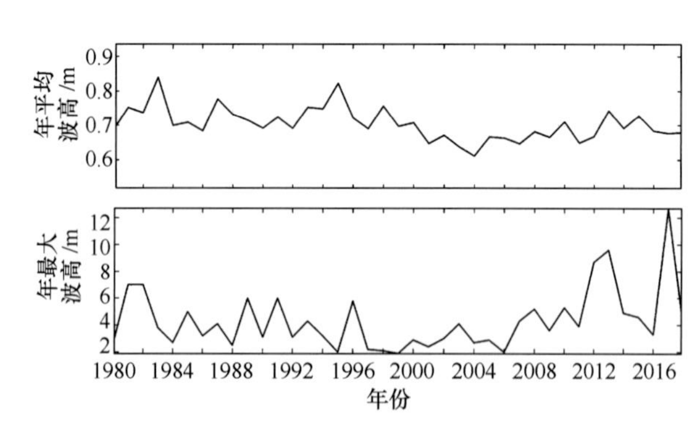

图 26-2-4　莺歌海站年平均和年最大波高

2. 各向平均波高和最大波高

NNW—NNE 向、ESE—SE 向和 SW—WSW 向多年平均波高较大，在 0.8 m 以上，N 向最大，为 0.9 m，其他方向为 0.6~0.7 m。春季 NNW—NNE 向和 ESE—SE 向多年平均波高较大，在 0.8 m 以上，N 向和 SE 向最大，为 0.9 m，其他方向为 0.6~0.7 m。夏季 SW—W 向多年平均波高较大，在 0.9 m 以上，SW 向和 WSW 向最大，为 1.0 m，其他方向为 0.6~0.8 m。秋季 N—NNE 向多年平均波高较大，在 0.9 m 以上，N 向最大，为 1.0 m，其他方向为 0.5~0.8 m。冬季 NNW—NNE 向和 SE 向多年平均波高较大，在 0.8 m 以上，N 向最大，为 0.9 m，其他方向为 0.5~0.7 m。详见表 26-2-5。

全年各向最大波高均在 2.0 m 以上。春季 NNW—NNE 向、ESE—SSE 向和 SW 向最大波高均在 1.9 m 以上，其中 SW 向最大，为 2.2 m，其他方向为 1.4~1.8 m。夏季 S—WSW 向最大波高均在 6.0 m 以上，其中 S 向和 SSW 向最大，为 7.0 m，其他方向为 1.6~5.8 m。秋季 ESE—S 向和 NE 向最大波高均在 5.4 m 以上，其中 SSE 向最大，为 8.5 m，其他方向为 1.3~5.0 m。冬季 NW—N 向和 ESE 向最大波高均在 2.0 m以上，其中 N 向最大，为 2.5 m，其他方向为 1.2~1.9 m。详见表 26-2-6。

表 26-2-5　莺歌海站全年及四季各向平均波高　　单位：m

	N	NNE	NE	ENE	E	ESE	SE	SSE	S	SSW	SW	WSW	W	WNW	NW	NNW
全年	0.9	0.8	0.7	0.6	0.7	0.8	0.8	0.7	0.6	0.6	0.8	0.8	0.6	0.6	0.6	0.8
春季	0.9	0.8	0.6	0.6	0.7	0.8	0.9	0.7	0.6	0.6	0.6	0.6	0.6	0.6	0.6	0.8
夏季	0.8	0.8	0.7	0.8	0.6	0.7	0.8	0.7	0.6	0.7	1.0	1.0	0.9	0.7	0.7	0.8
秋季	1.0	0.9	0.7	0.5	0.6	0.7	0.8	0.7	0.6	0.6	0.6	0.6	0.6	0.5	0.6	0.8
冬季	0.9	0.8	0.7	0.7	0.6	0.7	0.8	0.7	0.6	0.6	0.6	0.5	0.6	0.6	0.6	0.8

表 26-2-6　莺歌海站全年及四季各向最大波高　　单位：m

	N	NNE	NE	ENE	E	ESE	SE	SSE	S	SSW	SW	WSW	W	WNW	NW	NNW
全年	5.0	4.4	7.0	2.0	3.8	5.8	6.0	8.5	7.0	7.0	6.0	6.4	5.8	3.1	3.3	2.9
春季	2.1	1.9	1.5	1.4	1.8	2.0	2.0	1.9	1.7	1.8	2.2	1.8	1.4	1.8	1.7	2.0
夏季	2.1	2.4	1.6	2.0	3.1	3.7	4.1	4.3	7.0	7.0	6.0	6.4	5.8	3.1	2.5	2.8
秋季	5.0	4.4	7.0	1.3	3.8	5.8	6.0	8.5	5.4	2.5	2.7	3.4	3.2	2.6	3.3	2.9
冬季	2.5	1.7	1.2	1.3	1.3	2.0	1.9	1.8	1.6	1.4	1.7	1.4	1.4	1.8	2.2	2.3

第三节　表层海水温度和盐度

（一）表层海水温度

莺歌海站多年平均表层海水温度为 27.4℃，夏季最高，其次是秋季和春季，冬季最低。平均海温的年变化呈单峰型（图 26-3-1），峰值出现在 6 月，为 30.4℃；谷值出现在 1 月，为 23.2℃。平均海温年较差为 7.2℃。1—5 月平均海温逐月迅速上升，5—9 月都在 29.5℃以上，6 月至翌年 1 月逐月下降。5—10 月最高海温均在 33℃以上，6 月最高，为 34.5℃，其他月份为 28.2~32.9℃。11 月至翌年 3 月最低海温均不超过 19℃，12 月最低，为 15.3℃，4—10 月为 21.4~26.7℃。详见表 26-3-1。

历年平均海温最高为 28.1℃（1998 年），最低为 26.8℃（1984 年和 1992 年）。历年最高海温均大于 31.4℃，最高值为 34.5℃（2011 年 6 月 10 日 14 时）。年最高海温多出现在 5—10 月。历年最低海温均小于 21.2℃，最低值为 15.3℃（1982 年 12 月 27 日 8 时）。年最低海温出现在 1—3 月和 12 月。详见图 26-3-2。

表 26-3-1　莺歌海站表层海水温度年变化　　单位:℃

	1月	2月	3月	4月	5月	6月	7月	8月	9月	10月	11月	12月	全年
平均温度	23.2	23.8	25.5	27.9	30.0	30.4	29.8	29.6	29.5	28.6	26.7	24.2	27.4
最高温度	28.2	29.4	32.9	32.8	33.9	34.5	34.4	34.4	34.4	33.5	31.8	29.8	34.5
最低温度	15.9	16.4	18.1	21.9	24.3	26.7	24.8	25.0	25.1	21.4	19.0	15.3	15.3

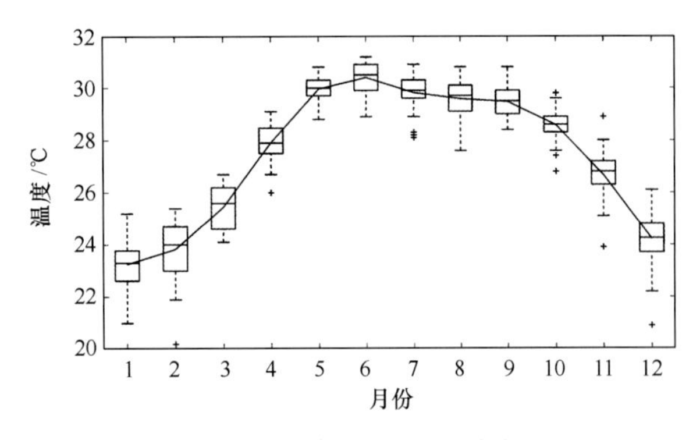

图 26-3-1　莺歌海站月平均海温

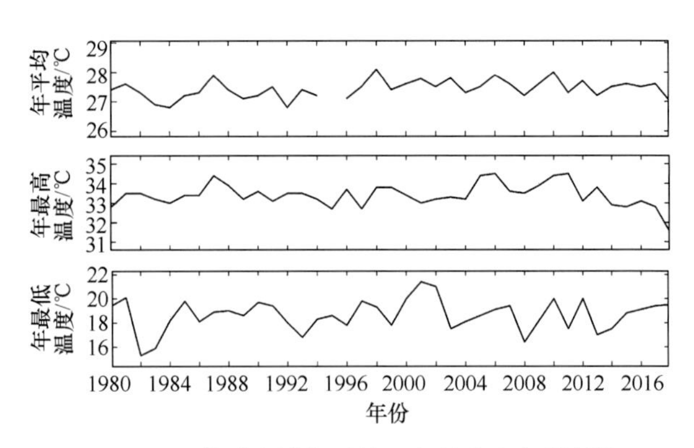

图 26-3-2　莺歌海站年平均、年最高和年最低海温

（二）表层海水盐度

莺歌海站附近雨量少，海水蒸发量大，表层海水盐度常年较高，多年平均盐度为 33.10。平均盐度的年变化呈单峰型，12 月、1—6 月平均盐度较高，都在 33.15 以上，峰值出现在 4 月，为 33.46；8—11 月较低，谷值出现于 10 月，为 32.49（图 26-3-3）。各月最高盐度均在 34.5 以上，3 月最高，为 34.991。各月最低盐度均不超过 31.1，11 月最低，为 12.7。详见表 26-3-2。

历年平均盐度均超过 32.04，最高为 34.05（1993 年），最低为 32.05（2002 年）。历年最高盐度均大于 33.2，最高值为 34.99（2005 年 3 月 20 日 14 时）。年最高盐度除 9—11 月外，其余各月均有出现，其中以 3 月和 4 月居多。历年最低盐度均小于 31.7，最低值为 12.7（2017 年 11 月 26 日 5 时）。年最低盐度除 2—3 月外，其余各月均有出现，其中以 7—8 月和 10 月居多。详见图 26-3-4。

表 26-3-2　莺歌海站表层海水盐度年变化

	1月	2月	3月	4月	5月	6月	7月	8月	9月	10月	11月	12月	全年
平均盐度	33.40	33.36	33.36	33.46	33.37	33.19	32.96	32.75	32.66	32.49	32.59	33.15	33.10
最高盐度	34.9	34.82	34.991	34.83	34.8	34.9	34.95	34.9	34.5	34.8	34.9	34.9	34.991
最低盐度	31.1	28.6	26.3	24.05	26.7	23.6	23.4	19.1	17.5	24.3	12.7	30.4	12.7

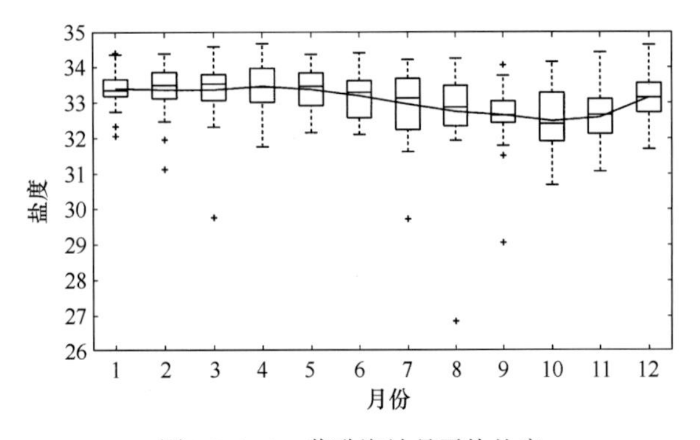

图 26-3-3　莺歌海站月平均盐度

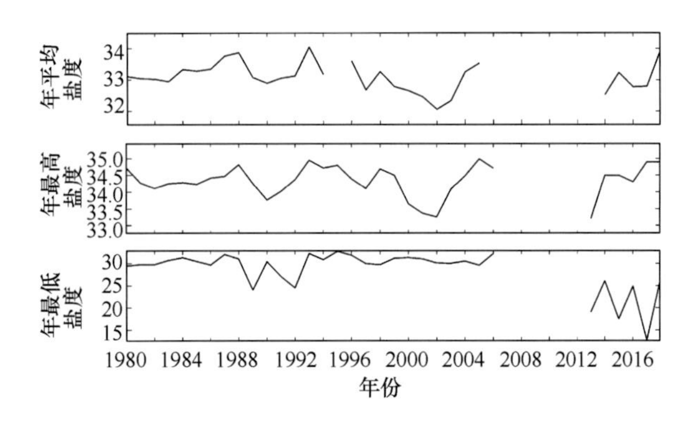

图 26-3-4　莺歌海站年平均、年最高和年最低盐度

第二十七章　东方站

第一节　概　况

东方海洋环境监测站（简称东方站）位于海南省东方市八所港。八所港位于海南岛西岸中部，濒临北部湾。港区四周陆岸平坦宽阔，无高地屏障；港池水深7~8 m，码头东北面的北黎河，水深4~5 m。

东方站沿海地带北部20~40 km、南部10~15 km较为平坦。西面濒临北部湾，离岸20 km水深在20 m左右，水下坡度不大。海岸线呈南北走向，自八所港至昌化江口，是近半圆形的海湾——北黎湾；南至感恩河口为较平直的海岸。在南北两面各有三条主要河流自东向西汇入北部湾。北面有昌化江、居便沟和北黎河，南面有罗带河、通天河和感恩河。附近海岸地势平缓，离岸约200 m内海底底质为珊瑚和沙，200 m以外为泥和泥沙。

图 27-1-1　东方站潮汐与温盐观测场和波浪观测场

东方站始建于1959年，最初隶属于广东省气象局，1966年1月至1989年6月隶属于国家海洋局南海分局，1989年7月至1996年9月隶属于海南省海洋局，1996年10月后隶属于国家海洋局南海分局，2019年7月后隶属于自然资源部南海局。该站设有气象观测场、验潮井、温盐井和测波室。主要观测项目有潮汐、表层海水温度、表层海水盐度、海发光、海浪、海面有效能见度、气温、气压、相对湿度、降水量、风、雾和GPS等。

东方站位于八所港码头偏东约500 m处，验潮井和温盐测点位于八所港北码头顶端，该处低潮时水深可达4 m以上，井底为泥底，与外海畅通。波浪观测点设在海洋站西南偏西方向一突出的鱼鳞洲小山山腰上。鱼鳞洲附近底质多为石块，以南为砂质、以北为泥底；距鱼鳞洲小山300 m以外水深可达10 m左右。采用SZF型遥测波浪浮标，浮标投放在海浪观测点西南偏西方向1 140 m处（水深12~15 m），观测区域视野开阔。东北风时受突出的鱼鳞洲小山影响，测得风浪偏小。气象观测场位于东方站院内[①]。

东方站有关测点见图27-1-1。

第二节　潮　汐

（一）潮高基准面和潮汐类型

东方站潮位从井内水尺零点起算，井内水尺零点为本站的潮高基准面。本站全日分潮与半日分潮振幅之比 $(H_{K_1}+H_{O_1})/H_{M_2}=6.5$，属于正规全日潮。在一个太阳日内出现一次高潮和一次低潮。

---

① 自然资源部南海局：东方站业务工作档案，2018年。

（二）潮位

东方站多年平均潮位为 194.8 cm。平均潮位的年变化呈单峰型，峰值出现在 10 月，为 211.3 cm；谷值出现在 7 月，为 186.6 cm。年较差为 24.7 cm。1—8 月，潮位变化比较平缓，7—10 月潮位逐月增长，10—12 月潮位逐月减小（图 27-2-1）。月最高潮位在 2 月和 3 月均不超过 355 cm，3 月最小，为 338 cm；其余月份最高潮位均超过 364 cm，其中 10 月最大，为 390 cm。月最低潮位为 23~66 cm，其中 10 月最高，为 66 cm；11 月最低，为 23 cm。详见表 27-2-1。

历年平均潮位最高值为 207.9 cm（2017 年），最低值为 187.2 cm（1987 年），多年变幅为 20.7 cm。年最高潮位多出现在 9—12 月，个别年份出现在 1 月和 7 月；最高值为 390 cm，出现在 2007 年 10 月 31 日 6 时 12 分。年最低潮位多出现在 7 月和 1—2 月；最低值为 23 cm，出现在 1990 年 11 月 9 日 22 时 20 分。详见图 27-2-2。

表 27-2-1　东方站潮位年变化　　单位：cm

	1 月	2 月	3 月	4 月	5 月	6 月	7 月	8 月	9 月	10 月	11 月	12 月	全年
平均潮位	193.1	189.8	190.4	191.0	190.1	187.8	186.6	189.6	198.6	211.3	207.8	200.5	194.8
最高潮位	380	355	338	364	370	373	375	367	371	390	388	386	390
最低潮位	43	46	28	34	43	46	36	42	56	66	23	42	23

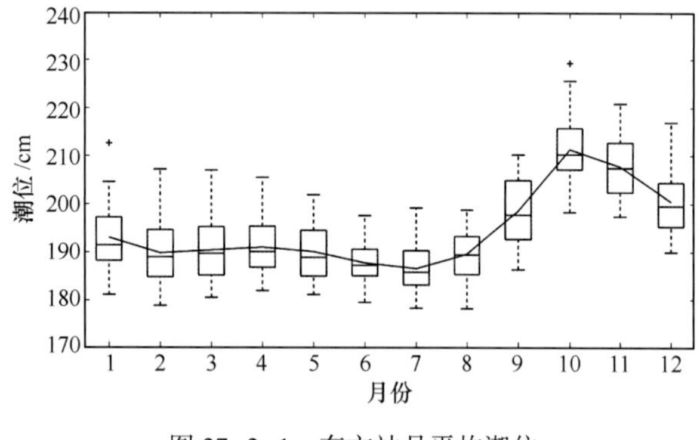

图 27-2-1　东方站月平均潮位

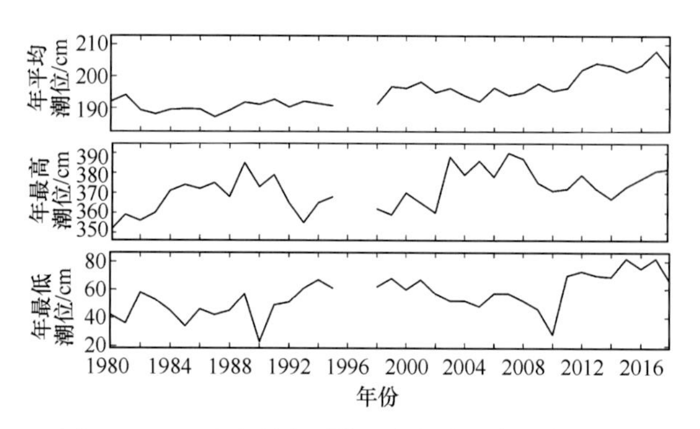

图 27-2-2　东方站年平均、年最高和年最低潮位

（三）潮差

东方站多年平均潮差为 141.5 cm。平均潮差峰值出现在 7 月和 12 月，分别为 159.2 cm 和 165.0 cm；谷值出现在 4 月和 10 月，分别为 125.5 cm 和 127.6 cm（图 27-2-3）。1 月和 5—12 月最大潮差在 303 cm 以上，其中 12 月最大，为 331 cm；其余月份均不超过 295 cm，其中 3 月和 4 月最小，均为 281 cm。详见表 27-2-2。

历年平均潮差最大为 165.3 cm（2006 年），最小为 121.6 cm（2016 年），多年变幅为 43.7 cm。年平均潮差 1980—1987 年呈上升趋势，1987—1995 年呈下降趋势，1998—2006 年呈上升趋势，2006—2016 年呈下降趋势。历年最大潮差在 248 cm 以上，最大为 331 cm（1985 年 12 月）。年最大潮差出现在 1 月和 11—12 月。详见图 27-2-4。

表 27-2-2　东方站潮差年变化　　单位：cm

	1 月	2 月	3 月	4 月	5 月	6 月	7 月	8 月	9 月	10 月	11 月	12 月	全年
平均潮差	162.1	139.7	130.5	125.5	130.7	149.9	159.2	146.2	130.6	127.6	137.4	165.0	141.5
最大潮差	316	295	281	281	303	312	303	302	272	303	315	331	331

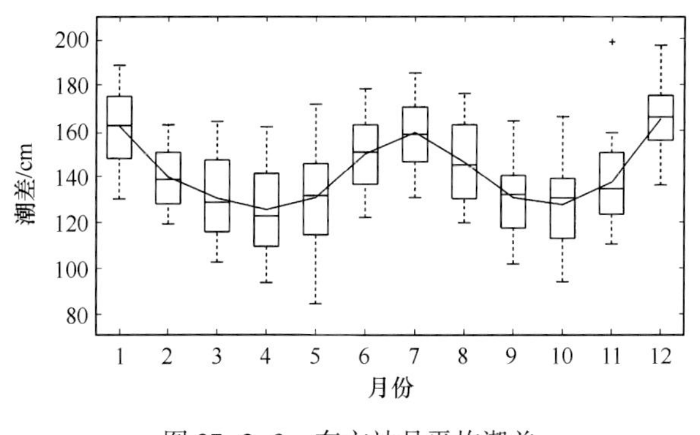

图 27-2-3 东方站月平均潮差

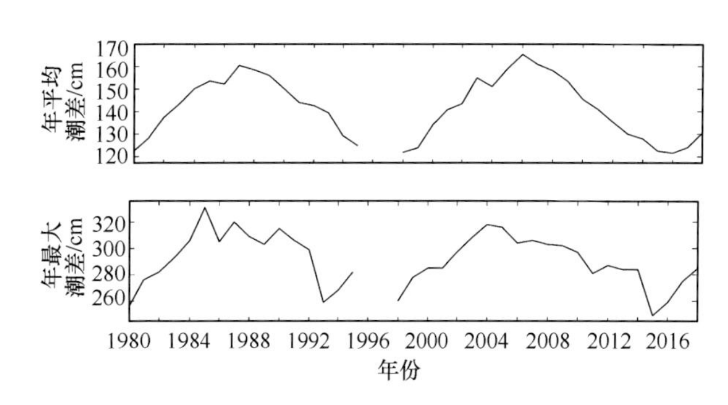

图 27-2-4 东方站年平均和年最大潮差

第三节 海 浪

(一) 海况

东方站全年4级海况最多，占37.05%，其次是0~2级海况，占29.41%，7级及以上海况最少，仅0.08%。7级及以上海况仅出现在秋季和夏季，这是由秋季和夏季热带气旋引起的。6级海况在夏季和秋季最多，春季最少。5级海况在春季最多，秋季最少。4级海况在夏季最多，冬季最少。0~2级和3级海况在秋季最多，夏季最少。详见表27-3-1。

最大海况8级出现过3次，分别在1985年10月25日11时、1992年6月28日17时和1996年7月23日14时，是受8521号台风“Dot”、9204号台风“Chuck”和9607号强热带风暴“Frankie”的影响。

表 27-3-1 东方站四季及全年各级海况频率

	0~2级	3级	4级	5级	6级	≥7级
春季	30.73	24.51	34.10	10.41	0.25	—
夏季	21.43	20.76	50.28	6.66	0.68	0.19
秋季	33.54	27.58	31.96	6.12	0.68	0.12
冬季	31.91	25.74	31.86	9.94	0.54	—
全年	29.41	24.65	37.05	8.28	0.54	0.08

“—”表示未出现。

(二) 风浪

多年平均风浪频率和四季平均风浪频率为100%。详见表27-3-2。

表 27-3-2 东方站风浪频率年变化

	1月	2月	3月	4月	5月	6月	7月	8月	9月	10月	11月	12月	春季	夏季	秋季	冬季	全年
频率/%	100	100	100	100	100	100	100	100	100	100	100	100	100	100	100	100	100

全年风浪多出现在NNW—NE向和S—SW向，其中NNE向最多（20.89%），其次是SSW向（19.07%）。春季风浪多出现在NNW—NE向和S—SW向，其中SSW向最多（23.94%），其次是NNE向（15.54%）。夏季风浪多出现在S—SW向，其中SSW向最多（40.89%），其次是S向（26.20%）。秋季风浪多出现在NNW—NE向，其中NNE向最多（31.13%），其次是N向（18.36%）。冬季风浪多出现在NNW—NE向，其中NNE向最多（37.34%），其次是N向（18.46%）。详见图27-3-1。

（三）涌浪

多年平均涌浪频率为 29.67%。秋季最大，为 33.14%，夏季最小，为 25.86%。详见表 27-3-3。

全年涌浪多出现在 SW—NNW 向，其中 SW 向最多（22.35%），其次是 WSW 向（18.40%）。春季涌浪多出现在 SW—NNW 向，其中 SW 向最多（24.66%），其次是 WSW 向（17.32%）。夏季涌浪多出现在 SW—W 向，其中 SW 向最多（39.49%），其次是 WSW 向（30.50%）。秋季涌浪多出现在 SW—NNW 向，其中 NW 向（19.13%）最多，其次是 SW 向（18.80%）。冬季涌浪多出现在 SW—NNW 向，其中 NW 向最多（26.28%），其次是 NNW 向（25.10%）。详见图 27-3-2。

表 27-3-3　东方站涌浪频率年变化

	1月	2月	3月	4月	5月	6月	7月	8月	9月	10月	11月	12月	春季	夏季	秋季	冬季	全年
频率/%	34.16	35.99	35.61	31.93	24.45	22.74	23.04	32.73	42.33	33.84	26.32	28.74	30.14	25.86	33.14	32.97	29.67

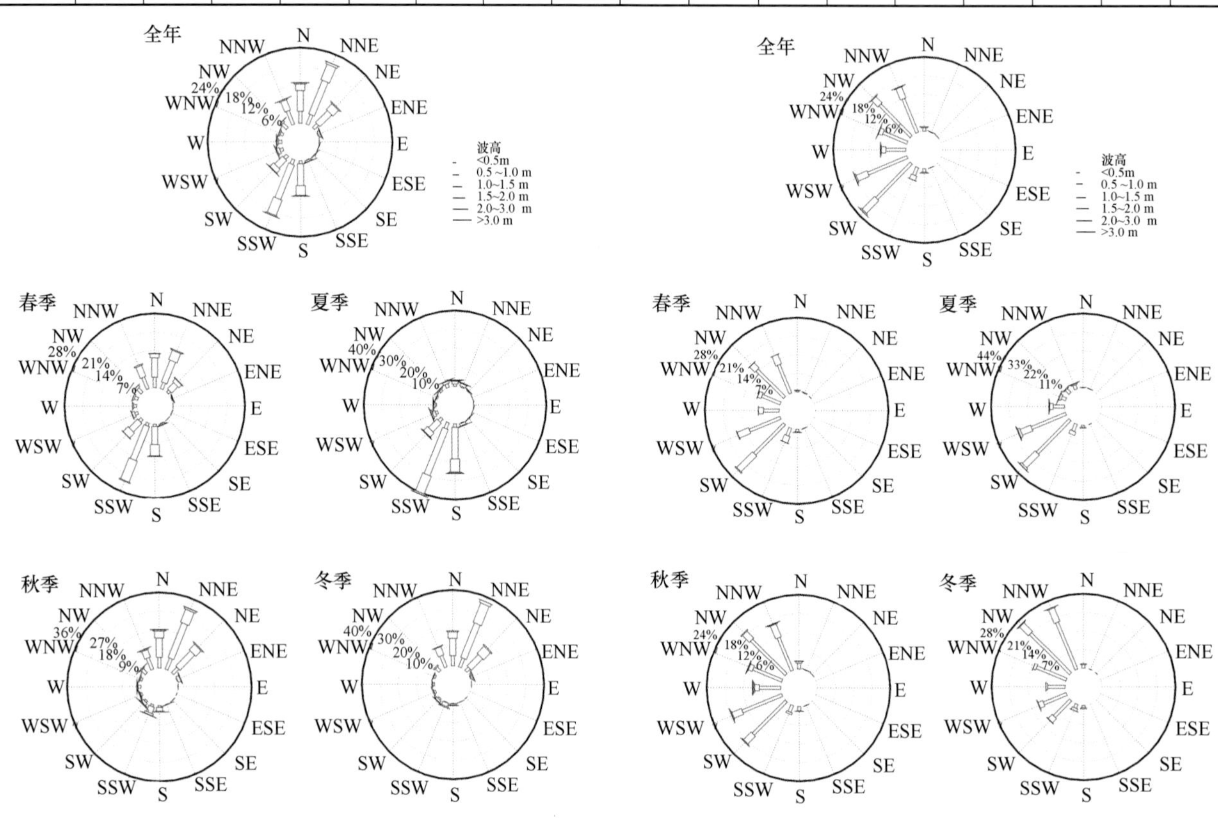

图 27-3-1　东方站各向风浪频率分布　　图 27-3-2　东方站各向涌浪频率分布

（四）波高

1. 平均波高和最大波高

多年平均波高为 0.7 m。5—7 月和 12 月平均波高较大，最大值出现在 6 月，为 0.9 m，其余月份平均波高较小（图 27-3-3）。从季节上来看，夏季平均波高最大，秋季最小。6—10 月最大波高均在 5 m 以上，1—5 月和 11—12 月最大波高均为 5 m 以下。详见表 27-3-4。

表 27-3-4　东方站平均波高和最大波高年变化　　单位：m

	1月	2月	3月	4月	5月	6月	7月	8月	9月	10月	11月	12月	全年
平均波高	0.7	0.7	0.7	0.7	0.8	0.9	0.8	0.7	0.6	0.7	0.7	0.8	0.7
最大波高	3.1	2.6	3.0	3.5	2.7	5.3	5.1	5.6	6.1	6.2	4.6	3.3	6.2

历年平均波高为0.6~1.1 m。历年最大波高差异较大，为2.2~6.2 m，多出现在6—10月。最大波高为6.2 m，出现在2016年10月18日13时，是受1621号台风“莎莉嘉”的影响。详见图27-3-4。

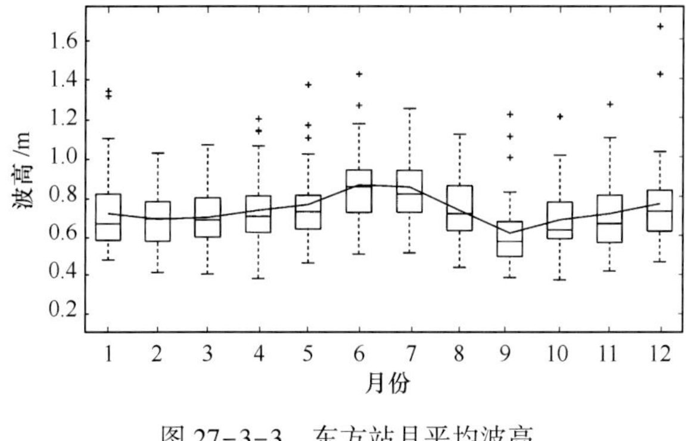

图27-3-3 东方站月平均波高

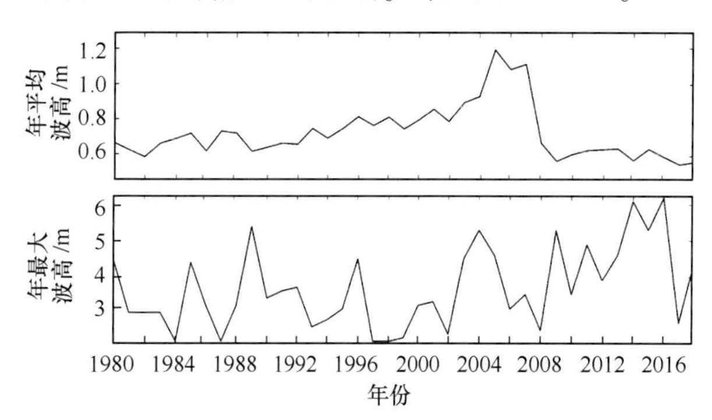

图27-3-4 东方站年平均和年最大波高

2. 各向平均波高和最大波高

N—ENE向和SSE—SSW向多年平均波高较大，在0.8 m以上，NE向、S向和SSW向最大，为1.0 m，其他方向为0.5~0.7 m。春季NNE—ENE向和SSE—SSW向多年平均波高较大，在0.8 m以上，NE向、S向和SSW向最大，为1.0 m，其他方向为0.5~0.7 m。夏季N—NE向和E—SSW向多年平均波高较大，在0.8 m以上，S向和SSW向最大，为1.0 m，其他方向为0.6 ~0.7 m。秋季N—ENE向和S—SSW向多年平均波高较大，在0.8 m以上，NNE向和NE向最大，为0.9 m，其他方向为0.5~0.7 m。冬季NNE—ENE向多年平均波高较大，在0.9 m以上，NE向最大，为1.1 m，其他方向为0.4~0.8 m。详见表27-3-5。

全年NW—NE向和S—SW向最大波高均在4.0 m以上，其中N向最大，为5.4 m。春季NNE—ENE向和S—SSW向最大波高均在2.6 m以上，其中S向最大，为3.5 m。夏季NE向和S—SW向最大波高均在3.8 m以上，其中NE向最大，为4.5 m，其他方向为1.2~3.7 m。秋季NW—NE向和S—SW向最大波高在4 m以上，其中N向最大，为5.4 m，其他方向为1.5~3.2 m。冬季NNE—ENE向和S向最大波高均在2.6 m以上，其中NE向最大，为3.3 m，其他方向为1.4~2.5 m。详见表27-3-6。

表27-3-5 东方站全年及四季各向平均波高 单位：m

	N	NNE	NE	ENE	E	ESE	SE	SSE	S	SSW	SW	WSW	W	WNW	NW	NNW
全年	0.8	0.9	1.0	0.8	0.6	0.6	0.6	0.8	1.0	1.0	0.7	0.5	0.5	0.5	0.5	0.6
春季	0.7	0.9	1.0	0.8	0.5	0.7	0.6	0.8	1.0	1.0	0.7	0.5	0.5	0.5	0.5	0.6
夏季	0.8	0.8	0.8	0.7	0.9	0.8	0.9	0.9	1.0	1.0	0.7	0.6	0.7	0.6	0.6	0.6
秋季	0.8	0.9	0.9	0.8	0.7	0.6	0.7	0.7	0.8	0.8	0.5	0.5	0.5	0.5	0.5	0.6
冬季	0.8	1.0	1.1	0.9	0.5	0.4	0.4	0.6	0.8	0.8	0.6	0.5	0.4	0.4	0.5	0.6

表27-3-6 东方站全年及四季各向最大波高 单位：m

	N	NNE	NE	ENE	E	ESE	SE	SSE	S	SSW	SW	WSW	W	WNW	NW	NNW
全年	5.4	4.0	4.5	2.7	1.9	2.3	3.1	2.6	4.3	4.1	4.5	3.2	3.4	3.6	4.1	4.6
春季	2.1	2.6	3.0	2.7	1.1	1.7	1.5	1.8	3.5	2.7	2.3	2.0	1.9	1.7	1.7	2.0
夏季	3.7	3.1	4.5	1.2	1.4	2.3	3.1	2.6	4.3	3.8	4.0	3.2	3.4	3.6	3.1	4.3
秋季	5.4	4.0	4.5	2.5	1.9	1.5	1.7	2.6	4.0	4.1	4.5	2.9	3.2	2.6	4.1	4.6
冬季	2.4	3.0	3.3	2.7	1.3	1.7	1.4	2.0	2.6	2.5	2.5	2.5	1.5	2.5	1.8	2.3

第四节　表层海水温度和盐度

（一）表层海水温度

东方站多年平均表层海水温度为26.6℃，夏季最高，冬季最低。平均海温的年变化呈单峰型（图27-4-1），峰值在6月，为30.3℃；谷值在1月，为21.0℃。平均海温年较差为9.3℃。1—5月平均海温逐月迅速上升，5—9月都在29.8℃以上，8月至翌年1月平均海温逐月下降。5—9月最高海温均在32.5℃以上，6月最高，为33.1℃，10月至翌年4月为25.9~31.9℃。11月至翌年4月最低海温均在18.4℃以下，2月最低，为12.6℃，5—10月为21.8~25.9℃。详见表27-4-1。

历年平均海温最高为27.3℃（2018年），最低为25.5℃（2011年）。历年最高海温均大于31.4℃，最高值为33.1℃（2018年6月3日17时）。年最高海温出现在5—9月。历年最低海温均小于19.5℃，最低值为12.6℃（2008年2月15日20时）。年最低海温出现在1—3月和12月。详见图27-4-2。

表27-4-1　东方站表层海水温度年变化　　单位:℃

	1月	2月	3月	4月	5月	6月	7月	8月	9月	10月	11月	12月	全年
平均温度	21.0	21.7	24.0	27.3	29.8	30.3	30.1	30.1	29.8	28.0	25.2	21.9	26.6
最高温度	25.9	27.7	28.6	31.2	32.5	33.1	32.8	32.8	32.6	31.9	30.0	27.9	33.1
最低温度	14.6	12.6	14.8	17.6	25.8	25.8	25.8	25.9	23.3	21.8	18.4	14.4	12.6

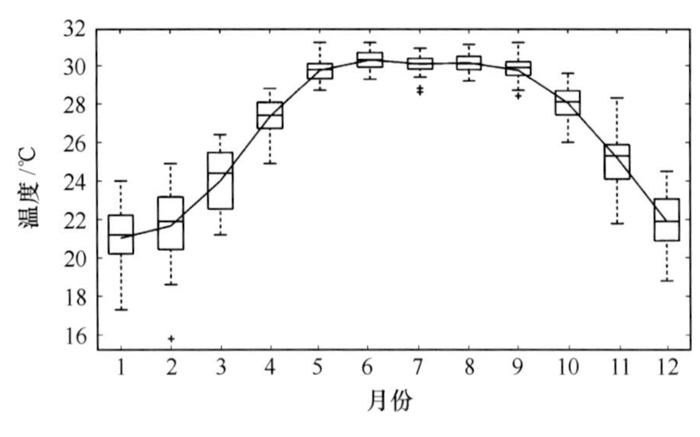

图27-4-1　东方站月平均海温

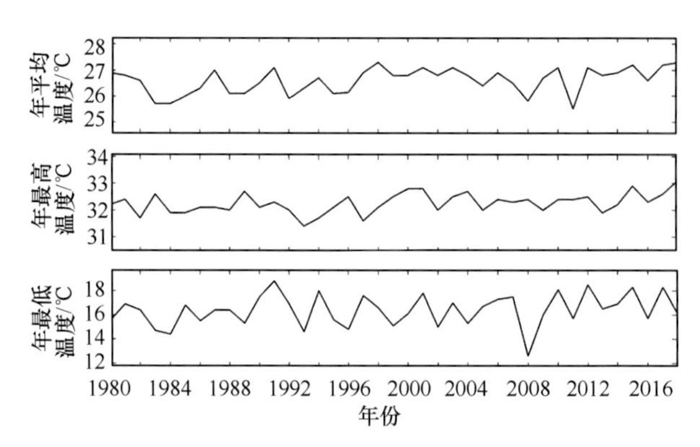

图27-4-2　东方站年平均、年最高和年最低海温

（二）表层海水盐度

东方站多年平均表层海水盐度为33.08。各月平均盐度变化不大，4月最高，为33.61，11月最低，为32.47（图27-4-3）。月最高盐度均在34以上，其中7月最高，为34.998。各月最低盐度，6—11月均在23以下，其中6月最低，为10.6，其余月份不低于24。详见表27-4-2。

表27-4-2　东方站表层海水盐度年变化

	1月	2月	3月	4月	5月	6月	7月	8月	9月	10月	11月	12月	全年
平均盐度	33.19	33.42	33.53	33.61	33.59	33.25	33.24	32.72	32.59	32.57	32.47	32.82	33.08
最高盐度	34.96	34.84	34.96	34.971	34.99	34.98	34.998	34.87	34.9	34.79	34.71	34.932	34.998
最低盐度	25.0	24.3	28.9	25.5	26.08	10.6	22.3	19.69	18.35	21.6	11.7	26.8	10.6

历年平均盐度均超过30.99，最高为34.29（1993年），最低为31.00（2002年）。历年最高盐度均在33.3以上，最高值为34.998（2004年7月19日14时）。年最高盐度除9月和10月外，其余月份均有出现，以4—7月居多。历年最低盐度均小于32，最低值为10.6（2008年6月6日7时）。年最低盐度除5

月外，其余月份均有出现，其中以 6—9 月居多。详见图 27-4-4。

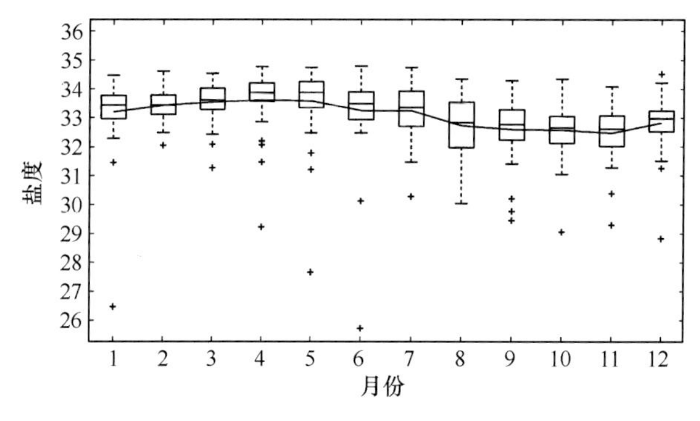

图 27-4-3　东方站月平均盐度

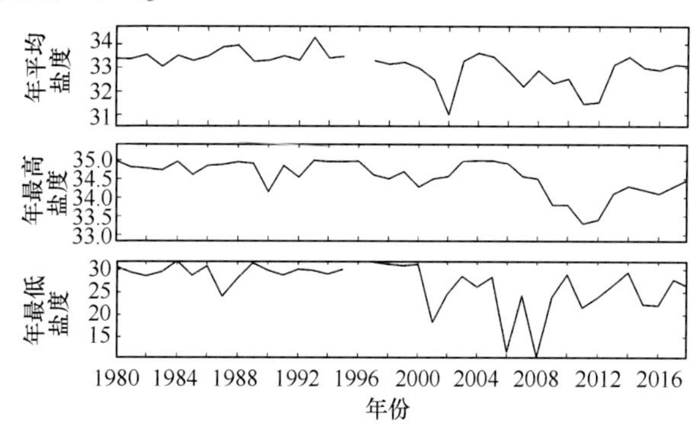

图 27-4-4　东方站年平均、年最高和年最低盐度

第二十八章　西沙站

第一节　概　况

西沙海洋环境监测站（简称西沙站）位于海南省三沙市西沙群岛的永兴岛。三沙市隶属于海南省，管辖西沙群岛、中沙群岛、南沙群岛及其海域。西沙群岛分布在南海中西部，由 40 多个岛、洲、礁、沙和滩组成，还可分为东、西两群，东群为“宣德群岛”，西群为“永乐群岛”。永兴岛东西长约 1 950 m，南北宽约 1 350 m，面积 2.1 km^2。永兴岛地势平坦，高出海面约 5 m，最高处 8.5 m，岛西南有长约 870 m、宽 100 m 的沙堤，海岸线长度约 8.1 km。永兴岛的西北—北面 11~16 km 有中岛、赵述岛和南岛等岛屿；东北面约 0.7 km 处的石岛，面积约 0.1 km^2，2012 年时有约 800 m 的人工石堤或小公路与永兴岛相连，2013—2014 年填海工程后，该岛已与永兴岛融为一体。

永兴岛是一座由白色珊瑚贝壳沙堆积在礁平台上而形成的珊瑚岛，四周被砂质海滩与珊瑚构成的环带礁盘所围绕。环带礁盘分布以东北面较宽，包括石岛在内为 1 000~1 400 m；西北、西南和东南三面较窄，为 350~700 m。环带礁盘在高高潮时海水深度约 2 m，低低潮时礁盘大部分露出水面，且其边缘陡峭。四周 1 500 m 范围以内，以西南面水较深，其次是西北，东北和东南面水稍浅。

1959 年建站初期，主要设有表层海水温度、表层海水盐度、海发光、风、气压和海面有效能见度等观测项目；1970—1972 年开展人工验潮观测；1988 年建成验潮井，使用 SCA1-1 型验潮仪验潮；2002 年通过专项改造升级为 CZY1-1 型浮子式水位计①。

图 28-1-1　西沙站潮汐和温盐观测场

1969 年前在西沙气象台的岗楼上设海浪测点，高度 9 m 多，面向西西南，距海滩约 100 m，距礁盘外缘约 500 m；1969 年海浪测点迁移至测波室，海拔高度 17.2 m，视野开阔。

西沙站有关测点见图 28-1-1。

第二节　潮　汐

（一）潮高基准面和潮汐类型

西沙站潮位从井内水尺零点起算，井内水尺零点为本站的潮高基准面，未与其他高程连测。本站全日分潮与半日分潮振幅之比 $(H_{K_1}+H_{O_1})/H_{M_2}=3.5$，属于不正规全日潮。在一个朔望月的大多数日子里，一天只出现一次高潮和一次低潮，有少数日子一天出现两次高潮和两次低潮。

（二）潮位

西沙站多年平均潮位 124.3 cm。平均潮位的年变化呈单峰型，峰值在 7—8 月，为 135.9 cm；谷值在 2 月，为 114.6 cm（图 28-2-1）。2—7 月，潮位呈增大趋势；8 月至翌年 1 月，潮位逐月减小。5—10 月最高潮位均超过 230 cm，7 月最大，为 285 cm，其余月份最高潮位不超过 228 cm。月最低潮位 9~47 cm，9 月最高，为 47 cm，2 月最低，为 9 cm。详见表 28-2-1。

历年平均潮位最高值为 135.6 cm（2010 年），最低值为 114.7 cm（1997 年），多年变幅为 20.9 cm。

---

① 自然资源部南海局：西沙站业务工作档案，2018 年。

年最高潮位多出现在5—9月，个别年份出现在1月和3月；最高值为285 cm（2011年7月29日7时37分），主要受1108号台风“洛坦”的影响。年最低潮位多出现在1—3月和11—12月，而2017年出现在6月；最低值为9 cm，出现在2005年2月8日5时17分。详见图28-2-2。

表28-2-1　西沙站潮位年变化　　单位：cm

	1月	2月	3月	4月	5月	6月	7月	8月	9月	10月	11月	12月	全年
平均潮位	115.0	114.6	116.6	125.3	130.2	130.4	135.9	135.9	131.6	124.4	121.0	117.7	124.3
最高潮位	214	205	211	219	230	247	285	252	249	247	228	224	285
最低潮位	10	9	26	39	28	28	27	36	47	33	18	13	9

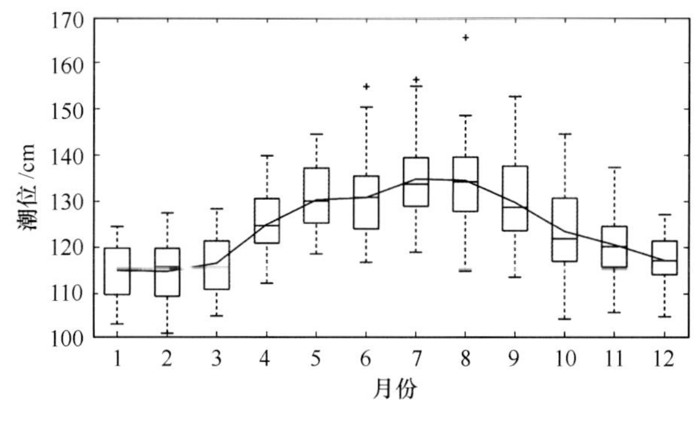

图28-2-1　西沙站月平均潮位

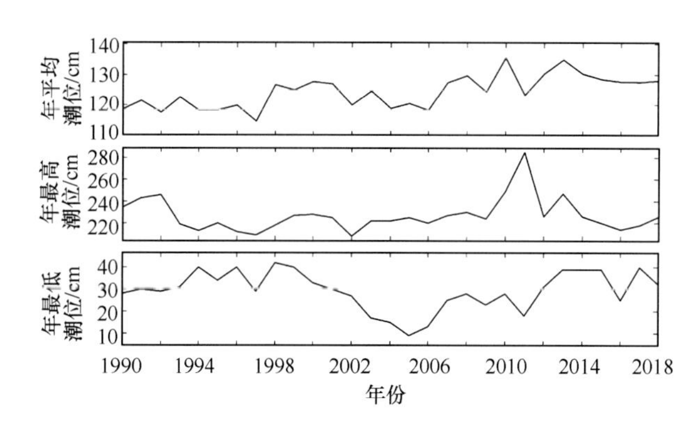

图28-2-2　西沙站年平均、年最高和年最低潮位

（三）潮差

西沙站多年平均潮差为77.8 cm。平均潮差峰值出现于6月和12月，分别为91.8 cm和93.4 cm；谷值出现于3月和9月，分别为66.4 cm和67.4 cm（图28-2-3）。5—8月、11月至翌年2月最大潮差在170 cm以上，1月最大，为195 cm；其他月份小于160 cm，9月最小，为140 cm。详见表28-2-2。

表28-2-2　西沙站潮差年变化　　单位：cm

	1月	2月	3月	4月	5月	6月	7月	8月	9月	10月	11月	12月	全年
平均潮差	88.9	71.5	66.4	70.0	81.1	91.8	87.0	73.9	67.4	69.6	79.7	93.4	77.8
最大潮差	195	175	143	159	179	190	183	178	140	159	174	187	195

历年平均潮差最大为86.1 cm（2004年），最小为65.6 cm（2017年），多年变幅为20.5 cm。年平均潮差1990—1995年逐年减小，2001—2004年逐年增大，2004—2017年除2008年外均逐年减小，2018年较2017年潮差增大。年最大潮差多出现在1月和12月，其次多出现在6月和7月；最大值为195 cm，出现在2005年1月。详见图28-2-4。

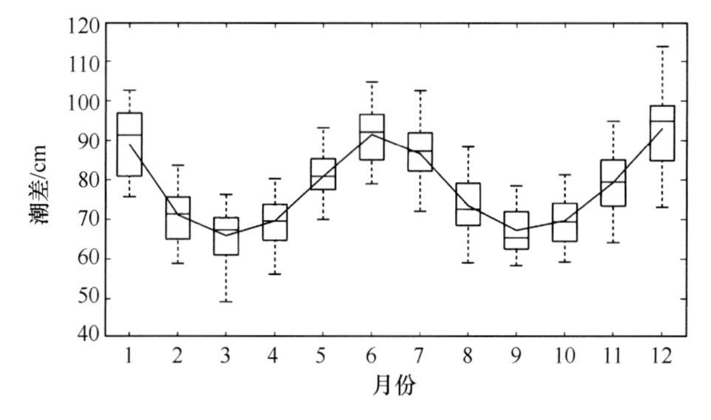

图28-2-3　西沙站月平均潮差

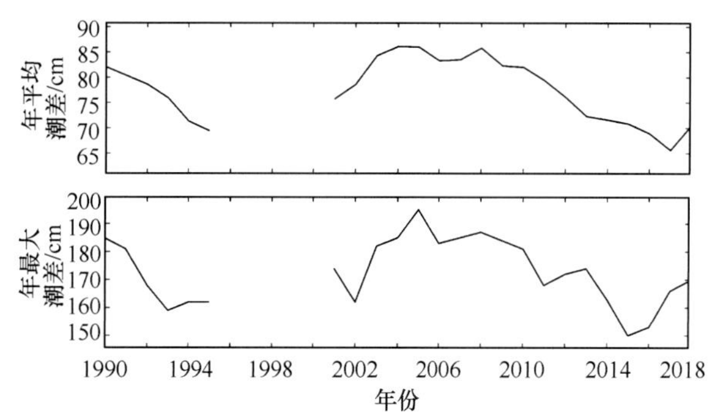

图28-2-4　西沙站年平均和年最大潮差

第三节 海 浪

（一）海况

西沙站附近海况一般为4级以下，年频率高达84.55%，其中4级海况最多，占35.50%，其次是3级海况，占29.07%，7级及以上海况最少，仅0.17%。从季节上看，7级及以上海况在夏季最多，其次为秋季，春季和冬季最少。6级海况在秋季最多，其次为冬季和夏季，春季最少。5级和4级海况在冬季出现最多，其次为夏季和秋季，春季最少。3级和0~2级海况在春季最多，其次为秋季和夏季，冬季最少。详见表28-3-1。

最大海况8级出现在1989年6月10日8时，这是由于8905号台风“Dot”正面袭击引起的。

表28-3-1 西沙站四季及全年各级海况频率

	0~2级	3级	4级	5级	6级	≥7级
春季	25.04%	35.68%	31.38%	7.65%	0.20%	0.06 %
夏季	19.53%	27.63%	36.22%	14.79%	1.51%	0.32%
秋季	22.15%	28.00%	33.42%	14.00%	2.16%	0.27%
冬季	13.16%	25.57%	41.03%	18.54%	1.65%	0.06%
全年	19.98%	29.07%	35.50%	13.88%	1.39%	0.17%

（二）风浪

多年平均风浪频率为83.40%。从季节上看，各季节风浪出现频率均在80.00%以上，其中夏季和冬季风浪出现最多。详见表28-3-2。

全年风浪多出现在NNE—E向和S—SW向，其中NE向最多，为18.10%，其次是ENE向(15.55%)。春季风浪多出现在NE—E向和SSE—SSW向，其中S向最多，为21.75%，其次是SSW向(12.53%)；夏季风浪多出现在SSE—SW向，其中SSW向最多，为29.35%，其次是S向（21.24%)；秋季风浪多出现在NNE—E向，其中NE向最多，为24.97%，其次是ENE向（20.35%)；冬季风浪多出现在NNE—E向，其中NE向最多，为36.61%，其次是ENE向（28.90%)。详见图28-3-1。

表28-3-2 西沙站风浪频率年变化

	1月	2月	3月	4月	5月	6月	7月	8月	9月	10月	11月	12月	春季	夏季	秋季	冬季	全年
频率/%	88.38	81.79	81.23	81.99	79.79	87.42	84.77	82.38	71.91	80.96	88.79	91.60	81.01	85.07	80.55	87.26	83.40

（三）涌浪

多年平均涌浪频率为16.84%。秋季最大，为19.63%，其次是春季，为19.19%，夏季和冬季分别为15.19%和13.00%。详见表28-3-3。

全年涌浪多出现在N向和WNW—NNW向，其中N向最多（24.74%)，其次是NW向（12.25%)。春季涌浪多出现在N向、SSE—S向和NW—NNW向，其中N向最多，为27%，其次是NW向（9.37%)；夏季涌浪多出现在N向、S—SW向和W—NW向，其中W向和SSW向最多，均为14.62%，其次是N向(11.92%)；秋季涌浪多出现在N向、SSW向和W—NNW向，其中N向最多，为22.65%，其次是NW向(16.32%)；冬季涌浪多出现在N向、NE向和NW—NNW向，其中N向最多，为39.66%，其次是NW向(12.67%)。详见图28-3-2。

表 28-3-3　西沙站涌浪频率年变化

	1月	2月	3月	4月	5月	6月	7月	8月	9月	10月	11月	12月	春季	夏季	秋季	冬季	全年
频率/%	12.12	18.46	18.91	18.18	20.48	12.81	15.43	18.01	28.31	19.26	11.31	8.42	19.19	15.19	19.63	13.00	16.84

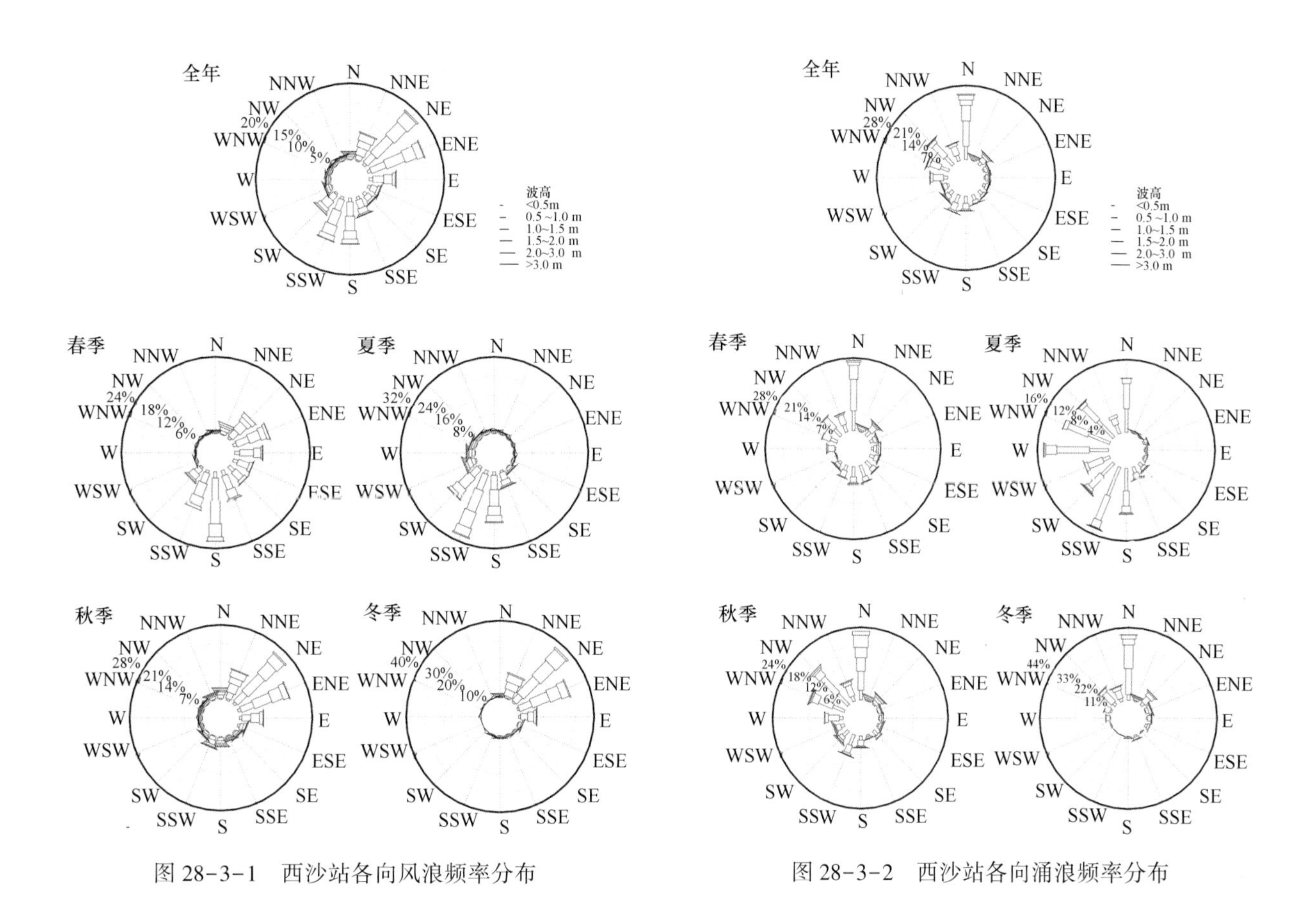

图 28-3-1　西沙站各向风浪频率分布　　图 28-3-2　西沙站各向涌浪频率分布

(四) 波高

1. 平均波高和最大波高

多年平均波高为 1.3 m。10 月至翌年 1 月，月平均波高大于多年平均波高，最大值出现在 12 月，为 1.7 m；6 月平均波高与多年平均波高相同；其余月份小于多年平均波高。冬季平均波高最大，春季最小 (图 28-3-3)。受热带气旋影响，6—10 月和 12 月最大波高均在 7.1 m 以上。11 月和 1—5 月，最大波高为5.4~6.6 m。详见表 28-3-4。

历年平均波高差异较大，为 0.9~1.6 m。历年最大波高差异较大，为 2.9~9.0 m，多出现在 6—11 月。最大波高 9.0 m 出现在 1989 年 6 月 10 日 8 时，是受 8905 号台风“Dot”的影响。详见图 28-3-4。

表 28-3-4　西沙站平均波高和最大波高年变化　　单位：m

	1月	2月	3月	4月	5月	6月	7月	8月	9月	10月	11月	12月	全年
平均波高	1.5	1.2	1.1	1.0	1.1	1.3	1.2	1.2	1.0	1.4	1.6	1.7	1.3
最大波高	5.7	5.9	5.6	6.5	5.4	9.0	7.1	8.0	7.6	8.5	6.6	8.5	9.0

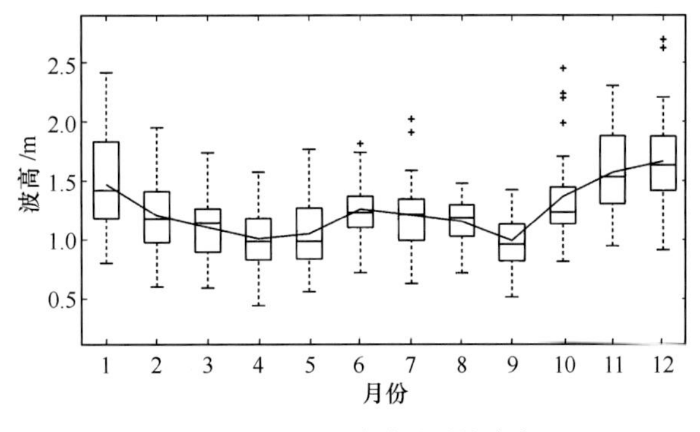

图 28-3-3 西沙站月平均波高

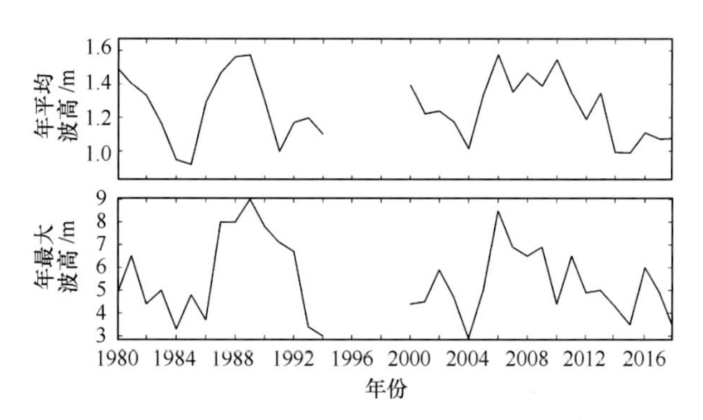

图 28-3-4 西沙站年平均和年最大波高

2. 各向平均波高和最大波高

全年各向平均波高在0.8~1.6 m之间，其中N—ENE向和S—WSW向相对较大，均在1.2 m以上。春季NNE—ENE向和S—SW向平均波高较大，均在1.1 m以上；夏季S—WNW向较大，均在1.1 m以上；秋季N—ENE向、SSE—SSW向和NNW向较大，均在1.2 m以上；冬季N—ENE向和WSW向较大，均在1.3 m以上。详见表28-3-5。

全年各向最大波高在6.3~9.0 m之间，N—NNE向、SE—WSW向和WNW—NNW向最大波高均在7.5 m以上，其中以SSW向最大，为9.0 m。春季N向、ENE向、ESE—W向和NW—NNW向最大波高较大，均在5.2 m以上，其中ENE向和S向最大，为6.5 m。夏季E向、SE—SW向和W—NW向最大波高较大，均在6.3 m以上，其中SSW向最大，为9.0 m。秋季SE向、SSW—WSW向和WNW—NNW向最大波高均在7.5 m以上，其中WSW向和WNW向最大，均为8.5 m。冬季各向最大波高相差较大，N—ENE向、WSW向和NW向最大波高均在5.8 m以上，其中WSW向最大，为8.5 m，其余各向为1.7~4.5 m。详见表28-3-6。

表 28-3-5 西沙站全年及四季各向平均波高 单位：m

	N	NNE	NE	ENE	E	ESE	SE	SSE	S	SSW	SW	WSW	W	WNW	NW	NNW
全年	1.2	1.6	1.5	1.4	1.1	0.8	0.8	1.0	1.2	1.3	1.2	1.2	1.1	1.1	0.9	1.0
春季	0.9	1.4	1.3	1.2	0.9	0.8	0.7	0.9	1.2	1.3	1.1	1.0	0.9	0.7	0.7	0.8
夏季	0.8	1.0	0.9	0.8	0.9	0.8	1.0	1.0	1.3	1.4	1.3	1.2	1.1	1.1	0.9	1.0
秋季	1.5	1.6	1.5	1.4	1.1	1.0	1.0	1.2	1.3	1.2	1.1	1.1	1.1	1.1	1.0	1.2
冬季	1.3	1.8	1.6	1.5	1.1	0.8	0.8	0.8	1.0	1.2	0.8	1.3	0.8	1.2	1.0	1.0

表 28-3-6 西沙站全年及四季各向最大波高 单位：m

	N	NNE	NE	ENE	E	ESE	SE	SSE	S	SSW	SW	WSW	W	WNW	NW	NNW
全年	7.8	7.9	6.6	6.5	7.0	6.4	8.4	7.7	8.0	9.0	8.1	8.5	6.3	8.5	8.0	7.6
春季	5.6	4.8	4.6	6.5	4.5	5.2	5.2	5.3	6.5	5.3	5.6	5.3	5.5	4.8	5.4	5.2
夏季	4.9	5.0	3.5	3.5	7.0	2.9	7.1	7.7	8.0	9.0	6.5	4.3	6.3	7.1	7.8	2.9
秋季	6.0	6.5	6.6	6.2	6.9	6.4	8.4	4.8	6.9	7.5	8.1	8.5	6.0	8.5	8.0	7.6
冬季	7.8	7.9	6.0	5.8	4.5	4.3	3.6	2.0	2.7	3.5	1.6	8.5	1.7	4.0	7.4	4.4

第二十九章 南沙站

第一节 概 况

南沙海洋环境监测站（简称南沙站）位于海南省三沙市南沙群岛永署礁。南沙群岛位于南海南部海域，是南海诸岛中岛礁最多、散布范围最广的珊瑚礁群，由岛、洲、礁、沙、滩组成。永署礁地处南海入印度洋要冲，海域宽阔，礁盘平坦，地质基础好，长年处于高温、高盐、高湿自然条件。

南沙站成立于1988年1月，隶属于国家海洋局南海分局，2019年7月后隶属于自然资源部南海局，是联合国教科文组织的海洋观测站之一，也是我国在南沙群岛建立的第一个海洋观测站。自建站以来，一直承担着南沙海域表层海水温度、表层海水盐度、潮位、海浪、海发光、风、气温、气压、相对湿度、海面有效能见度和降水量等近20个水文气象要素的观测任务。

潮汐测点与外海相通，建于1987年的验潮井设有井内水尺和井外水尺。温盐测点位置设在永暑礁老礁堡码头附近，水深约8 m，与外海相通。海浪观测目前依靠人工观测，未安装海浪观测设备①。

第二节 潮 汐

（一）潮高基准面和潮汐类型

南沙站潮位从井内水尺零点起算，井内水尺零点为本站的潮高基准面。本站全日分潮与半日分潮振幅之比 $(H_{K_1}+H_{O_1})/H_{M_2}=3.4$，属于不正规全日潮。在一个朔望月的大多数日子里，一天只出现一次高潮和一次低潮，有少数日子一天出现两次高潮和两次低潮。

（二）潮位

南沙站多年平均潮位为330.3 cm。平均潮位的年变化呈单峰型，峰值在9月，为340.4 cm；谷值在1月，为320.6 cm。1—9月潮位逐月增长，9月至翌年1月潮位逐月减小（图29-2-1）。5—12月最高潮位均超过425 cm，11月最大，为456 cm；1—4月最高潮位不超过424 cm，3月最小，为403 cm。月最低潮位为193~241 cm，9月最高，为241 cm，1月最低，为193 cm。详见表29-2-1。

表29-2-1 南沙站潮位年变化 单位：cm

	1月	2月	3月	4月	5月	6月	7月	8月	9月	10月	11月	12月	全年
平均潮位	320.6	324.0	327.0	328.1	329.0	329.8	332.6	336.6	340.4	336.4	331.5	326.9	330.3
最高潮位	424	418	403	420	432	430	431	435	425	427	456	434	456
最低潮位	193	205	225	227	207	202	207	225	241	234	205	197	193

历年平均潮位最高值为337.7 cm（2012年），最低值为321.9 cm（2005年），多年变幅为15.8 cm。年最高潮位多出现在6—8月，个别年份出现在11—12月；最高值为456 cm，出现在2012年11月14日22时20分。年最低潮位多出现在1月和12月，2017年出现在6月；最低值为193 cm，现出在2005年1月12日7时25分。详见图29-2-2。

① 自然资源部南海局：南沙站业务工作档案，2018年。

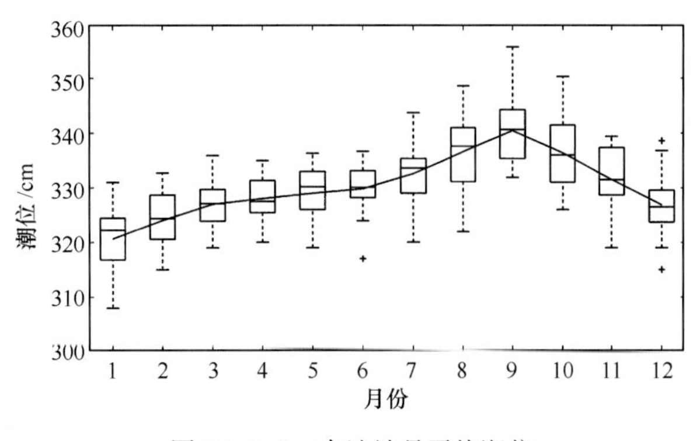

图 29-2-1　南沙站月平均潮位

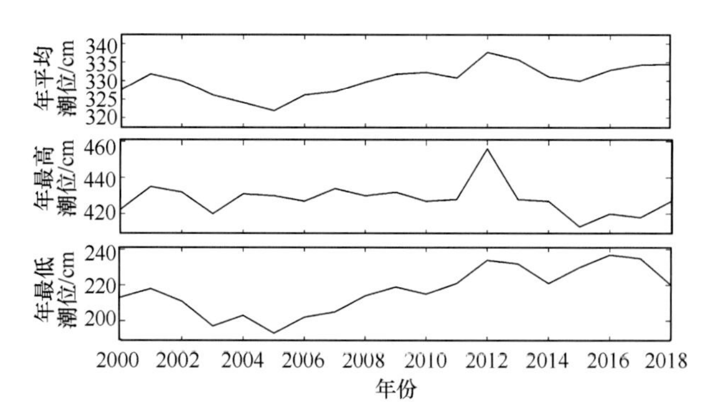

图 29-2-2　南沙站年平均、年最高和年最低潮位

（三）潮差

南沙站多年平均潮差为 87. 6 cm。平均潮差峰值出现于 6 月和 12 月，分别为 102. 8 cm 和 106. 1 cm；谷值出现于 3 月和 9 月，分别为 75. 3 cm 和 76. 3 cm（图 29-2-3）。5—7 月、11 月至翌年 1 月最大潮差在 200 cm 以上，12 月最大，为 221 cm；其他月份小于 200 cm，3 月和 9 月最小，均为 164 cm。详见表 29-2-2。

表 29-2-2　南沙站潮差年变化　　单位：cm

	1 月	2 月	3 月	4 月	5 月	6 月	7 月	8 月	9 月	10 月	11 月	12 月	全年
平均潮差	101. 9	81. 6	75. 3	78. 1	89. 0	102. 8	99. 7	82. 8	76. 3	77. 4	88. 3	106. 1	87. 6
最大潮差	210	199	164	173	202	213	207	199	164	180	207	221	221

历年平均潮差最大为 103. 6 cm（2005 年），最小为 74. 2 cm（2016 年），多年变幅为 29. 4 cm。年平均潮差 2000—2005 年呈上升趋势，2005—2016 年呈下降趋势，2016—2018 年呈上升趋势。历年最大潮差在 160 cm 以上，最大值为 221 cm（2004 年 12 月）。年最大潮差多出现在 1 月和 12 月，个别年份出现在 6 月和 7 月。详见图 29-2-4。

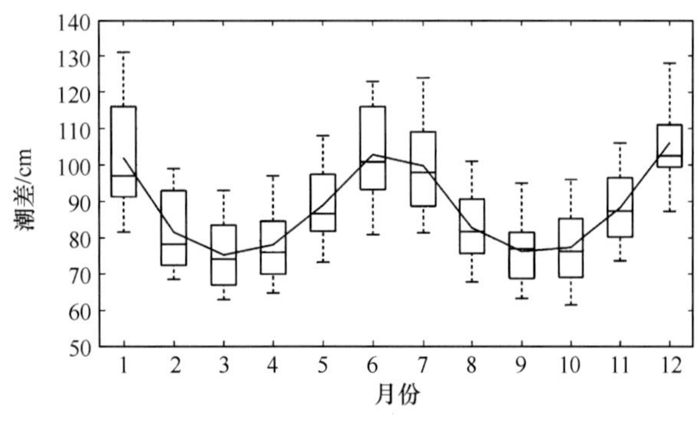

图 29-2-3　南沙站月平均潮差

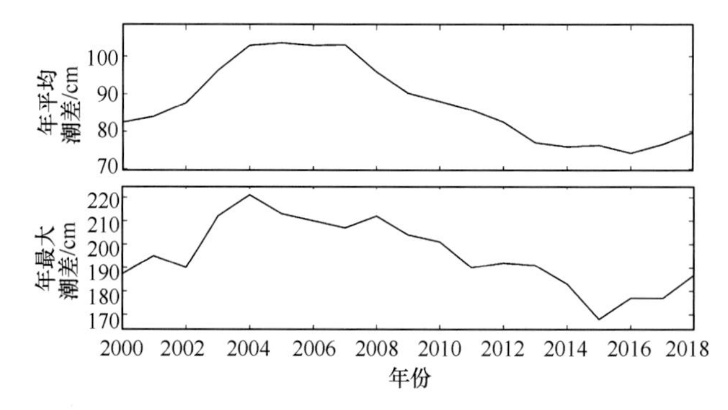

图 29-2-4　南沙站年平均和年最大潮差

第三节　海　浪

（一）海况

南沙站全年 4 级海况最多，占 34. 29%，其次是 3 级海况，占 26. 29%，7 级及以上海况最少，仅占 0. 18%。7 级及以上海况在夏季最多，其次为冬季和秋季，春季最少。4~6 级海况在冬季最多，其次为夏季和秋季，春季最少。3 级以下海况在春季最多，其次为秋季，再次为夏季，冬季最少。详见表 29-3-1。

最大海况 9 级出现在 2007 年 11 月 22 日 8 时、11 时、14 时、17 时，这是由于 0724 号台风“Hagibis”（海贝思）经过引起的。

表 29-3-1　南沙站四季及全年各级海况频率

	0~2 级	3 级	4 级	5 级	6 级	≥7 级
春季	35. 87%	33. 70%	25. 80%	4. 28%	0. 33%	0. 04%
夏季	20. 30%	23. 59%	36. 37%	17. 72%	1. 70%	0. 32%
秋季	29. 14%	26. 05%	31. 89%	11. 62%	1. 12%	0. 18%
冬季	11. 97%	22. 22%	42. 51%	20. 51%	2. 60%	0. 19%
全年	24. 16%	26. 29%	34. 29%	13. 61%	1. 47%	0. 18%

（二）风浪

多年平均风浪频率为 83. 62%。从季节上看，夏季风浪频率最大，为 86. 11%，其次为冬季和秋季，春季最小，为 77. 90%。详见表 29-3-2。

全年风浪多出现在 N—E 向和 SSW—WSW 向，其中 NE 向最多（16. 70%），其次是 SW 向（16. 40%）。春季风浪多出现在 NNE—ESE 向和 SW 向，其中 ENE 向最多（19. 80%），其次是 NE 向（18. 07%）。夏季风浪多出现在 SSW—WSW 向，其中 SW 向最多（39. 75%），其次是 WSW 向（22. 53%）。秋季风浪多出现在 N—E 向和 SSW—W 向，其中 SW 向最多（15. 85%），其次是 NE 向（14. 69%）。冬季风浪多出现在 N—ENE 向，其中 NE 向最多（33. 95%），其次是 NNE 向（27. 18%）。详见图 29-3-1。

表 29-3-2　南沙站风浪频率年变化

	1 月	2 月	3 月	4 月	5 月	6 月	7 月	8 月	9 月	10 月	11 月	12 月	春季	夏季	秋季	冬季	全年
频率/%	86. 19	83. 20	82. 85	75. 11	75. 73	81. 88	88. 17	88. 27	88. 12	76. 24	87. 36	88. 32	77. 90	86. 11	83. 91	86. 07	83. 62

（三）涌浪

多年平均涌浪频率为 17. 06%。春季最大，为 23. 34%，其次为秋季，再次为夏季，冬季最小，为 13. 77%。详见表 29-3-3。

全年涌浪多出现在 NE—SE 向和 SW 向，其中 SW 向最多（16. 57%），其次是 NE 向（10. 42%）。春季涌浪多出现在 NE—SE 向和 SW 向，其中 E 向最多（19. 51%），其次是 ENE 向（15. 80%）。夏季涌浪多出现在 S—WSW 向，其中 SW 向最多（35. 10%），其次是 SSW 向（16. 17%）。秋季涌浪多出现在 SW—WSW 向和 NE 向，其中 SW 向最多（21. 25%），其次是 WSW 向（9. 06%）。冬季涌浪多出现在 N—ENE 向，其中 NE 向最多（28. 56%），其次是 NNE 向（18. 28%）。详见图 29-3-2。

表 29-3-3　南沙站涌浪频率年变化

	1 月	2 月	3 月	4 月	5 月	6 月	7 月	8 月	9 月	10 月	11 月	12 月	春季	夏季	秋季	冬季	全年
频率/%	14. 18	15. 59	18. 62	26. 09	25. 32	19. 44	12. 53	12. 60	13. 13	23. 83	13. 65	12. 03	23. 34	14. 86	16. 87	13. 77	17. 06

（四）波高

1. 平均波高和最大波高

多年平均波高为 1. 3 m。6—9 月和 11 月至翌年 2 月平均波高大于等于多年平均波高，最大平均波高出现在 12 月，为 1.8 m；其余月份平均波高小于多年平均波高。从季节上看，冬季平均波高最大，春季最小（图 29-3-3）。6—12 月最大波高在 5 m 以上，1—5 月最大波高为 5 m 以下。详见表 29-3-4。

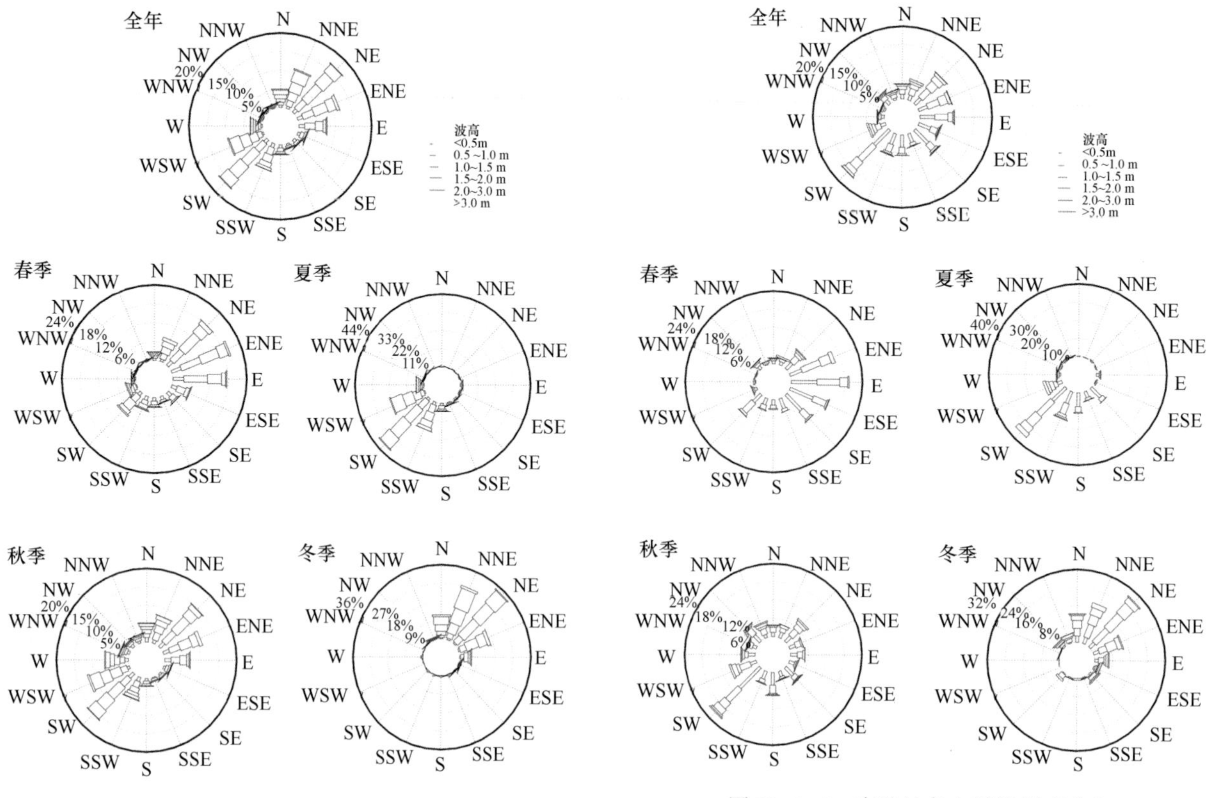

图 29-3-1　南沙站各向风浪频率分布　　　图 29-3-2　南沙站各向涌浪频率分布

历年平均波高为 0.8~1.5 m。历年最大波高差异较大，为 3.0~7.5 m，多出现在 1—2 月、7—8 月和 12 月。最大波高 7.5 m，出现在 1992 年 6 月 26 日 17 时和 1994 年 10 月 24 日 11 时，是受 9204 号台风 "Chuck" 和 9430 号台风 "Teresa"（特雷莎）的影响。详见图 29-3-4。

表 29-3-4　南沙站平均波高和最大波高年变化　　单位：m

	1 月	2 月	3 月	4 月	5 月	6 月	7 月	8 月	9 月	10 月	11 月	12 月	全年
平均波高	1.6	1.4	1.2	0.8	0.9	1.3	1.4	1.5	1.3	1.0	1.3	1.8	1.3
最大波高	4.8	3.8	3.8	3.6	4.2	7.5	5.5	6.0	5.3	7.5	6.8	6.3	7.5

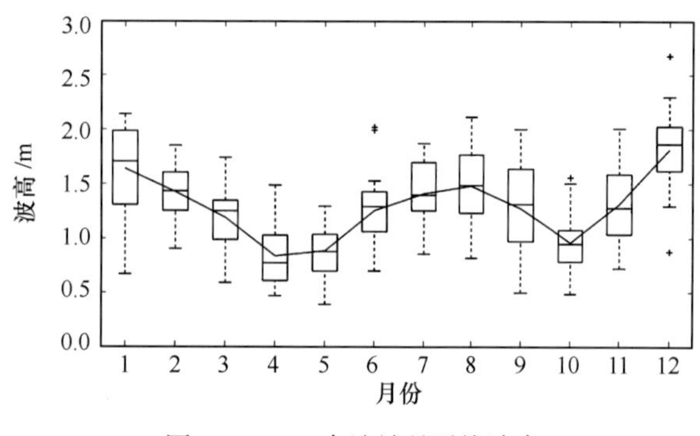

图 29-3-3　南沙站月平均波高

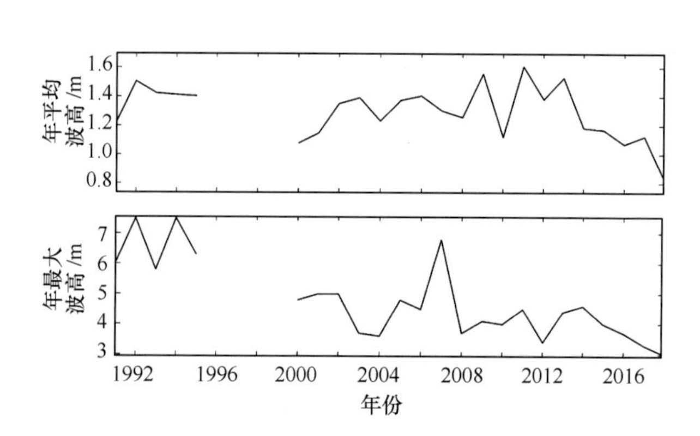

图 29-3-4　南沙站年平均和年最大波高

2. 各向平均波高和最大波高

全年 N—NE 向和 SW—W 向平均波高较大，在 1.4 m 以上，NNE 向和 WSW 向最大，为 1.7 m，其他方向为 0.7~1.2 m。春季 NNE—NE 向和 WSW—WNW 向多年平均波高较大，在 1.2 m 以上，NNE 向和 WNW 向最大，为 1.3 m，其他方向为 0.6~1.1 m。夏季 SSW—WNW 向多年平均波高较大，在 1.2 m 以上，WSW 向最大，为 1.8 m，其他方向为 0.6~1.0 m。秋季 N—ENE 向和 SSW—W 向多年平均波高较大，在 1.2 m 以上，WSW 向最大，为 1.6 m，其他方向为 0.9~1.1 m。冬季 N—NE 向和 WSW 向多年平均波高较大，在 1.6 m 以上，WSW 向最大，为 2.5 m，其他方向为 0.8~1.5 m。详见表 29-3-5。

全年各向最大波高均超过 3.9 m。春季各向最大波高都在 2.6~4.2 m 之间，其中 NW 向最大，为 4.2 m。夏季 SW—WSW 向最大波高均在 7.2 m 以上，其中 WSW 向最大，为 7.5 m。秋季各向最大波高均在 3.5 m 以上，其中 WSW 向最大，为 7.5 m。冬季 WNW—ENE 向和 WSW 向最大波高均在 5 m 以上，其中 NNE 向最大，为 6.3 m。详见表 29-3-6。

表 29-3-5　南沙站全年及四季各向平均波高　　单位：m

	N	NNE	NE	ENE	E	ESE	SE	SSE	S	SSW	SW	WSW	W	WNW	NW	NNW
全年	1.6	1.7	1.4	1.2	1.0	0.8	0.7	0.7	0.8	1.2	1.4	1.7	1.5	1.2	1.0	1.2
春季	1.0	1.3	1.2	1.1	0.9	0.7	0.6	0.6	0.7	0.9	1.1	1.2	1.2	1.3	1.0	1.0
夏季	0.6	0.8	1.0	0.8	0.7	0.7	0.6	0.8	0.8	1.2	1.5	1.8	1.6	1.2	1.0	0.8
秋季	1.2	1.3	1.3	1.2	0.9	0.9	0.7	0.8	0.8	1.2	1.4	1.6	1.4	1.1	0.9	1.1
冬季	1.8	1.9	1.6	1.4	1.3	1.4	1.3	1.2	1.5	0.9	0.8	2.5	1.1	1.4	1.4	1.5

表 29-3-6　南沙站全年及四季各向最大波高　　单位：m

	N	NNE	NE	ENE	E	ESE	SE	SSE	S	SSW	SW	WSW	W	WNW	NW	NNW
全年	6.6	6.3	6.0	5.5	4.8	4.8	4.8	4.0	4.6	7.2	7.2	7.5	5.6	6.8	5.2	5.8
春季	3.2	3.4	3.8	3.5	3.6	3.5	3.0	2.6	3.0	3.0	3.2	3.5	3.6	3.7	4.2	3.0
夏季	2.5	2.4	3.8	3.6	2.3	2.7	3.6	3.8	4.6	4.6	7.2	7.5	5.0	3.8	2.8	3.4
秋季	6.6	4.2	4.5	3.5	4.5	3.6	4.0	4.0	3.5	7.2	5.3	7.5	5.6	6.8	4.3	4.6
冬季	6.0	6.3	6.0	5.5	4.8	4.8	4.8	3.6	4.6	2.4	2.0	5.2	2.1	5.2	5.2	5.8

附表 1　各站点统计数据的时间长度

海区	站点	潮位	波浪	表层海水温度	表层海水盐度	逐时温盐启用时间
广东	云澳	1992—2018 年	2006—2018 年	1980—2018 年	1980—2018 年	2019 年 7 月
	汕头	2007—2018 年	NaN	2007—2018 年	2007—2018 年	2007 年 6 月
	遮浪	2002—2018 年	1980—2018 年	1980—2018 年	1980—2018 年	2008 年 3 月
	汕尾	1980—2018 年	2006—2018 年	NaN	NaN	NaN
	惠州	2007—2018 年	NaN	2007—2018 年	2007—2018 年	2007 年 1 月
	盐田	2002—2018 年	2006—2018 年	2002—2018 年	2002—2018 年	2003 年 8 月
	赤湾	1986—2011 年	NaN	1986—2002 年	1986—2002 年	2013 年 1 月
	广州	2007—2018 年	NaN	2007—2018 年	2007—2018 年	2007 年 4 月
	大万山	1984—2018 年	1984—2018 年	1980—2018 年	1980—2018 年	2006 年 10 月
	珠海	2002—2018 年	2006—2018 年	2006—2018 年	NaN	2007 年 8 月
	台山	2008—2018 年	NaN	2008—2018 年	2008—2018 年	2008 年 1 月
	闸坡	1980—2018 年	2006—2018 年	1980—2018 年	1980—2018 年	2011 年 11 月
	水东	2002—2018 年	NaN	NaN	NaN	NaN
	硇洲	1994—2018 年	1980—2018 年	1980—2018 年	1980—2018 年	2011 年 9 月
	湛江	2009—2018 年	NaN	2009—2018 年	2009—2018 年	2009 年 1 月
	海安	2007—2018 年	NaN	NaN	NaN	NaN
广西	涠洲	1980—2018 年	1980—2018 年	1980—2018 年	1980—2018 年	2007 年 3 月
	北海	1980—2018 年	2006—2018 年	1980—2018 年	1980—2018 年	2007 年 2 月
	钦州	2008—2018 年	NaN	2008—2018 年	2008—2018 年	2008 年 1 月
	防城港	1996—2018 年	2006—2018 年	1996—2018 年	2006—2018 年	2008 年 1 月
海南	秀英	1980—1995 年、1997—2018 年	NaN	1980—2018 年	1980—1995 年、1997—2018 年	2008 年 7 月
	清澜	1990—2018 年	NaN	1980—2018 年	1980—2018 年	2008 年 11 月
	博鳌	2008—2018 年	NaN	2008—2018 年	2008—2018 年	2008 年 1 月
	乌场	NaN	NaN	2006—2018 年	NaN	2014 年 12 月
	三亚	1995—2018 年	NaN	1995—2018 年	1997—2018 年	2010 年 3 月
	莺歌海	NaN	1980—2018 年	1980—2018 年	1980—2006 年、2013—2018 年	2013 年 6 月
	东方	1980—1995 年、1997—2018 年	1980—2018 年	1980—2018 年	1980—2018 年	2006 年 10 月
	西沙	1990—2018 年	1980—1994 年、2000—2018 年	NaN	NaN	NaN
	南沙	2000—2018 年	1991—1995 年、2000—2018 年	NaN	NaN	NaN

注：NaN 表示因没有数据或数据时间长度少于 10 年不参与统计，以及其他无法提供数据的情况。

参考文献

广东省地方史志编纂委员会，1996. 广东省志・气象志［M］. 广州：广东人民出版社.

广东省地方史志编纂委员会，1995. 广东省志・水利志［M］. 广州：广东人民出版社.

广东省地方史志编纂委员会，2000. 广东省志・海洋与海岛志［M］. 广州：广东人民出版社.

广东省地方史志编纂委员会，2001. 广东省志・自然灾害志［M］. 广州：广东人民出版社.

广东省防灾减灾编纂委员会，1995. 广东省防灾减灾年鉴・1995 年卷［M］. 广州：广东人民出版社.

广东省防灾减灾编纂委员会，1996—2004. 广东省防灾减灾年鉴（1996—2004 年，共 10 册）［M］. 北京：气象出版社.

广东省防灾减灾编纂委员会，2005—2018. 广东省防灾减灾年鉴（2005—2018 年，共 14 册）［M］. 广州：岭南美术出版社.

广西地方志编纂委员会，2008. 广西北部湾经济区简志［M］. 南宁：广西人民出版社.

国家海洋局北海分局，1993. 北海区海洋站海洋水文气候志［M］. 北京：海洋出版社.

国家海洋局东海分局，1993. 东海区海洋站海洋水文气候志［M］. 北京：海洋出版社.

国家海洋局南海分局，1995. 南海区海洋站海洋水文气候志［M］. 北京：海洋出版社.

海南省地方志办公室，2006. 海南省志・海洋志　革命根据地志［M］. 海口：南海出版公司.

海南省地方志办公室，2008. 海南省志・西南中沙群岛志［M］. 海口：南海出版公司.

海南省地方志办公室，2010. 海南省志・自然地理志［M］. 海口：南海出版公司.

黄芳，叶春池，1995. 广东海岛海洋水文［M］. 广州：广东科技出版社.

李树华，夏华永，陈明剑，2001. 广西近海水文及水动力环境研究［M］. 北京：海洋出版社.

聂宇华，唐灵，2019. 赤湾验潮站搬迁前后潮位变化特征及其订正［J］. 海洋湖沼通报，167（02）：43-48.

孙湘平，2008. 中国近海区域海洋［M］. 北京：海洋出版社.

香港天文台，1998—2019. 热带气旋年刊（1997—2018 年）［R］. 香港：香港天文台.

中国海岛志编纂委员会，2013. 中国海岛志・广东卷第一册（广东东部沿岸）［M］. 北京：海洋出版社.

中国海岛志编纂委员会，2014. 中国海岛志・广西卷［M］. 北京：海洋出版社.

中国气象局，1971—2019. 台风年鉴（1949—1988 年）和热带气旋年鉴（1989—2019 年）［M］. 北京：气象出版社.

中华人民共和国国家质量监督检验检疫局，中国国家标准化管理委员会，2006. 海滨观测规范：GB/T 14914—2006［S］. 北京：中国标准出版社.

中华人民共和国交通部，1988. 港口工程技术规范（1987）・上卷［M］. 北京：人民交通出版社.

Hong Kong Observatory，1981—1997. Tropical Cyclones（1980—1996）［R］. Hong Kong：Hong Kong Observatory.

资料说明

一、水文要素数据记录方式

本志水文资料采用1980—2018年间的观测资料，各站各要素的具体时间长度见附表1。表层海水温度和盐度数据有定时和逐时两种文件类型。定时文件记录一天三次（08：00、14：00和20：00）海温和一天一次（14：00）盐度，而逐时文件记录一天24个整点时刻的温盐数据。各站温盐逐时文件的启用时间见附表1。统计温盐数据时，优先使用逐时数据。

二、水文要素观测使用的规范

本志潮汐、波浪、表层海水温度和表层海水盐度等要素的观测，1980—1986年使用1979年版《海滨观测规范》，1987—1993年使用1987年版《海滨观测规范》，1994—2005年使用1994年版《海滨观测规范》（GB/T 14914—1994），2006—2018年使用2006年版《海滨观测规范》（GB/T 14914—2006）。

三、水文要素观测使用的仪器和方法

1. 各站的潮位数据均使用验潮仪进行观测（仪器精度：潮位±1 cm，潮时±1 min），且都存在变更验潮仪的情况。2000年以前开始观测潮位的站点所用仪器基本上是HCJ1型验潮仪，在21世纪初期升级改造为SCA系列验潮仪和自动化观测系统。2000年以后开始观测潮位的站点基本上一开始就配备SCA系列验潮仪和自动化观测系统。验潮仪型号多、变更情况复杂，因此不列出验潮仪型号及其变更情况。

2. 波高、波向：南沙站、西沙站、北海站、汕尾站和盐田站一直采用目测。其余站点从人工、岸用光学测波仪和测波浮筒观测升级改造为SZF型波浪浮标、声学测波仪、3 m水文气象浮标等观测，同时保留人工观测海况、波形等。

3. 海况：各站均根据海况等级表以目力观测拍岸浪带以外范围能见海面的征象来判定。

海况等级表

海况/级	海面征象
0	海面光滑如镜
1	波纹
2	风浪很小，波峰开始破碎，但浪花不是白色的
3	风浪不大，但很触目。波峰破碎，其中有些地方形成白色浪花——白浪
4	风浪具有明显的形状，到处形成白浪
5	出现高大波峰，浪花占了波峰上很大的面积。风开始削去波峰上的浪花
6	波峰上被风削去的浪花开始沿海浪斜面伸长成带状
7	风削去的浪花布满了海浪斜面，并在有些地方到达波谷
8	稠密的浪花布满了海浪斜面，海面因而变成白色，只在波谷某些地方没有浪花
9	整个海面布满了稠密的浪花层，空气中充满了水滴与飞沫，能见度显著降低

4. 表层海水温度：21世纪之前开始观测海温的站点所用仪器是表层水温表，在21世纪初期基本上升级改造为温盐传感器（EC250、A7CT-CAR、YZY4-3等）和自动化观测系统。2000年以后开始观测海温的站点基本上一开始就配备温盐传感器和自动化观测系统。所测表层水温为海水表层0.5 m内的温度。表层水温表和温盐传感器精度为±0.1℃。

5. 表层海水盐度：21世纪之前开始观测盐度的大部分站点所用仪器是盐度计，个别站点在20世纪80年代初期用氯度滴定计测量表层海水样品的氯度值后按朱波夫《海洋学常用表》查算盐度值，例如云澳站（1980—1982年）；在21世纪初期基本上升级改造为温盐传感器（EC250、A7CT-CAR、YZY4-3

等）和自动化观测系统。2000年以后开始观测盐度的站点基本上一开始就配备温盐传感器和自动化观测系统。所测表层海水盐度为海水表层0.5 m内的盐度。

四、质量控制

1. 阈值检验：根据要素类型、变化范围，将观测数据限制在一定值内，超出这个定值范围的，标记为可疑值，待人工审核。

2. 三倍标准差检验：从测站要素的月序列数据统计平均值mean和标准差std。如果某观测值 X_i 不能满足 mean−3×std≤ X_i ≤mean+3×std，则标记为可疑值，待人工审核。

3. 人工审核：对各要素每月极大值和极小值核查一遍，对于相对多年统计结果明显偏离的极值数据，通过绘制要素的时间序列图形，人工判断观测值是异常值还是海洋的真实变化；通过MATLAB程序boxplot绘制要素月平均数据的年序列图，找出图中的异常值，对异常值对应月份的原始数据进行人工审查，判断是否为可信值。

五、资料统计方法

1. 潮汐类型。

根据我国《港口工程技术规范》（1987年版）的规定，采用特征值 $F=(H_{K_1}+H_{O_1})/H_{M_2}$ 作为判别指标，其标准如下：

正规半日潮，$(H_{K_1}+H_{O_1})/H_{M_2}\leq 0.5$；

不正规半日潮，$0.5<(H_{K_1}+H_{O_1})/H_{M_2}\leq 2.0$；

不正规全日潮，$2.0<(H_{K_1}+H_{O_1})/H_{M_2}\leq 4.0$；

正规全日潮，$(H_{K_1}+H_{O_1})/H_{M_2}>4.0$。

式中：H_{K_1}、H_{O_1}、H_{M_2}分别为 K_1、O_1、M_2分潮的椭圆长轴。

潮汐类型利用2017年逐时潮位数据通过T_Tide程序计算得到。

2. 潮位月极值从高、低潮数据中挑选；最大波高、海况极大值从最大波高月序列（定时+加密观测）中挑选；表层海水温度、盐度月极值从月序列中挑选。月数据有效率≥50%时，计算月平均潮位、海温、盐度和波高。

3. 一年有12个月的极值（平均值）就计算年极值（年平均值）。记录不完整年份的月极值数据参与站点历史极值的统计。

4. 累年月（年）平均值由历年月（年）平均值按纵行统计得到。

5. 统计海况和波高（级），分别按0~2、3、4、5、6及≥7各级统计出现的回数和频率。各级出现的总回数应等于全月实有观测次数。某级出现频率等于某级出现回数除以各级出现的总回数再乘以100%。

6. 统计波型出现回数和频率，从波型定时观测值中进行统计。F统计为风浪出现回数；U统计为涌浪出现回数；FU、F/U、U/F则分别统计为风浪和涌浪出现回数各一次。

7. 风（涌）浪频率等于风（涌）浪出现回数除以全月实有观测次数再乘以100%。

8. 某向平均值为该向合计值除以该向出现回数；某向频率等于该向出现回数除以各向出现总回数再乘以100%。

9. 部分站点的某些年份缺测1~3个月记录，缺测月份的平均值用该月的气候平均值代替，再求取年平均值。

10. 部分站点的某些年份记录不完整，但只要有6月、7月和8月的资料，其最高表层海水温度作为年最高表层海水温度，只要有1月、2月、3月和12月的资料，其最低表层海水温度作为年最低表层海水温度。

11. 季节划分：3—5月为春季，6—8月为夏季，9—11月为秋季，12月至翌年2月为冬季。

12. 不同时期盐度数据精度不一致，不做任何修改，故最高盐度和最低盐度小数点后位数不一致；平均盐度取两位小数。